普通高校计算机类应用型本科
系列规划教材

计算机网络

主　编　帅小应　胡为成

副主编　国红军　张正金　杨永超

Computer Networks

中国科学技术大学出版社

内 容 简 介

本书按照网络协议分层自上而下(应用层、传输层、网络层、数据链路层、物理层)系统地介绍了计算机网络的基本原理,并结合Internet及计算机网络的热点应用给出大量的应用实例;与时俱进地引入最新的网络技术,并安排了相应的实验。另外,本书针对当前网络应用中的安全与管理问题,在最后一章对计算机网络安全与管理的基本知识与实际技术进行了阐述。本书层次清晰,内容全面系统,图文并茂,注重理论与实践的结合;在突出基本原理和基本概念阐述的同时,强调计算机网络技术的实际应用与计算机网络的一些新发展。

本书可作为高等院校计算机类专业以及电子信息类专业本科生的教材,也可供从事计算机网络应用与信息技术的工程人员参考。

图书在版编目(CIP)数据

计算机网络/帅小应,胡为成主编.—合肥:中国科学技术大学出版社,2017.1
(2023.2重印)
ISBN 978-7-312-04079-5

Ⅰ.计⋯ Ⅱ.①帅⋯ ②胡⋯ Ⅲ.计算机网络 Ⅳ.TP393

中国版本图书馆CIP数据核字(2016)第317654号

出版 中国科学技术大学出版社
安徽省合肥市金寨路96号,230026
http://press.ustc.edu.cn
印刷 合肥市宏基印刷有限公司
发行 中国科学技术大学出版社
经销 全国新华书店
开本 787 mm×1092 mm 1/16
印张 16
字数 380千
版次 2017年1月第1版
印次 2023年2月第2次印刷
定价 34.00元

前　　言

　　计算机网络是当今发展最为迅速且应用最为广泛的技术之一,网络化已经成为信息化建设的必然,计算机网络的研究、开发、应用以及该领域的专业技术人才的培养越来越受到社会各界高度的重视。计算机网络已成为计算机相关专业学生学习的一门重要课程,也是从事计算机应用与信息技术专业人员应该掌握的重要知识。本书遵循优化结构、精选内容、突出应用和提高能力的原则,按照网络协议分层,自上而下系统地介绍了计算机网络的基本原理,并结合Internet及计算机网络的热点应用给出了大量的应用实例。希望为广大读者提供一本既保持知识的系统性,又能反映当前网络技术发展最新成果,层次清晰、循序渐进、理论联系实际、易于学习的教科书。

　　本书共分为7章,第1章介绍计算机网络的基本概念,包括计算机网络的定义、分类、组成、作用等,并对网络的协议分层问题与性能度量进行讨论;第2章讨论应用层的基本概念和Internet应用层常用的DNS、WWW、FTP、SMTP协议;第3章主要讨论TCP、UDP协议;第4章对网络层的基本概念、IP地址、IP协议、路由器、路由协议进行了系统的讨论,在此基础上介绍了IPv6、IP多播路由、VPN和NAT技术;第5章介绍数据链路层的基本概念与局域网技术,讨论了PPP、CSMA/CD等协议;第6章介绍物理层的基本概念,包括数据与信号、数字传输、模拟传输和信道极限容量等,然后对网络传输介质与宽带接入技术进行了介绍;第7章讨论网络安全与网络管理的基本问题,介绍加密与认证、防火墙与访问控制、网络攻击与防攻击技术,并对网络管理进行了系统讨论。各章末都附有习题,部分章节之后附实验与阅读材料,以帮助读者在学习的过程中加深对计算机网络基本知识与技术的理解。

　　本书由泰州学院的帅小应、铜陵学院的胡为成担任主编,宿州学院的国红军、巢湖学院的张正金、池州学院的杨永超担任副主编。第1、4章由帅小应和杨永超编写,第2、3章由张正金编写,第5、6章由胡为成和汪永生(铜陵学院)编写,第7章由国红军编写。

全书由帅小应负责统稿和定稿工作。

在本书的编写过程中,得到了有关专家热心的指导与无私的帮助,中国科学技术大学出版社为本书的出版做了大量的工作,在此一并表示衷心的感谢。此外,本书编写时还参考了大量文献资料,在此向这些文献资料的作者深表谢意。

由于编者学术水平有限,书中难免有不当和欠妥之处,敬请各位专家、读者批评指正。

编　者

2016年8月

目　　录

第1章 绪 论

计算机网络是计算机技术和通信技术相结合的产物,网络技术对社会生活的发展产生了深远的影响,也将发挥越来越大的作用。从 PC 到移动终端,从商品销售到工业制造,从因特网到物联网……计算机网络无处不在。计算机网络正以令人振奋的姿态向前发展,扩展到人们已有的生活领域乃至未知的疆界,掌控信息社会的命脉。本章介绍与计算机网络相关的一些基本概念,包括计算机网络的定义、作用、分类、组成等,并对网络的协议分层问题与性能度量进行了讨论。

【**学习目标**】 本章主要介绍计算机网络的基本概念,包括计算机网络的定义、作用、分类、组成、协议分层以及主要性能指标等。通过本章的学习,应掌握计算机网络的定义、计算机网络的作用、计算机网络的组成与主要性能指标;了解计算机网络的不同分类方法与类型;理解计算机网络的协议分层及 OSI 体系结构模型、TCP/IP 体系结构模型。

1.1 计算机网络概述

随着技术的发展,人类社会逐步从18世纪的工业革命时代发展到如今的互联网时代,信息收集、传递、存储和处理的方式正在发生着深刻的变化,网络对于现代信息的传递起着至关重要的作用。

1.1.1 计算机网络的定义

网络对于人们来说并不陌生,从远古流传至今的渔网,到现代的高速公路网络、电话网络、电视网络等,各种各样的网络与我们的生活息息相关。

那么什么是计算机网络呢? 首先,来认识一下身边的计算机网络:因特网与校园网。我们几乎每天都在使用一种特殊的计算机网络——因特网(Internet),通常又称为互联网[①]。因特网始于1969年美国的 ARPANET,后经不断发展而形成。因特网把世界上成千上万的计算机以及数以亿计的用户连接起来,用户通过连接到因特网的设备,如 PC、平板计算机、智能手机等,获取因特网上的资源。因特网提供的典型应用包括电子邮件、万维网、多媒体

---

① 一组相互连接的网络称为互联网络(Internetwork)或互联网(Internet),是一个通用名词。因特网(Internet)是这种互联网的最佳实例,它是全球最大的计算机网络,首字母用大写的"I"表示。

等。校园网及广大师生的学习、工作及生活密切相关,可通过校园网获取教学系统的课程资源,查看教室、实验室等相关信息。

我们不难发现,计算机网络与电话网络、电视网络等均是运用某种连接介质将不同的点互联起来,实现彼此的互通。电话网络通过电话线将电信设备连接起来向用户提供电话、传真等业务,电视网络通过同轴电缆向用户传播各种电视节目,计算机网络通过网线或无线电波向用户提供文档、视频、图像、数据等服务。随着通信、网络、计算机等技术的发展,传统的电话网络与电视网络逐渐融入了现代计算机网络的技术,而计算机网络亦能提供传统电话网络与电视网络的服务,从而实现电信网络、电视网络、计算机网络的三网融合,如图1.1所示。三网融合通过实现三网互联互通、资源共享,为用户提供语音、数据和广播电视等多种服务。

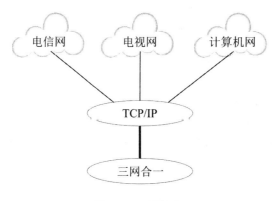

图1.1 三网融合

多年来,计算机网络一直没有精确的定义,并且随着计算机、通信、网络技术的发展,其具体内涵也在不断变化。简单地说,计算机网络是指自治、相互连接的计算机集合[①]。这里的"自治"是指计算机具有完整的功能,是相互独立的;"相互连接"是指计算机在物理上是互联的,能进行信息交换。

1.1.2　计算机网络的作用

计算机网络已渗透到社会生活的方方面面,首先让我们来认识一下当前计算机网络的一些热门的应用场合。

1. 电子商务

电子商务通常是指在全球各地广泛的商业贸易活动中,在因特网开放的网络环境下,基于浏览器/服务器(Browser/Server,B/S)模式,买卖双方通过网络进行各种商贸活动,实现消费者的网上购物、商户之间的网上交易和在线电子支付,以及各种商务活动、交易活动、金融活动和相关的综合服务活动的一种新型的商业运营模式。B/S模式是WEB兴起后的一种网络结构模式,其中WEB浏览器是客户端主要的应用软件。这种模式统一了客户端,将实现系统功能的核心部分集中到服务器上,服务器通常为在计算与存储等方面有着强大性能的

① Forouzan B A,Mosharraf F.计算机网络教程:自顶向下方法[M].北京:机械工业出版社,2012.

计算机。B/S模式如图1.2所示。

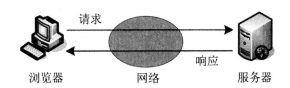

请求

响应

浏览器　　　网络　　　服务器

图1.2　B/S模式

近年来,电子商务得到了迅速的发展。仅以我国为例,截至2013年底,电子商务市场交易规模达10.2万亿元,电子商务服务企业直接从业人员超过200万人,电子商务间接带动的就业人数已超过1600万人。

2.移动互联网

目前,移动互联网(Mobile Internet,MI)正呈现井喷式发展,移动互联网成为了学术界和产业界关注的热点。移动互联网是以美国国防部高级研究计划资助的卫星网络和分组无线网络(PRNET)为雏形,继而发展出移动自组织网络,再进一步提出无线传感器网络与无线Mesh网络而逐步形成的[①],如图1.3所示。移动互联网是一种通过智能移动终端,采用移动无线通信方式获取业务和服务的新型网络。终端层包括智能手机、平板计算机等。智能手机结合了移动电话和便携式计算机两方面的功能,它们连接的3G和4G网络可同时提供因特网的快速数据服务与电话业务。

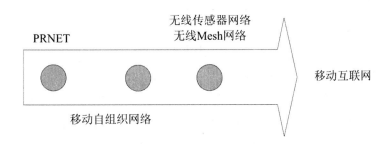

PRNET

无线传感器网络
无线Mesh网络

移动互联网

移动自组织网络

图1.3　移动互联网的演进

现代的智能手机还能连接到无线热点,随着移动终端价格的下降及Wi-Fi的广泛铺设,移动网民呈现爆发趋势。截至2013年底,中国手机网民超过5亿人。移动互联网正逐渐渗透到人们生活、工作的各个领域,短信、图像、移动音乐、手机游戏、视频应用、手机支付、位置服务等丰富多彩的移动互联网应用迅猛发展,正在深刻改变信息时代的社会生活。

3.即时通信

即时通信(Instant Message,IM)是在网络技术飞速发展过程中出现的一项非常流行的通信技术,能够提供即时发送和接收互联网消息等服务。自1998年面世以来,特别是近几年的迅速发展,即时通信的功能日益丰富,逐渐集成了电子邮件、博客、音乐、电视、游戏和搜索等多种功能。即时通信不再仅是一个单纯的聊天工具,它已经发展成集交流、资讯、娱乐、搜

---

① 崔勇,张鹏.无线移动互联网原理、技术与应用[M].北京:机械工业出版社,2011.

索、电子商务、办公协作和企业客户服务等于一体的综合化信息平台。流行的即时通信工具包括QQ、微信、飞信、阿里旺旺、百度HI、美国在线ICQ、MSN等。即时通信大都基于相同的技术原理，主要包括客户机/服务器(Client/Server,C/S)通信模式和对等通信(Peer-to-Peer,P2P)模式。

C/S模式，如图1.4所示，将网络中的多个计算机连接在一起形成一个有机的整体。客户机(Client)和服务器(Server)分别完成不同的功能，客户机是服务器的请求方，服务器是服务的提供方。

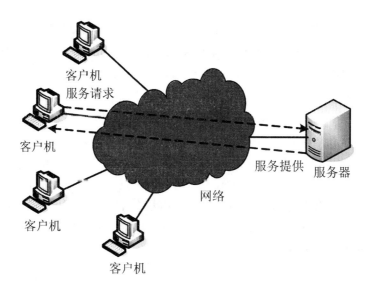

图1.4　C/S模式

P2P模式是非中心结构的对等通信模式，每一个客户(Peer)都是平等的参与者，同时承担服务使用者和服务提供者两个角色，如图1.5所示。客户之间进行直接通信，可充分利用网络带宽，减少网络的拥塞状况，使资源的利用率大大提高。同时由于没有中央节点的集中控制，系统的伸缩性较强，也能避免单点故障，提高系统的容错性能。但P2P网络的分散性、自治性、动态性等特点造成了某些情况下客户的访问结果是不可预见的。

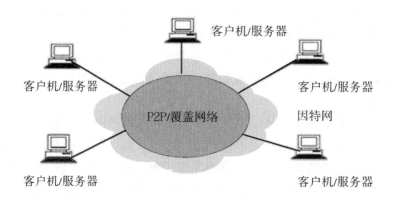

图1.5　P2P模式

当前使用的IM系统大都组合使用了C/S和P2P模式,如图1.6所示。登录IM进行身份认证阶段工作在Log in/out C/S模式,随后如果客户端之间可以直接通信则使用P2P模式工作,否则以C/S方式通过IM服务器通信。

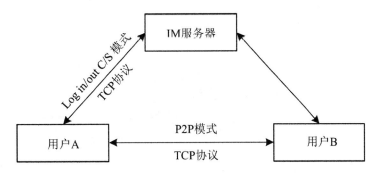

图1.6　IM系统架构

以图1.6所示架构为例,用户A希望和用户B通信,必须先与IM服务器建立连接,从IM服务器获取到用户B的IP地址和端口号,然后用户A向用户B发送通信信息;用户B收到用户A发送的信息后,可以根据用户A的IP和端口直接与其建立TCP连接,与用户A进行通信;在此后的通信过程中,用户A与用户B之间的通信不再依赖IM服务器,而采用一种对等通信模式。由此可见,即时通信系统结合了C/S模式与P2P模式,也就是首先客户端与服务器之间采用C/S模式进行通信,包括注册、登录、获取通信成员列表等,随后客户端之间可以采用P2P通信模式交互信息。

4. 物联网

物联网(Internet of Things,IoT)是一个通过信息技术将各种物体与网络相连,以帮助人们获取所需物体相关信息的巨大网络。物联网使用射频识别(RFID)、传感器、红外感应器、视频监控、全球定位系统、激光扫描器等信息采集设备,通过无线传感网、无线通信网络(如Wi-Fi)把物体与互联网连接起来,实现物与物、人与物之间实时的信息交换和通信,以达到智能化识别、定位、跟踪、监控和管理的目的。物联网的结构如图1.7所示。

5. 数字家庭

数字家庭是指以计算机技术和网络技术为基础,各种家电通过不同的互联方式进行通信及数据交换,实现家用电器之间的“互联互通”,使人们足不出户就可以方便、快捷地获取到信息,从而极大地提高人类居住的舒适性和娱乐性。

计算机网络应用广泛,为用户提供各式各样的服务,但从以上的几种典型应用中我们不难发现,计算机网络主要提供两种功能——连通(Connectivity)和资源共享(Resource Sharing)。

(1)连通。所谓连通,指的就是计算机网络通过传输媒体将网络设备连接起来进行信息的交换,即数据通信。该功能用于实现计算机与终端、计算机与计算机之间的数据传输。随着无线网络通信技术的发展,通过Wi-Fi、蓝牙、RFID、4G等可以实现“随时、随地、随身”的网络连接。

(2)资源共享。资源共享的目标是让网络中的任何人都可以访问所有的程序、数据、设备等,并且这些资源和用户所处的物理位置无关。计算机网络中的资源可分为数据、软件、硬件三类,都可以进行共享。例如,办公室内的所有工作人员共同使用一台网络打印机,在线访问办公室内的服务器上存储的数据与资料,运行服务器上的计算程序,实现设备、数据、软件的共享,提高工作效率。

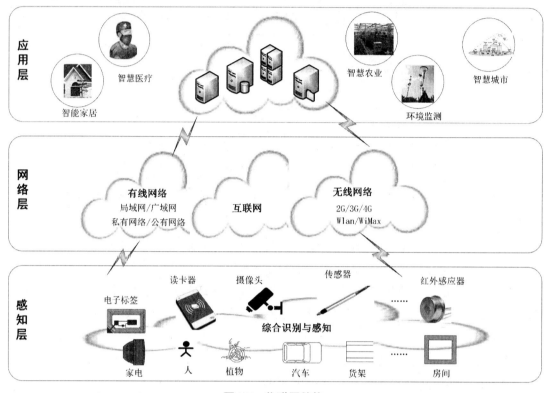

图 1.7 物联网结构

1.1.3 计算机网络的类型

计算机网络有多种类型,人们可以从各个不同角度来对计算机网络进行分类,如按传输技术可分为广播网络与点对点网络,按网络规模可分为广域网、城域网、局域网及个域网。

1. 按传输技术分类

网络所采用的传输技术有两类,即广播方式和点对点方式。因此,按网络传输技术来分类,计算机网络可以分为广播网络和点对点网络。

广播网络中所有连接的设备共享一个公共通信信道,当一台设备利用共享通信信道发送信息时,所有其他设备都会接收到,如图1.8所示。典型的广播网络包括广播、有线电视、无线局域网等。

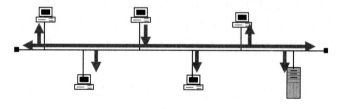

图 1.8 广播网络

点对点网络中每两个节点间采取一对一的传输方式,一个发送信息一个接收信息,每条物理链路连接一对节点,如图1.9所示。典型的点对点网络包括电话拨号网络、点对点广域网。

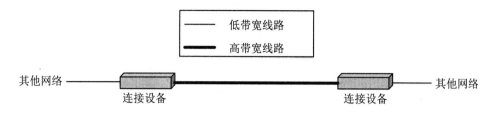

图1.9 点对点网络

2. 按网络规模分类

根据网络连接范围的大小,可以将计算机网络分为广域网、城域网、局域网和个域网四种。

（1）广域网

广域网(Wide Area Network,WAN)的范围很大,通常为几十到几千千米,可能跨越一个国家或者一个地区,有时也称为远程网。简单地说,广域网是将多个局域网互联后所产生的范围更大的网络,各局域网之间既可以通过速度较低的电话线进行连接,也可以通过高速电缆、光缆、微波天线或卫星等远程通信方式连接。图1.10所示为一个公司的广域网,它连接了该公司在浙江、云南与新疆三个省、自治区的分公司。

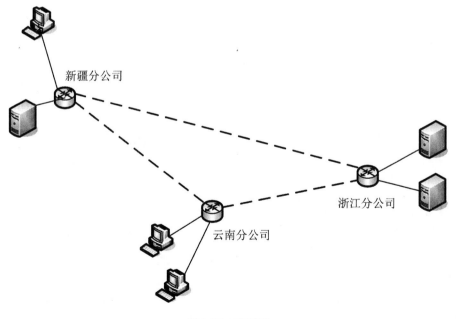

图1.10 广域网

（2）城域网

城域网(Metropolitan Area Network,MAN)的范围可覆盖一个城市,其作用距离一般为几十千米。最典型的城域网的应用为有线电视网。近年来,随着无线网络技术的发展,高速无线城域网成为热点研究领域,如图1.11所示。对此,IEEE制定了相应的标准IEEE 802.16,

即 WiMAX(Worldwide Interoperability for Microwave Access)。

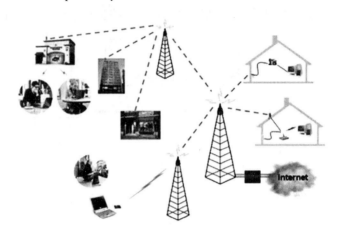

图 1.11　无线城域网

（3）局域网

局域网(Local Area Network,LAN)一般是将一个相对较小区域,如工厂、学校(一般为几十米到几千米)内的计算机通过高速通信线路相连后所形成的网络。局域网被广泛用来连接个人计算机与移动设备,实现资源共享与信息交换。无线局域网(Wireless Local Area Network,WLAN)近年来非常受欢迎,许多公共服务与办公场合以及家庭均提供无线接入服务。无线设备(笔记本、智能手机等)通过接入点(Access Point,AP)访问网络,如图 1.12(a)所示,AP 主要负责中继无线设备之间的分组,还负责中继无线设备与有线网络的分组。图 1.12(b)显示了一个交换式以太网,交换机的每个端口利用双绞线连接一台计算机,交换机负责在计算机间转发分组。

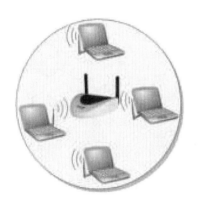

（a）无线局域网

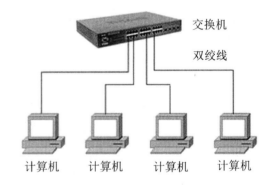

（b）交换式以太网

图 1.12　局域网

（4）个域网

个域网(Personal Area Network,PAN)又称为个人区域网,就是在个人工作或者生活的地方把属于个人使用的设备(如便携式计算机、家用电器、手机等)用无线技术连接起来,围绕着个人进行通信,其范围在 10 m 左右,如图 1.13 所示。

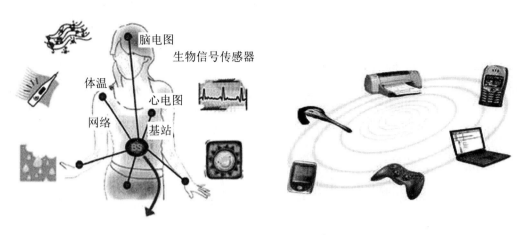

图1.13 个域网

3. 按拓扑结构分类

计算机网络中各节点相互连接的方法和形式称为网络拓扑结构(topology)[1]。为了方便研究网络的拓扑结构,将网络中的主机、外部设备和通信设备用抽象的节点来表示,将通信线路抽象成链路线段来表示。这样一来,计算机网络就被抽象成用点和线的连接表示的网络拓扑结构,主要有总线型、环形、星形、树形、网状形等多种拓扑结构,如图1.14所示。

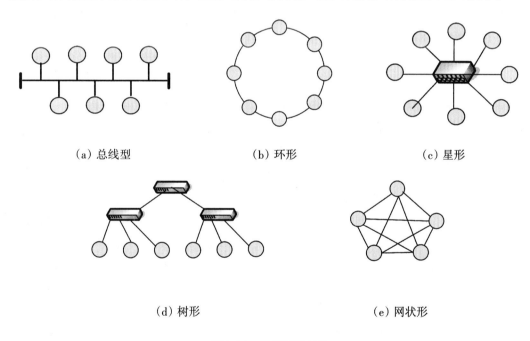

图1.14 网络拓扑结构

（1）总线型拓扑结构

总线型拓扑结构属于共享信道的广播式网络,所有站点通过相应的接口直接连接到这一公共信道上。任何一个站发送的信息都沿着公共信道传输,而且能被所有的其他站接收。当一对站进行数据传输时,依据目的地址实现接收站的识别。因为所有站共享一条公

---

[1] Forouzan B A.Data Communications and Networking[M].4th ed. New York: McGraw-Hill Companies, 2007.

共信道,所以一个时刻只能有一个站发送信号。要发送信息的站通过某种仲裁协议(介质访问控制方法)获得使用信道的权利。总线型结构的主要缺点是故障诊断和隔离困难。总线型拓扑结构是以太网的主要结构形式之一。

（2）环形拓扑结构

环形拓扑结构中,站点和连接站点的链路组成一个闭合环。数据在环上单向流动,每个收到信息的站都向它的下游站转发该信息。信息在环网中逐站转发,传输一圈,最后由发送站进行回收。当信息经过目标站时,目标站根据信息中的目的地址判断出自己是接收站,就把该信息拷贝到自己的接收缓冲区中,完成信息的接收。通过这样的方式,网络上的任何一对工作站之间都可以实现数据的通信。环形拓扑结构控制算法与路径选择简单、可靠性高,适合工厂自动化测控等应用领域。

（3）星形拓扑结构

星形拓扑结构是一种以中央节点为中心,把若干外围节点连接起来的辐射式互联结构。中央节点实施对全网的控制,并分别通过单独的链路与各个外围节点相连接。其拓扑特点是,中央节点与多条链路连接,其余节点只与一条链路连接。星形拓扑结构容易检测和隔离故障,网络配置方便,但对中心节点的可靠性要求高。

（4）树形拓扑结构

树形拓扑结构像一棵倒置的树,顶端是树根,树根以下带若干分支,每个分支还可以再带子分支。树形网容易扩充,新的节点和分支很容易加入到网中;容易进行故障隔离,若某一分支或节点出故障,则很容易将故障分支或节点与整个网络系统隔离开来。

（5）网状形拓扑结构

网状形拓扑结构中,所有节点彼此连接,任意一个节点到其他节点均有两条以上的路径,构成一个网状链路。网状结构需要大量的传输链路,费用较高,但同时具有很高的可靠性。网状拓扑结构适合大型网络的高可用网络领域。

4. 按传输介质分类

按传输介质的不同,可把网络分为有线网络和无线网络。有线网络使用光纤、双绞线等传输介质实现通信,无线网络通过无线电、微波、蓝牙等无线形式进行通信。企业、校园、小区的网络一般以有线网络为主,城市公共区域的网络一般采用无线网络。企业、校园、小区的网络建设也可以在有线网络的基础上延伸至无线网络,覆盖企业、校园、小区户外的公共区域,支持移动上网功能。

1.1.4　计算机网络的组成

计算机网络由若干节点和连接这些节点的链路组成,节点与链路属于计算机网络的硬件。网络中的节点可以是计算机、通信设备(交换机、路由器等)等。通信链路是指传输信息的信道,可以是电话线、同轴电缆、无线电线路、卫星线路、微波中继线路、光纤缆线等传输媒体。计算机通过由通信设备及线路组成的通信网络进行互联,网络中的计算机为用户提供服务。因此,计算机网络从逻辑上看可分为通信子网与资源子网两大部分,如图1.15所示。

计算机及计算机外部设备组成资源子网,通信设备及线路组成通信子网。资源子网负责网络中的数据处理和网络资源共享,通信子网负责网络中的数据传输任务。计算机网络中,计算机和计算机之间为了实现数据通信而事先约定好的必须遵守的规则称为网络协议。计算机网络的设计者采用高度结构化、层次化的技术来设计网络协议等网络的软件部分。

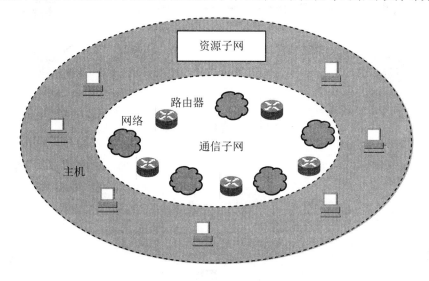

图1.15　计算机网络的组成

在实际网络中,资源子网由个人终端计算机、PC 服务器、小型机等组成,通信子网由调制解调器、数据网接入设备、交换机、路由器等网络通信设备以及电话线、同轴电缆、无线电线路、卫星线路、微波中继线路、光缆、铜缆等传输媒体组成。

通信子网为资源子网提供数据传输服务。数据传输有两种基本方法,即电路交换(Circuit Switching)和分组交换(Packet Switching)。所谓交换,是指按照某种方式动态地分配传输线路的资源,把一条链路转接到另一条链路,使它们连通起来。

图 1.16 显示了一个电路交换网络。电路交换网络在通信时,通过交换在源(电话机 A)和目的(电话机 B)之间建立一条专用的物理通路(端到端的连接)用于信息传输,传输的信息独占该条通路。电路交换通信的过程包括建立连接、维持连接、拆除连接这三个阶段。电路交换的传输延迟小,但线路利用率低,也不便于差错控制。最典型的电路交换网络是实现语音通信的电话网络。

分组交换也称包交换,采用的是一种称为存储转发的方式。图 1.17 显示了一个简单的分组交换网络。分组交换将用户传送的数据(报文,Message),如电子邮件、MP3 音频文件等,划分成固定长度的数据块,称为分组(Packet),在每个分组的前面加上一个分组头,用以指明该分组发往何地址,然后由交换机根据每个分组的地址标志,将它们转发至目的地。存储转发(Store and Forward)是指在交换机开始向输出链路传输该分组的第一个比特之前,必须接收到整个分组,并先将分组存储下来,待时机适宜时再将该分组转发出去,通过逐个节点的不断转发,最终该分组到达目的节点的主机。分组交换由于采用存储转发方式,相对于电路转发,延迟较大,但可以充分利用网络多条路径可达的特点,提高线路利用率,提高传输速度。

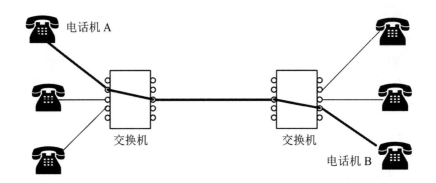

图1.16　电路交换网络

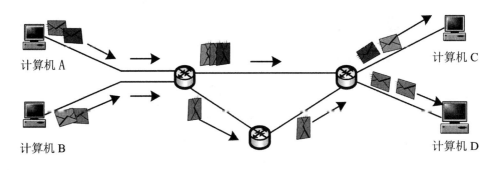

图1.17　分组交换网络

1.2　网络分层

　　计算机网络是一个复杂的系统,相互通信的两个计算机系统必须高度协调工作才行,而这种"协调"是相当复杂的。为了降低网络设计的复杂性,采用分层的方法,将一个复杂网络系统分解为若干个层。

1.2.1　分层的体系结构

　　网络设计者以分层的方式把网络组织成一个层次栈,每一层都建立在其下一层的基础之上,下层为上层提供特定的服务。层的个数、层的命名、层的功能各种网络可能各不相同。

　　为了更好地理解计算机网络的分层结构与通信,我们来看一个类比实例。图1.18显示了中国公司总裁与法国公司总裁签订合作协议的过程,中国公司总裁用中文撰写相关文档,法国公司总裁用法语撰写文档,双方总裁彼此不懂对方语言,商定利用翻译将各自的文本翻译成英语。

模型中对应层间有着相应的约定,如总裁间约定合作的框架内容、责任、周期等,翻译间约定翻译的语言等,秘书间约定文件传送的方式是电子邮件还是传真等。模型各方的上、下级间也有各自的约定,如总裁与翻译间约定总裁手写协议草稿,由翻译自取并整理、翻译成英文;翻译与秘书约定文档交接的时限以及文档是通过内部办公系统还是通过电子邮件等方式传送,等等。

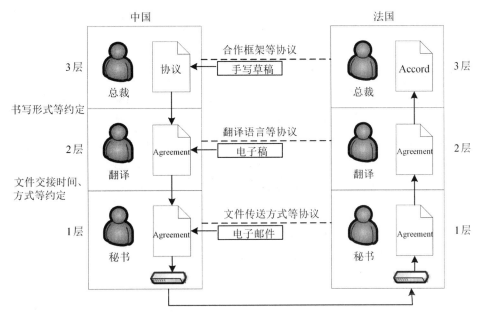

图1.18 分层类比模型

图1.19给出了一个三层的网络。不同主机中的相同层次称为对等层(Peer)。图1.19中,主机1的相应层与主机2的相应层进行数据交换,必须遵守一些事先约定好的规则,这些规则在计算机技术领域被称为协议。协议(Protocol)是指为了进行网络中的数据交换而建立的规则、标准或约定。对等层上传送数据的单位统称为协议数据单元(Protocol Data Unit,PDU)。

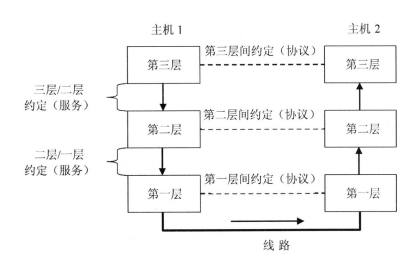

图1.19 三层的网络

网络协议主要由下面三个要素组成：

① 语法。这是对数据与控制信息的结构或格式的规定。

② 语义。对构成协议的各个协议元素的含义进行解释：需要发出何种控制信息，完成何种动作以及做出何种响应。

③ 同步。即时序，是对事件实现顺序的详细说明。

协议是控制两个对等实体进行通信的规则的集合，每一层用到的协议是本层自己内部的事情。服务是指某一层向它的上一层提供的一组原语（操作），定义了该层准备代表其用户执行哪些操作。下一层向上一层提供两种不同类型的服务，即面向连接的服务和无连接的服务。面向连接的服务包括连接建立、数据传输和连接释放三个阶段。这与通过电话系统通信类似：首先拿起电话机，拨通对方电话；然后通话；最后挂机。无连接的服务类似于邮政或者物流系统，邮寄的包裹贴上标签后可能经过不同的中间站点中转后最终到达目的地。服务是由下一层向上一层通过层间接口提供的，下一层是服务的提供者，上一层是服务的用户。而同一台计算机上的相邻层之间的通信约定称为接口。接口定义了上一层如何调用下一层的服务。图1.20给出了协议与服务之间的关系，从图可知，协议是"水平的"，而服务是"垂直的"。

分层的思想如同面向对象的程序设计，图1.20的第 n 层如同一个对象。对象包含的一组方法给出了该对象所提供服务的集合，通过过程调用实现对外服务。方法的参数和结构构成了对象的接口。而协议便是对象内部的代码。

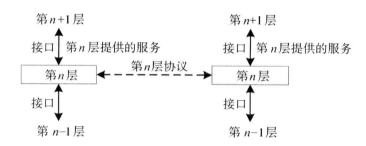

图1.20　协议与服务之间的关系

在网络的分层结构中，每个协议属于其中的一层，各层所有的协议被称为协议栈（Protocol Stack）。计算机网络的层和协议的集合称为网络体系结构（Network Architecture）。计算机网络体系结构就是对计算机网络应该实现的功能进行的精确定义。在计算机网络产生之初，不同的计算机厂商有自己不同的网络体系结构，它们之间互不兼容。为此，国际标准化组织（ISO）在1979年建立了一个分委员会来专门研究一种用于开放系统互连（Open Systems Interconnection，OSI）的体系结构。"开放"这个词表示：只要遵循OSI标准，一个系统就可以和位于世界上任何地方的也遵循OSI标准的其他任何系统进行连接。这个分委员会提出了著名的开放系统互连参考模型（Open Systems Interconnection Reference Model，OSI-RM）。OSI参考模型分为七层，分别是物理层、数据链路层、网络层、传输层、会话层、表示层和应用层。但OSI只获得了一些理论研究的成果，在市场化方面OSI则失败了，现在得到广泛应用的是非国际化标准TCP/IP。TCP/IP参考模型（TCP/IP Reference Model）可以看成是四层的体系结构，即网络接口层、互联网层、传输层、应用层。

1.2.2 TCP/IP参考模型

TCP/IP参考模型最初由 Cerf 和 Kahn（1974）描述，后来在 Leiner 等人（1989）的努力下被重新修订并得到 Internet 团体的标准化。最初的 TCP/IP 体系结构分为四层，如图 1.21 所示，即网络接口层、互联网层、传输层、应用层。

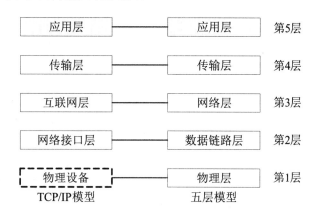

图 1.21 TCP/IP 参考模型

IP 与 TCP 是 TCP/IP 体系结构中两个核心的协议，图 1.22 给出了 TCP/IP 协议簇（Protocol Suite）中常见的协议。

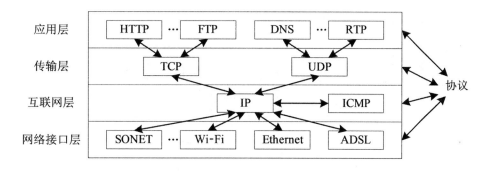

图 1.22 TCP/IP 协议簇

1. 应用层

应用层（Application Layer）是网络应用层协议存留的地方。网络应用层有许多的协议，例如 HTTP（提供 WEB 文档请求和传送）、SMTP（提供电子邮件的传输）以及 FTP（实现文件的上传与下载）。当我们利用 IE 浏览器浏览 www.sina.com.cn 的主页时，DNS（域名服务器）将 www.sina.com.cn 映射（转换）为 IP 地址。

2. 传输层

传输层（Transport Layer）完成应用程序端点之间的通信，即端到端的通信。在传输中有两个重要的协议，即 TCP 和 UDP。传输控制协议（Transport Control Protocol，TCP），是一个可靠的、面向连接的协议，其数据传送的单位是报文段（Segment）。用户数据报协议

（User Datagram Protocol,UDP）,提供无连接的、尽力而为(best-effort)的数据传输服务,其数据传送的单位是用户数据报。

3. 互联网层

互联网层(Internet Layer)负责将分组从一台主机传送到另一台主机。在TCP/IP体系中,互联网层采用IP协议,因此分组也叫作IP数据报(IP Datagram)。

4. 网络接口层

网络接口层(Network Interface Layer)是TCP/IP体系的底层,负责底层物理网络的接入。网络接口层可以连接各种类型的物理网络,如以太网、无线网等。

1.2.3　OSI参考模型

OSI参考模型分为七层,分别是物理层、数据链路层、网络层、传输层、会话层、表示层和应用层,如图1.23所示。

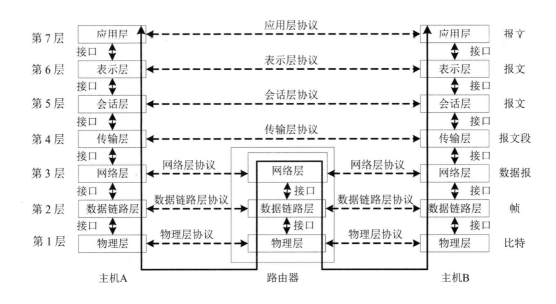

图1.23　OSI-RM

下面我们从顶层开始,依次介绍该模型中的每一层。

1. 应用层

应用层(Application Layer)包含了用户通信所需要的各种应用协议,确定进程之间通信的性质以满足用户需要。如前所述,超文本传输协议(HTTP)是在应用层得到广泛应用的协议,其是万维网(World Wide Web,WWW)的基础。当用户通过浏览器浏览一个所需要的网页时,浏览器向服务器发出请求,服务器收到包含页面名字的信息后,将页面发回给浏览器,用户与服务器间进行数据交换时采用的便是HTTP协议。应用层还包含有其他的协议,如Telnet、FTP、SMTP等。

2. 表示层

表示层(Presentation Layer)主要解决用户信息的语法表示问题。它将欲交换的数据从适合于某一用户的抽象语法，转换为适合于OSI系统内部使用的传送语法，即提供格式化的表示和转换数据服务。数据的压缩和解压缩、加密和解密等工作都由表示层负责。

3. 会话层

会话层(Session Layer)也可以称为会晤层或对话层，它允许不同机器上的用户建立会话。会话层不参与具体的传输，只提供包括访问验证和会话管理在内的建立和维护应用之间通信的机制。如服务器验证用户登录便是由会话层完成的。

4. 传输层

根据通信子网的特性，最佳地利用网络资源，并以可靠和经济的方式，为两个端系统(也就是源站和目的站)的会话层之间，提供建立、维护和取消传输连接的功能，监控服务质量，提供端到端可靠的透明的数据传输、差错控制和流量控制。

5. 网络层

在计算机网络中，进行通信的两个计算机之间可能会经过很多段数据链路。网络层(Network Layer)的任务就是选择合适的网间路由和交换节点，确保数据从源端路由到接收方。网络层将数据链路层提供的帧组成数据包，包中封装有网络层包头，其中含有逻辑地址信息——源站点和目的站点的网络地址。网络层负责网络上主机间的通信。

6. 数据链路层

数据链路层(Data Link Layer)负责在两个相邻节点间的线路上，无差错地传送以帧为单位的数据。每一帧包括一定数量的数据和一些必要的控制信息。数据链路层主要负责数据链路的建立、维持和释放。在传送数据时，如果接收点检测到所传数据中有差错，或者不处理，或者通知发送方重发这一帧。

7. 物理层

要传递信息就要利用一些物理媒体，如双绞线、同轴电缆和光纤等。物理层(Physical Layer)关注如何在一条通信信道上传输原始比特，把数据帧中的比特从一个节点传到下一个节点。物理层协议主要关注电信号如何表示1和0，一个比特持续多长时间，网络连接器有多少针，以及每一针的用途是什么等。物理层中的协议常与实际的传输媒体有关，如以太网具有许多物理层协议：关于双绞线的、关于铜轴电缆的、关于光纤的等。请注意，传递信息所利用到的一些物理媒体，如双绞线、同轴电缆和光纤等，并不是在物理层协议之内而是在物理层协议的下面，因此有人把物理媒体称为第0层。

OSI-RM复杂而不实用，但概念清楚、体系结构理论完整。TCP/IP获得了广泛的应用，但它原先并没有一个明确的体系结构。在学习计算机网络的原理时往往采用一种折中的办法，即采用一种五层协议的体系结构来阐述(见图1.21)，分别是物理层、数据链路层、网络层、传输层、应用层，其中物理层和数据链路层对应TCP/IP体系结构的网络接口层。本书也采用这种五层结构来描述TCP/IP网络的体系结构。

（1）物理层

透明的传输比特流，其PDU为比特(Bit)。

（2）数据链路层

实现网络上两个相邻节点间的通信，其PDU为帧（Frame）。

（3）网络层

实现分组交换网上不同主机间的通信，其PDU为IP数据报（IP Datagram）。

（4）运输层

负责主机中两个进程的通信，其PDU为报文段（Segment）或用户数据报（User Datagram）。

（5）应用层

规定应用进程在通信时所遵循的协议。应用层数据传送的单位即协议数据单元（PDU）称为报文（Message）。

接下来，我们来讨论一下五层网络体系结构中数据在各层间传递的过程。

图1.24显示了数据从发送端经过中间的交换机和路由器到达接收端的过程。主机A的应用进程向主机B的应用进程发送数据，应用层的报文传送到传输层，传输层加上本层的控制信息——首部（header）H4，然后把结果传给网络层，网络层加上本层的首部H3，再把结果传给数据链路层，链路层在信息上加上首部H2，并加上一个尾部T2，再将结果传送给物理层以便进行物理传输。在此过程中，交换机实现了第一层和第二层的功能，路由器实现了第一层到第二层的功能。主机B收到数据后，自底向上逐层传递，在传递过程中各个首部被逐层剥离。

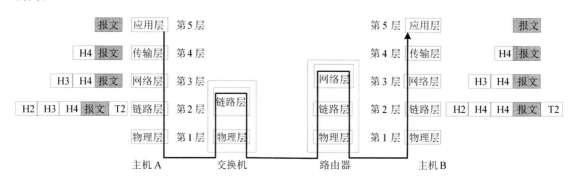

图1.24　数据在各层间传递的过程

1.3　计算机网络的性能指标

计算机网络的性能指标是评判网络好坏的标准。有很多性能指标，分别从不同的方面来衡量计算机网络的性能。主要的网络性能指标有速率、带宽、时延、吞吐量等，下面分别进行介绍。

1.3.1　速率

我们知道，计算机发送的信号都是数字形式的。比特（bit）是计算机中数据量的单位，也是信息论中使用的信息量的单位。bit来源于binary digit,意思是二进制数字,因此一个比特就是二进制数字中的一个1或0。网络技术中的速率是指连接在计算机网络上的主机在数字信道上传送数据的速率,即数据率(Data Rate)或比特率(Bit Rate),是计算机网络重要的一个性能指标。速率的基本单位是b/s(比特/秒),或写为bps(Bit Per Second),扩展单位有kb/s、Mb/s、Gb/s、Tb/s等。速率往往是指额定速率或标称速率[①]。

1.3.2　带宽

带宽(Bandwidth)是衡量计算机网络性能的一个重要指标,然而在两种不同上下文中,带宽有两种不同的度量值,即赫兹(Hz)和比特/秒(bps)。

带宽本来是指信号具有的频带宽度,单位是Hz(或kHz、MHz、GHz等)。频带宽度是指复合信号包含的频率范围或信道能够通过的频率范围。带宽利用信号中的最高频率与最低频率的差计算得到。例如,传统的通信线路上传送的电话信号的标准带宽是3.1 kHz,即从300 Hz到3.4 kHz。

计算机网络的带宽用来表示网络的通信线路传送数据的能力,是指网络可通过的最高数据率,即每秒多少比特,如我们常说快速以太网的带宽是100 Mbps。带宽单位是“比特/秒”(Bit Per Second,bps),或b/s。更常用的带宽单位:千比特/秒,即kb/s;兆比特/秒,即Mb/s;吉比特/秒,即Gb/s;太比特/秒,即Tb/s。

赫兹中的带宽与比特率中的带宽有着密切的关系,增加通信链路的频带的宽度,能提高传输的最高数据率。例如,一条用于语音或数据业务的电话线的带宽为4 kHz,其数据率可达到56 kbps;如果采用一定的调制技术使得该信道的带宽变为8 kHz,则其数据率可达到112 kbps。

1.3.3　时延

时延(Delay或Latency)是指从源节点发送第一个比特开始到目的节点收到全部数据为止所需的时间。计算机网络中的时延通常有四种类型:发送时延(Transmission Delay)、传播时延(Propagation Delay)、处理时延(Processing Delay)和排队时延(Queuing Delay),如图1.25所示。

1. 发送时延

又称为传输时延,是将数据帧的比特传输到链路(传输媒体)所需要的时间;也就是从发送数据帧的第一个比特算起,到该数据帧的最后一个比特发送完毕所需的时间。发送时延的计算公式如下:

$$发送时延 = 数据块长度(bit)/信道带宽(bps)$$

① 计算机内存、硬盘、文件和数据库大小的计量单位按照工业界的实际做法(内存总是2的幂次方),1 K指1024,即2^{10},1 KB=1024 bytes(字节)。KB、MB、GB、TB分别代表2^{10}字节、2^{20}字节、2^{30}字节、2^{40}字节。在网络通信中,kbps、Mbps、Gbps、Tbps分别表示10^3 b/s、10^6 b/s、10^9 b/s、10^{12} b/s。

2. 传播时延

传播时延是电磁波在信道中传播一定的距离所需要花费的时间,也就是将一个比特通过传输媒体从A点传输到B点所需的时间。传播时延的计算公式如下:

$$传播时延 = 信道长度(m)/信号在信道上的传播速率(m/s)$$

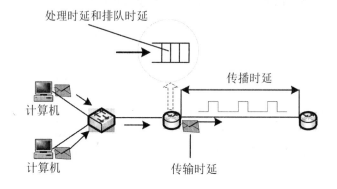

图 1.25 时延

信号在信道上的传播速率与信道的介质有关,电磁波在自由空间的传播速率为3.0×10^8 m/s,而在铜质电缆中的传播速率约为2.3×10^8 m/s;光在光纤中的传播速率约为2.0×10^8 m/s。

我们要注意传输时延与传播时延的差异。传输时延是路由器等将数据帧推出所需要的时间,其是数据块长度和带宽的函数。传播时延是一个比特从一个节点向另一个节点传播所需的时间,是两个节点间距离的函数。

如图1.26所示,冲锋枪的发射速度为50发/s,即传输速率;子弹在空气中的飞行速度为100 m/s,也就是传播速率。弹夹中的子弹为50发,可将每发子弹看成一个比特,一个弹夹为一个50比特帧,则冲锋枪将50发子弹射出的时间为(50发)/(50发/s)=1 s,该时间对应发送(传输)时延。而子弹从射击点飞出射中目标所需的飞行时间为(500 m)/(100 m/s)=5 s,该时间对应传播时延。

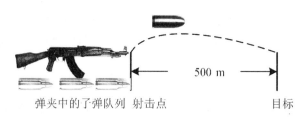

图 1.26 时延类比例子

【例1.1】 张三通过互联网向李四发送一封长为2.5 KB的电子邮件,张三与李四相距12000 km,当前网络带宽为1 Gbps且信号在传输媒体中的传播速率为2.4×10^8 m/s,求发送该电子邮件的发送时延与传播时延。

$$发送时延=(2.5 \times 10^3 \times 8 \text{ bit})/(1 \times 10^9 \text{ bps})=0.02 \text{ ms}$$

$$传播时延=(12000 \times 10^3 \text{ m})/(2.4 \times 10^8 \text{ m/s})=50 \text{ ms}$$

3. 处理时延

处理时延是节点为存储转发而进行一些必要的处理所花费的时间。交换机或路由器在收到分组时,要检查分组的首部、检测差错等,均要花费一定的时间,这就产生了处理时延。高速路由器或者交换机的处理时延通常是微秒(μs)或者更低的数量级,如高性能的交换机对于64字节的以太网的数据帧处理时延可以控制在5~20 μs。

4. 排队时延

排队时延是指节点缓存队列中分组排队所经历的时延。分组在网络经过路由器进行传输时,要先进入路由器的输入队列中排队等待处理;在路由器确定了转发接口后,还要在输出队列中排队等待转发。排队时延的长短往往取决于网络中当时的通信量。如果队列为空,并且当前没有其他分组在传输,该分组的排队时延为0;如果流量很大,并且许多其他分组也在等待传输,该排队时延就会很大。

数据经历的总时延就是发送时延、传播时延、处理时延和排队时延之和,即有

总时延=发送时延+传播时延+处理时延+排队时延

一般地说,小时延的网络要优于大时延的网络。在某些情况下,一个低速率、小时延的网络很可能要优于一个高速率但大时延的网络。

1.3.4 吞吐量

吞吐量(Throughput)是指在单位时间内通过某个网络(或信道、接口)的数据量。显然,吞吐量受网络的带宽或额定速率的限制。例如,对于一个100 Mbps 的以太网,其额定速率是100 Mbps,那么这个数值就是该以太网的吞吐量的绝对上限值,再考虑到实际情况的限制和影响,该以太网典型的吞吐量可能只有60 Mbps。有时吞吐量还可以用每秒传送的字节数或帧数来表示。

【例1.2】 已知某网络的带宽为10 Mbps,现在该网络平均每分钟仅能传输12000个数据帧,数据帧的长度为10000 bit,求该网络的吞吐量。

吞吐量=(12000*10000 bit)/(60 s)=2 Mbps

1.4 小 结

计算机网络把许多设备通过通信链路连接起来,这些设备可能是计算机、打印机以及其他能够发送或接收数据的设备。计算机网络的用途非常广泛,不仅可以用于日常的办公,也可用于信息的访问、游戏、娱乐以及电子商务等。人们不仅可以通过台式计算机以固定接入的方式访问互联网,还可以通过移动设备实现"随时、随地、随身"的无线访问互联网。

今天,人们谈及计算机网络,通常将网络分为个域网、局域网、城域网和广域网。园区网或者校园网是典型的局域网。众多的局域网通过连接设备加入到 Internet 中,构建了全球最

大的互联网。随着无线网络技术的发展,无线网络越来越受到欢迎,无线局域网、无线个域网、无线传感器网络等与人们的生活越来越密切。

计算机网络是非常复杂的系统,大多数网络支持协议的层次结构。所谓的网络协议,是指为了进行网络中的数据交换而建立起来的进程通信的规则。每一层向其上一层提供服务,同时屏蔽掉下层使用协议的细节。计算机网络的各层及协议的集合,称为计算机网络体系结构。OSI参考模型和TCP/IP参考模型是最具代表性的两个计算机网络体系结构。

计算机网络常用的性能指标是速率、带宽、时延、吞吐量。数据在计算机网络中经历的总时延为发送时延、传播时延、处理时延和排队时延的和。

习 题 1

一、选择题

1. 学院图书馆内组建的本地网络属于( )。

    A. 个域网   B. 城域网   C. 局域网   D. 广域网

2. 一块 10 Mbps 的网卡将 125 bytes 数据全部发送到光纤上需要( )s,设光信号在该光纤中的传播速度为 2×10^8 m/s。

    A. 0.0125   B. 0.000125   C. 0.01   D. 0.0001

3. 在 OSI 参考模型中,自下而上第一个提供端到端服务的层次是( )。

    A. 传输层   B. 数据链路层   C. 物理层   D. 应用层

4. 网络协议的主要要素为( )。

    A. 数据格式、编码、信号电平   B. 数据格式、控制信息、速度匹配

    C. 语法、语义、同步   D. 编码、控制信息、同步

5. 计算机网络中可以共享的资源包括( )。

    A. 硬件、软件、数据   B. 主机、外设、软件

    C. 硬件、程序、数据   D. 主机、程序、数据

6. 传统的公用电话网采用的交换方式是( )。

    A. 电路交换   B. 分组交换   C. 报文交换   D. 帧中继

7. 在 OSI 参考模型中,下一层向上一层提供的一组操作称为( )。

    A. 网络   B. 服务   C. 协议   D. 应用

8. 完成路径选择功能是在 OSI 模型的( )。

    A. 物理层   B. 数据链路层   C. 网络层   D. 传输层

9. 在下列选项中,不属于网络体系结构所描述的内容是( )。

    A. 网络的层次   B. 每一层使用的协议

    C. 协议的内部实现细节   D. 每一层必须完成的功能

10. 通信子网不包括( )。

    A. 物理层   B. 数据链路层   C. 网络层   D. 传输层

二、填空题

1. 计算机网络按照拓扑结构分类可分为（　　　）、（　　　）、（　　　）、（　　　）和（　　　）。

2. "三网"融合是指（　　　）、（　　　）和（　　　）的融合。

3. TCP/IP体系结构从上向下分为应用层、（　　　）、（　　　）和（　　　）四个层次。

4. 校园网向用户提供的两个重要功能分别为（　　　）与共享。

5. 当进行文本文件传输时，可能需要进行数据加密，在OSI七层结构中完成这一工作的是（　　　）层。

6. 计算机网络可分为两个子网，即资源子网和（　　　）。

7. 即时通信端系统的通信方式通常可为（　　　）和点对点（P2P）方式。

8. 计算机网络按不同作用范围分类可分为（　　　）、MAN、LAN和PAN。

9. 在OSI参考模型中，下层向上层提供两种不同形式的服务，即（　　　）和无连接的服务。

10. 分组交换也称包交换，采用了（　　　）技术。

三、简答题

1. 试简述分组交换的特点。

2. 计算机网络向用户提供的主要功能有哪些？

3. 计算机网络有哪些常用的性能指标？

4. 协议与服务有何区别？

5. 面向连接的服务与无连接服务各自的特点是什么？

6. 请参考OSI的七层协议与TCP/IP的四层协议，尝试构造一个五层协议的体系模型。

7. 收发两端之间的传输距离为1000 km，信号在媒体上的传播速率为2×10^8 m/s。试计算以下两种情况的发送时延和传播时延：

（1）数据长度为10^7 bit，数据发送速率为100 kb/s。

（2）数据长度为10^3 bit，数据发送速率为1 Gb/s。

8. 将长度为100字节的应用层数据交给传输层传送，需加上20字节的TCP首部，再交给网络层传送，需加上20字节的IP首部；最后交给数据链路层的以太网传送，加上首部和尾部共18字节。

（1）试求数据的传输效率。数据的传输效率是指发送的应用层数据除以所发送的总数据（即应用数据加上各种首部和尾部的额外开销）。

（2）若应用层数据长度为1000字节，则数据的传输效率是多少？

9. 一幅图像的分辨率为1024像素×768像素，每个像素用3字节表示。假设该图像没有被压缩。试问通过56 kbps的调制解调器传输这幅图像需要多长时间？通过100 Mbps的以太网呢？

10. TCP/IP体系结构中每层发送或者接收的数据单元名称分别称作什么？假设实现k层操作的算法发生了变化，试问这会影响到第$k-1$层和第$k+1$层吗？

阅读材料

网络标准化

世界上有许多网络生产商和供应商,他们各有自己的思维模式和行为方式,如果不加以协调,事情就会变得混乱不堪,用户将无所适从。摆脱这种局面的唯一办法是大家都遵守网络标准。网络标准包括事实标准和法定标准两种。事实标准是指业界广泛使用而非正式颁布的标准,如蓝牙,最初由爱立信公司开发,现在成为事实的标准。法定标准是权威的标准化组织采纳的、正式颁布的标准。鉴于标准的重要性,下面介绍与计算机网络相关的主要国际标准化组织。

(1)电气和电子工程师协会

标准领域的一个重要组织是电气和电子工程师协会(Institute of Electrical and Electronics Engineers,IEEE)。电气和电子工程师协会是世界上最大的信息领域专业组织,负责制定电气、电子和计算机领域的标准。IEEE的802委员会已经标准化了很多类型的局域网,如802.3、802.11等。

(2)国际电信联盟

国际电信联盟(International Telecommunications Union,ITU)是电信领域最为权威的组织,主管信息通信技术事务。ITU定义了许多广域网连接的电信网络的标准,如X.25、Frame Relay等。

(3)国际标准化组织

目前,国际标准领域中最具影响力的组织是国际标准化组织(Institute Organization for Standardization,ISO)。国际标准化组织成立于1946年,为大量的学科制定标准。OSI参考模型就是ISO制定的。

(4)Internet体系结构委员会

当ARPNET刚刚建立起来的时候,美国国防部建立了专门的委员会对该项目加以监督。1983年,此委员会被命名为互联网活动委员会(Internet Activities Board,IAB),后来更名为Internet体系结构委员会(Internet Architecture Board,IAB)。1989年,IAB进行了重组。研究人员被重组到Internet研究任务组(Internet Research Task Force,IRTF),IRTF和Internet工程任务组(Internet Engineering Task Force,IETF)一起成为IAB的附属机构。有关Internet工作的文档、新协议或者修改协议的建议都以技术报告的形式提出,这些报告被称为RFC(Request for Comments)。所有RFC按照创建的时间顺序编号,如IP协议为RFC 791,TCP协议为RFC 792。所有RFC以及RFC草案可以在网站http://www.ietf.org上访问。

(5)电子工业联合会和相关的通信工业联合会

电子工业联合会和相关的通信工业联合会(Electronic Industries Association/Telecomm

Industries Association,EIA/TIA）定义了网络线缆的标准及线缆的布放标准。网络线缆标准如RS-232、CAT5、HSSI、V.24等,线缆的布放标准如EIA/TIA 568B等。

常用网络命令

（1）ping命令

主要用于测试网络的连通性。ping命令最简单的使用格式为:ping　IP或者主机名,如ping www.sina.com.cn,如图1.27所示。ping能够以毫秒为单位显示发送请求到返回应答之间所需的时间。

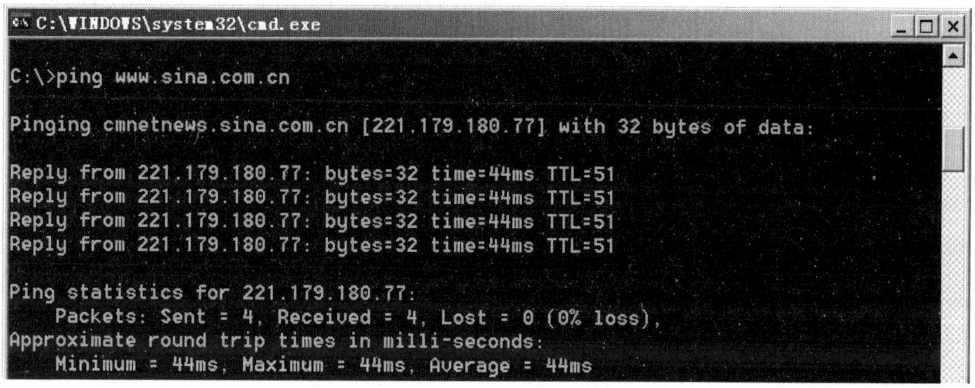

```
C:\WINDOWS\system32\cmd.exe

C:\>ping www.sina.com.cn

Pinging cmnetnews.sina.com.cn [221.179.180.77] with 32 bytes of data:

Reply from 221.179.180.77: bytes=32 time=44ms TTL=51
Reply from 221.179.180.77: bytes=32 time=44ms TTL=51
Reply from 221.179.180.77: bytes=32 time=44ms TTL=51
Reply from 221.179.180.77: bytes=32 time=44ms TTL=51

Ping statistics for 221.179.180.77:
    Packets: Sent = 4, Received = 4, Lost = 0 (0% loss),
Approximate round trip times in milli-seconds:
    Minimum = 44ms, Maximum = 44ms, Average = 44ms
```

图1.27　ping执行结果实例

图1.27显示了与www.sina.com.cn主机的连通性。其中,"Time"表示往返时间,"Lost"表示丢包的数量,"Sent"表示发送包的数量,"Received"表示收到包的数量。由图1.27可知,本次测试往返时间为44 ms,丢包数为0,表示网络状态良好。

Ping命令的详细格式可参考帮助,使用格式为:ping /?,会显示命令的详细参数。

（2）ipconfig命令

用于显示当前的TCP/IP配置的设置值。ipconfig命令常用的使用方法为:ipconfig或者ipconfig /all。当使用不带任何参数选项的ipconfig命令时,显示每个已经配置了的接口的IP地址、子网掩码和默认网关值。当使用all选项时,ipconfig能为DNS和WINS服务器显示它已配置且所有使用的附加信息,并且能够显示内置于本地网卡中的物理地址(MAC)。如果IP地址是从DHCP服务器租用的,ipconfig将显示DHCP服务器分配的IP地址和租用地址预计失效的日期。如果计算机使用了动态主机配置协议DHCP,可运用ipconfig /release和ipconfig /renew释放和重新租用IP地址。ipconfig /release,接口的租用IP地址便重新归还;ipconfig /renew,计算机将重新向DHCP服务器租用一个IP地址。

（3）nslookup命令

查询任何一台机器的域名和其对应的IP地址。命令使用格式:nslookup　主机域名。

（4）netstat命令

了解网络当前的状态。netstat命令能够显示活动的TCP连接、计算机侦听的端口、以太网统计信息、IP路由表、IPv4统计信息以及IPv6统计信息。使用时如果不带参数,netstat显示活动的TCP连接。命令的详细格式请参考帮助,使用格式为:netstat /?。

(5) tracert命令

用于确定 IP 数据报访问目标所采取的路径。tracert命令使用 IP 生存时间 (TTL) 字段和 ICMP 错误消息来确定从一个主机到网络上其他主机的路由。基本用法是,在命令提示符后输入"tracert host_name"或"tracert ip_address"。命令的详细格式请参考帮助,使用格式为:tracert /?。命令输出结果共5列,从左到右的信息分别为"生存时间"(即沿着该路径的路由器序号,每途经一个路由器节点自增1)、三次发送的"ICMP包返回时间"(共计3个,单位为ms)和"途经路由器的IP地址"。

(6) netsh命令

它允许从本地或远程显示或修改当前正在运行的计算机的网络配置。常用的方法为设置计算机的IP地址,过程如下:

```
C:\>netsh (进入设置模式)
netsh>interface
interface>ip
interface ip>set address "接口的名字" static IP地址  子网掩码
interface ip>exit
```

命令的详细格式请参考帮助,使用格式为:netsh /?。

第2章 应 用 层

本章首先介绍了应用层的两种体系结构,即 C/S 服务模型和 P2P 服务模型;然后介绍应用层的相关协议——域名解析系统(DNS)、万维网(WWW)、文件传输协议(FTP)、电子邮件协议(SMTP、POP、IMAP)。

【学习目标】 通过本章的学习,了解 C/S 服务模型和 P2P 服务模型的特点和区别。掌握应用层的相关协议、DNS 域名解析过程、WWW 的工作过程,了解搜索引擎技术,掌握文件传输协议和电子邮件协议的工作过程。

2.1 概 述

在 Internet 中,几乎所有的应用系统都有相应的应用层协议支持,如 HTTP 协议支持 WEB 应用,Telnet 协议支持远程登录应用,SMTP 协议支持电子邮件应用,FTP 协议支持文件传输应用,DNS 协议支持域名系统等。此外,应用层协议还有用于网络管理的网管协议(如 SNMP)、用于网络安全的安全协议(如 SHTTP)以及用于多媒体会议的通信协议等。

网络应用层的每个协议都是为了解决相应的应用问题而设计的,而这些问题的解决又往往是通过位于不同主机中的多个进程之间的通信和协同工作来完成的。这些为了解决具体的应用问题而彼此通信的进程就称为"应用进程",应用层的具体内容就是规定应用进程在通信时所遵循的协议。

在应用软件编码之前,应当对应用程序有一个宏观的体系结构的设计。一方面,从应用程序开发的角度来看,网络体系结构是固定的,并为应用程序提供特定的服务集合;另一方面,应用体系结构由应用程序开发人员设计,规定了如何在各种终端系统上组织该应用程序。在选择应用体系结构时,应用程序开发人员很可能利用现代网络应用程序中所使用的主流体系结构,客户机/服务器模型(C/S 服务模型)或对等(P2P)服务模型。

2.1.1 C/S 服务模型

C/S(Client/Server)服务模型有一个总是打开的主机称为服务器,它用来处理许多其他称为客户机的主机请求。客户机主机可能有时打开,也有可能总是打开。一个典型的例子是 WEB 应用程序,其中总是打开的 WEB 服务器服务于运行在客户机主机上的浏览器的请求。

当WEB服务器接收到来自某客户机对某对象的请求时,它将该客户机发送所请求的对象作为响应。注意,在C/S服务模型中,客户机之间不能相互直接通信。例如,在WEB应用中两个浏览器并不能直接通信。C/S服务模型的另一个特征是服务器具有固定的、周知的地址,称为IP地址。因为服务器是固定的、周知的地址,并且总是处于打开状态,所以客户机总是能够通过向该服务器的地址发送分组与其联系。某些具有客户机/服务器结构的应用程序包括WEB、FTP、Telnet和电子邮件。图2.1显示了这种客户机/服务器体系结构。

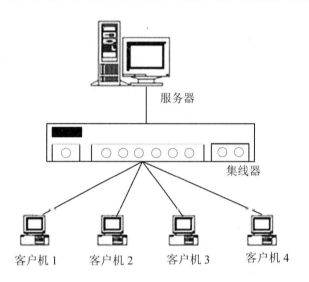

图2.1　客户机/服务器结构

在客户机/服务器应用中,常会出现一台服务器主机跟不上其所有客户机请求的情况。例如,一个流行的社会联网站点,常用主机群集创建强大的虚拟服务器。基于C/S服务模型的应用服务通常是基础设施密集的,为服务提供商购买、安装和维护服务器。此外,服务提供商必须支付为了发送和接收到达/来自因特网的数据而不断出现的互联和宽带费用。搜索引擎(如Google、Yahoo、Baidu)、因特网商务(如Amazon和e-Bay)、基于WEB的电子邮件(如Yahoo Mail)等流行服务基础设施密集的,需要投入巨额费用。

2.1.2　P2P服务模型

P2P是peer-to-peer的缩写,peer在英语里有"(地位、能力等)同等者""同事"和"伙伴"等意义。这样一来,P2P也就可以理解为"伙伴对伙伴"的意思,或称为对等联网。目前,人们认为P2P在加强网络上人的交流、文件交换、分布计算等方面大有前途。

我们所说的P2P,主要是指利用P2P软件技术,在网络上进行资源和信息的共享服务。简单地说,P2P技术是一种PC用户之间不通过中继设备直接交换数据和资源的技术。它与传统的C/S模式不同,每一台PC在作为客户机向其他机器请求资源的同时,也作为响应其他PC请求的服务器在为其他PC提供资源。

传统的网络应用,如HTTP、FTP等都是基于C/S模式的,随着互联网用户的不断增长,这种C/S模式越来越无法满足不断增加的数据流量请求。传统的C/S模式下的中心式服务有其固有缺点,一旦服务器瘫痪,则所有的用户都无法获得正常服务,这就是所谓的"单点失效"问题。要解决单点失效问题,则需要增加服务器,提供更大的带宽,提升服务器处理能力,但是这些方法都无法彻底解决 C/S 模式固有的弊病。而从越来越丰富的互联网业务上来看,很多互联网服务,例如用户间的数据交换、信息交流,并不需要服务器的参与就可以完成。正是在这种情况下,P2P 技术进入了人们的视野。P2P 技术不依赖于服务器就可以彻底解决单点失效的问题。就共享文件下载而言,P2P 可以消除服务器瓶颈,使得流量分布平衡,同样的网络资源可以支持更多用户的文件下载业务。

随着 IPv6 网络的建设,互联网上将出现越来越多的终端,P2P 技术将拥有广阔的前景,是下一代互联网技术发展的一个方向。

对等网有以下显著的特点:

1. 分散化(Decentralization)

网络中的资源和服务分散在节点上,信息的传输和服务的实现都直接在节点之间进行,无须中间服务器的介入,避免了可能的瓶颈。即使是在混合 P2P 中,虽然在查找资源、定位服务或安全检验等环节需要集中式服务器的参与,但主要的信息交换最终仍然在节点中间直接完成。这样就大大降低了对集中式服务器的资源和性能要求。分散化是 P2P 的基本特点,由此带来了其在可扩展性、健壮性等方面的优势。

2. 可扩展性(Valuable Externalities)

在传统的 C/S 架构中,系统能够容纳的用户数量和提供服务的能力主要受服务器的资源限制。为支持互联网上的大量用户,需要在服务器端使用大量高性能的计算机,铺设大带宽的网络。为此,机群、cluster 等技术纷纷上阵。在此结构下,集中式服务器之间的同步、协同等处理产生大量的开销,限制系统规模的扩展。而在 P2P 网络中,随着用户的加入,不仅服务的需求增加,系统整体的资源和服务能力也在同步地扩充,始终能较容易地满足用户的需要。由于大部分处理直接在节点之间进行,大大地减少对服务器的依赖,因而能够方便地扩展到数百万个以上的用户。而对于纯 P2P 来说,整个体系是全分布的,不存在瓶颈,理论上其可扩展性几乎可以认为是无限的。P2P 可扩展性好这一优点已经在一些得到应用的实例中得以证明,如 Thunder、FlashGet。

3. 健壮性(Robustness)

在互联网上随时可能出现异常情况,网络中断、网络拥塞、节点失效等各种异常事件都会给系统的稳定性和服务的持续性带来影响。在传统的集中式服务模式中,集中式服务器成为整个系统的要害所在,一旦发生异常就会影响到所有用户的使用。而 P2P 架构则天生具有耐攻击、高容错的优点。由于服务是分散在各个节点之间进行的,部分节点或网络遭到破坏对其他部分的影响很小,而且 P2P 模型一般在部分节点失效时能够自动调整整体拓扑,保持其他节点的连通性。事实上,P2P 网络通常都是以自组织的方式建立起来的,并允许子节点自由地加入和离开。一些 P2P 模型还能够根据网络带宽、节点数、负载等变化不断地做自适应式的调整。

4. 高性能(Good Performance)

性能优势是 P2P 被广泛关注的一个重要原因。随着硬件技术的发展,个人计算机的计算和存储能力以及网络带宽等性能依照摩尔定理高速增长。而在目前的互联网上,这些普通用户拥有的节点只是以客户机的方式连接到网络中,仅仅作为信息和服务的消费者游离于互联网的边缘。对于这些边际节点的能力来说,存在极大的浪费。采用 P2P 架构可以有效地利用互联网中散布的大量普通节点,将计算任务或存储资料分布到所有节点上。利用其中闲置的计算能力或存储空间,达到高性能计算和海量存储的目的,这与当前高性能计算机中普遍采用的分布式计算的思想是一致的。通过利用网络中的大量空闲资源,可以用更低的成本提供更高的计算和存储能力。

2.2 域名系统

2.2.1 概述

域名系统(Domain Name System,DNS)是一个在 TCP/IP 网络中将计算机名字和 IP 地址进行相互转换的系统,它是由解析器和域名服务器组成的。域名服务器保存该网络中所有主机的域名和对应 IP 地址,主要功能将域名转换为 IP 地址。DNS 主要使用 UDP 协议,DNS 服务器之间备份使用 TCP,使用的端口号为 53。其中域名必须对应一个 IP 地址,而 IP 地址不一定只对应一个 DNS 域名。域名系统采用类似目录树的等级结构,域名服务器为客户机/服务器模式中的服务器方,它主要有两种形式,即主服务器和转发服务器。在 Internet 上,域名与 IP 地址之间是一对一(或者多对一)的,域名方便人们记住服务器的名称,而服务器之间都是通过 IP 地址进行通信,它们之间的转换工作称为域名解析。

域名注册查询需要由专门的域名解析服务器来完成,DNS 就是进行域名解析的服务器,为用户提供域名查询和解析服务。当用户在应用程序中输入 DNS 名称时,DNS 服务器可以将此名称解析为与之相关的其他信息(主要指 IP 地址)。当用户在浏览器中输入网址时,实际上就是通过域名解析系统解析找到了相对应的 IP 地址,从而实现上网。DNS 解析呈现树形结构,当前请求的服务器查询不到就把它提交给它的上级服务器,直到成功解析。

2.2.2 DNS 工作原理

从本质来看,域名系统是以一个大型的分布式数据库的方式工作的。大多数具有 Internet 连接的组织都有一个域名服务器。每个服务器包含连向其他域名服务器的信息,这些服务器形成一个大的协同工作的域名数据库。

在用户上网过程中,通过 IE 浏览器访问网站,在地址栏输入网址时,实际上就是用户将一个希望转换的域名放在一个 DNS 请求信息中,并将这个请求发给 DNS 服务器。DNS 服务器从请求中取出域名,将它转换为对应的 IP 地址,然后在一个应答信息中将结果地址返回给应用请求。

2.2.3 域名结构

域名系统的一个主要特点是允许区域自治。域名系统设计中允许每个组织为计算机指派域名或改变这些域名,而不必通知中心机构。域名系统允许组织使用特定后缀来帮助完成自治的功能。域名系统在设计层次域名的同时,提出与其相对应的域名服务器系统。域名服务器将主机名和域名转换为IP地址。

1. 域名服务器的层次

域名服务器是按层次结构组成的,通过分布在各地的域名服务器来实现域名解析功能。一般地说,每级的域名都有一个相应的域名服务器,可以使整个域名服务器呈现树状结构,但这样会导致域名服务器数量较多,降低域名系统的效率。因此,DNS采用分区的办法来解决这个问题。

一个服务器所负责管辖的(或有权限的)范围叫作区(Zone)。各单位根据具体情况来划分自己管辖范围的区,但在一个区中的所有节点必须是能够连通的。每一个区设置相应的权限域名服务器(Authoritative Name Server)用来保存该区中所有主机的域名到IP地址的映射。总之,DNS服务器的管辖范围不是以"域"为单位,而是以"区"为单位。区是DNS服务器实际管辖的范围。区可能等于或小于域,但不可能大于域。

我们通过图2.2所示的分区结构图来进一步举例解释DNS分区的不同划分方法。

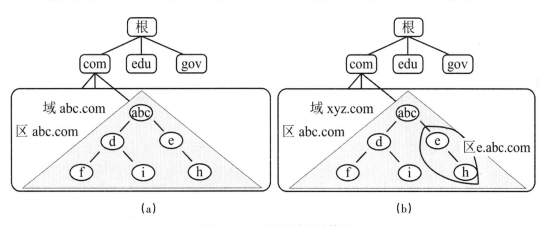

(a)　　　　　　　　　　　　　　(b)

图2.2　DNS不同分区结构图

假定abc公司下属部门d和e,部门d下面又分两个分部门f、i,而e下面还有其下属部门h。图2.2(a)表示abc公司只设一个区abc.com,这时区abc.com等于域abc.com;图2.2(b)表示abc公司划分为两个区——abc.com和e.abc.com;这两个区都隶属于域xyz.com,并各自设置相应的权限域名服务器。在这里的区abc.com小于域xyz.com。

图2.2(b)以公司abc划分的两个区为例,结合DNS域名服务器树状结构图,可以更直观准确地反映出DNS的分布式结构。图2.2(a)和图2.2(b)中的每一个域名服务器都能够进行部分域名到IP地址的转换。当某个DNS服务器不能进行域名到IP地址的转换时,它就设法寻找因特网上其他域名服务器进行转换。

因特网上的DNS域名服务器也是按照层次安排的,每一个域名服务器都只能对域名体系中的一部分进行管辖。根据域名服务器所起的作用,可以把域名服务器分为以下4种不同类型:

(1)根域名服务器

根域名服务器(Root Name Server)是最高层次的域名服务器,也是最重要的域名服务器。所有的根域名服务器都知道所有的顶级域名服务器的域名和IP地址,不管哪个本地域名服务器,若要将因特网上任何一个域名转换为IP地址,只要自己无法转换,就要一级级地向上层DNS请求,直至根域名服务器。若所有的根域名服务器都瘫痪,那么整个的DNS系统就无法工作。因特网上共有13个不同IP地址的根域名服务器,它们的名字是用一个英文字母命名,从a一直到m(前13个字母)。这些根域名服务器相应的域名分别是a.rootservers.net……、m.rootservers.net。这13个DNS服务器都分布在不同的地方,它们每一个根服务器都包括有许多冗余的单个服务器,这样做的目的是方便用户,使世界上大部分DNS域名服务器都能就近找到一个根域名服务器。例如,根域名服务器f现在就在40个地点安装机器,由于根域名服务器采用任播(Anycast)技术。因此,当DNS客户向某个根域名服务器进行查询时,则网上的路由器就能找到离这个DNS客户最近的一个根域名服务器。这样做不仅能加快DNS的查询速度,还能更加合理地利用因特网的资源。

(2)顶级域名服务器

顶级域名服务器(TLD服务器)负责管理在该顶级域名服务器注册的所有二级域名。当收到DNS查询请求时,就给出相应的回答。

(3)权限域名服务器

权限域名服务器也就是负责一个区的域名服务器。当一个权限域名服务器不能对一个查询给出最后的应答时,就会告诉发出查询请求的DNS客户下一步应该寻找哪个权限域名服务器。例如,在图2.2(b)中,区abc.com和区e.abc.com各设有一个权限域名服务器。

(4)本地域名服务器

严格地说,本地域名服务器(Local Name Server)并不属于DNS的层次结构,但它对DNS层次结构却非常重要。当一个主机发出DNS查询请求时,首先将这个查询请求报文在本地域名服务器中进行查询,由此可看出本地域名服务器的重要性。每一个因特网服务提供者ISP,或一个大学,甚至一个大学里的系,都可以拥有一个本地域名服务器。这种域名服务器有时也称为默认域名服务器。本地域名离用户较近,一般不超过几个路由器的距离。当所要查询的主机也属于同一个本地ISP时,该本地域名服务器立即就能将所查询的主机名转换为它的IP地址,而不需要再去询问其他的域名服务器。

2. 域名解析过程

将域名转换为对应的IP地址的过程称为域名解析(Name Resolution)。域名解析与地址解析类似,只不过地址解析是将IP地址转换为对应的MAC地址的过程。下面介绍域名解析常用的两种查询方法,如图2.3所示。

（1）迭代查询

客户端向某个DNS服务器发出查询请求时,该DNS服务器根据其缓存中内容或其区域数据库查找并返回一个最佳解析结果。如果该服务器不能解析请求,则返回一个指针,该指针指向域名空间中另一层次的权威服务器,由客户端向这一服务器提出查询请求。

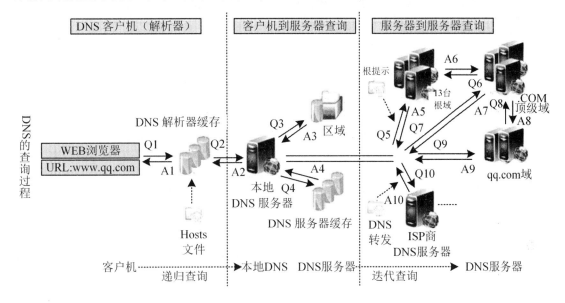

图2.3　域名解析的两种查询方法

（2）递归查询

客户端向某个DNS服务器发出查询请求后,该DNS服务器即承担此后的全部工作,当该DNS服务不能解析该请求时,则由该服务器向其他DNS服务器提交解析请求直到解析成功或返回一个错误。

DNS服务器对客户端发送到一个域名查询进行解析时,将该查询传递给本地DNS服务器,如被查询域名在其管理的范围内,则返回一个权威的资源记录。如果查询域名是远程的且本地没有关于它的信息,则通过由近及远的方法继续查询。

为了提高名称解析效率,可将一次解析的结果存放在服务器的缓存中,当下次请求查询相同目标时,服务器将直接从缓存中取出查询结果返回客户端即可。

2.2.4　DNS记录

每个域都有一组与之相关联的资源记录,从资源记录的观点上看,DNS的基本功能就是将域名映射到资源记录上。对于一台主机来说,常见的资源记录就是它的IP地址,但除此之外还有一个五元组表示的资源。其格式如下:

Domain-name（域名）	Time-to-live（生存期）	Class（类别）	Type（类型）	Value（值）

Domain-name指出该记录适用的域名,这是匹配查询的主要搜索关键字。Time-to-live指出该记录的稳定程度,该值将决定域名解析的结果在DNS缓存中保存的时间。Class指出信

息类型,通常其值为IN,表示Internet,而非Internet信息,可用其他代码,但非常少见。Type指出该记录是哪一种类型的记录。Value域的值可以是数字、域名或者ASCII字符串,其语义取决于记录的类型。表2.1给出一些Class、Type和Value的简要描述。

表2.1 常见的DNS资源记录类型

Type(类型)	含 义	Value(值)
SOA	授权的开始	本区域的参数
A	一台主机的IP地址	32位整数
MX	邮件交换	优先级,希望接收该域电子邮件的计算机
NS	名称服务器	本域的服务器名称
CNAME	规范名	域名
PTR	指针	个IP地址的别名
HINFO	主机的描述	用ASCII表示的CPU和操作系统
TXT	文本	未解释的ASCII文本

2.3 万 维 网

2.3.1 概述

万维网(World Wide Web,WWW)是一个基于超文本(Hypertext)方式的信息查询工具,是由欧洲核子物理研究中心(CERN)开发的。WWW将全世界位于Internet上不同网址的相关数据信息有机地编织在一起,通过浏览器提供一种友好的查询界面,用户仅需要提出查询要求,而不必关心到什么地方去查询及如何查询,这些均由WWW服务自动完成。WWW为用户带来的是世界范围的超文本服务,只要操作鼠标,就可以通过Internet找到想要的文本、图像和声音等信息。另外,WWW仍可提供一些传统的Internet服务,如Telnet、FTP、Gopher、News、E-mail等。一个熟悉网络的人通过浏览器可以很快成为使用Internet的行家。

WWW与其他信息查询技术相比,具有其独特之处。WWW采用网状搜索,它的信息结构像蜘蛛网一样纵横交错,能在网络的不同地方完成从一个地方到另一个地方的信息查询,而不必返回根处。网状结构能提供比树状结构更密、更复杂的连接,实现这些连接过程比较困难,但其搜索信息的效率更高,它是目前Internet上最方便和最受欢迎的信息服务。

1. 超文本标记语言

超文本标记语言(HyperText Markup Language,HTML)是一种专门用于WWW的编程语言,用于描述超文本(多媒体)各个部分的构造,在浏览器中如何显示文本,怎样生成与别的文本或图像的链接等。HTML文档是由文本、格式化代码和导向其他文本的超链接组成的。

2. 统一资源定位符

统一资源定位符(Uniform Resource Locator, URL)是 WWW 的一种编址机制,用于对WWW 的众多资源进行标识,以便于检索和浏览。每个文件不论以何种方式存放在哪一个服务器上,都有一个 URL 地址,从这个意义上讲,可以把 URL 看作一个文件在 Internet 上的标准通用地址。

URL 地址格式为"scheme://host:post:path"。例如,http://www.163.com 就是一个典型的URL 地址。URL 从左到右由下述部分组成。

① Internet 资源类型(Scheme),指出 WWW 客户端程序操作的工具。如"http://"表示WWW 服务器,"ftp://"表示 FTP 服务器。

② 服务器地址(Post),是指 WWW 站点所在的服务器域名。

③ 端口(Port),有时对某些资源的访问来说,需给相应的服务器提供端口号。

④ 路径(Path),指明服务器上资源的位置(其格式与 DOS 操作系统中的格式一样,通常由"目录/子目录/文件名"这样的结构组成)。

3. 主页

所谓主页(Homepage),从表面上理解,就是某个单位、学校、企业甚至政府、城市、国家在 Internet 建立一个对外展示自己的平台。人们通过访问主页就可以了解它的内容。用户在 URL 上输入一个主页地址,服务器就响应其访问请求,并将访问信息通过网络传递到用户的计算机上,这时屏幕上就会出现主页的画面和内容,就是通常所说的主页。按照微软公司的比喻,如果把 WWW 当作是 Internet 上的大型图书馆,则每个站点就是一本书、每个 WEB 页面就是书的一页,主页则是书的封面和目录。用户可以从主页开始,通过 WEB 链接访问Internet 上的各类信息资源,在 WWW 世界漫游。

4. 超链接和HTML

超链接是带下划线或边框内嵌了 WEB 地址(又称为统一资源定位符)的文字或图形。在浏览器中,超链接的文字与其他文字的颜色不同。当光标移到超链接上时,就会自动变成手形。通过单击超链接,可以跳转到另一个特定 WEB 节点上的某一页,而这两个 WEB 页面可能分别保存在不同国家的两台计算机上。

将鼠标箭头移到某一项可以查看它是否为链接。如果箭头改为手形,表明这一项是超链接,同时,窗口底行的状态栏显示当前超链接的网址,单击 WEB 页面上的任何超链接就可以直接跳转到链接指定的 WEB 页面或其他内容。超链接的内容可以是图片、二维图像或者彩色文字等。

2.3.2 超文本传输协议

超文本传输协议(HyperText Transfer Protocol, HTTP)是因特网上应用最为广泛的一种网络传输协议,所有的 WEB 页面文件都必须遵守这个标准。HTTP 的发展是万维网协会和Internet 工作小组合作的结果。HTTP 版本一直都在不断更新,其中最著名的是 RFC 2616,

这个标准今天仍然使用。

HTTP是一个用于客户端和服务器间请求与应答的协议,其操作过程如图2.4(a)所示,一个HTTP的客户端向一个HTTP的服务器发送一个请求,服务器通过监听特殊端口等待客户端发送一个请求序列并接收到,服务器会发回一个回复,如"200 OK",同时发回一个消息,此消息的主体可能是被请求的文件、错误信息或者其他一些信息。

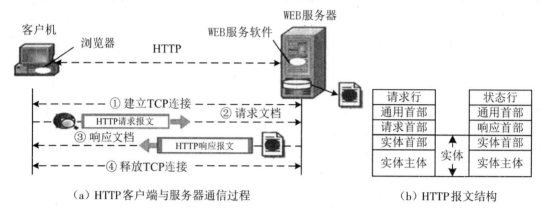

（a）HTTP客户端与服务器通信过程　　　　　　（b）HTTP报文结构

图2.4　HTTP客户端与服务器通信过程和HTTP报文结构

HTTP并不局限于使用网络协议(TCP/IP)及其相关支持层,还可以在其他互联网协议上执行,前提是HTTP只在可靠的传输协议上执行。HTTP不同于其他基于TCP的协议(如FTP)。在HTTP中,一旦一个特殊的请求(或者请求的相关序列)完成,连接通常被中断。这个设计使得对于当前页面有规则连接到另一台服务器页面的万维网来说,HTTP是完美的。但对于网页设计者来说,缺乏持久连接对保持用户状态会产生一些问题。

HTTP的安全版本称为HTTPS。HTTPS支持任何的加密算法,只要此加密算法能被页面双方所理解。HTTP和HTTPS由统一资源定位符定位。

1. HTTP定义了客户端请求方法

HTTP定义了以下8种客户端请求方法:

① HEAD,要求与GET请求和回复进行同样应答,但是没有回复的内容。这对找查询回应标题中的meta-information有帮助,不需要传输整个内容。

② GET,请求某个特殊的资源,是目前网络上最通用的方法。

③ POST,向确定的资源提交需要处理的数据。这些数据包括在请求的内容里,它可以产生新资源并更新已有资源。

④ PUT,上传特定资源。

⑤ DELETE,删除特定资源。

⑥ TRACE,返回接收的请求,客户端可查看在请求过程的中间服务器的变更情况。

⑦ OPTION,返回服务器支持的HTTP方法,用来检查网络服务器的功能。

⑧ CONNECT,将请求连接转换成透明的TCP/IP通道,通常用来简化通过非加密的HTTP代理的SSL加密通信(HTTPS)。

有些方法(比如HEAD、GET、OPTIONS和TRACE)被定义为安全方法,这些方法针对的只是信息的返回,并不会改变服务器的状态(换句话说就是这些方法不会产生副作用)。不安全的方法(例如POST、PUT和DELETE)应该用特殊的方式向用户展示,通常是按钮而不是链接,这样就可以使用户意识到可能要负的责任(例如一个按钮带来的资金交易)。

2. HTTP的报文格式

通过了解HTTP报文结构,可以进一步学习HTTP工作原理。HTTP有两种报文,其结构如图2.4(b)所示。

① 请求报文,从客户端向服务器发送请求报文。

② 响应报文,从服务器到客户的回答。

由于HTTP是面向正文的,因此在报文中的每一个字段都是一些ASCII码串,因而每个字段的长度都是不确定的。

HTTP请求报文和响应报文都是由三个部分组成的。这两种报文格式的区别就是开始行不同。

（1）开始行

开始行用于区分是请求报文还是响应报文。在请求报文中的开始行叫作请求行(Request-Line),而在响应报文中的开始行叫作状态行(Status-Line)。在开始行的三个字段之间都以空格分隔开,最后以"CR"和"LF"分别代表"回车"和"换行"。

（2）首部行

首部行用来说明浏览器、服务器或报文主体的一些信息。首部可以有好几行,也可以不使用。在每一个首部行中都有首部字段名和它的值,每一行在结束的地方都要有"回车"和"换行"。整个首部行结束时还有一空行将首部行和后面的实体主体分开。

（3）实体主体(Entity Body)

在请求报文中一般都不使用这个字段,而在响应报文中也可能没有这个字段。

2.3.3 搜索引擎

搜索引擎(Search Engine)是指根据一定的策略、运用特定的计算机程序从互联网上搜集信息,在对信息进行组织和处理后,为用户提供检索服务,将用户检索的相关信息展示给用户的系统。搜索引擎包括全文索引、目录索引、垂直搜索引擎、元搜索引擎、集合式搜索引擎、门户搜索引擎等。

1. 全文索引

全文索引是指从网站上提取信息建立网页数据库。搜索引擎的自动信息搜集功能分两种:一种是定期搜索,即每隔一段时间(如Google一般是28天),搜索引擎主动派出"蜘蛛"程序,对一定的IP地址范围内的互联网网站记性检索,一旦发现新的网站,它会自动提取网站的信息和网址加入自己的数据库;另一种是提交网址搜索,即网站拥有者主动向搜索引擎提交网址,它在一定时间内(2天到数月不等)定向向用户的网站派出"蜘蛛"程序,扫描用户的网站并将有关信息存入数据库,以备用户查询。随着搜索引擎索引规则发生很大的变化,主动提交并不能保证用户的网站能进入搜索引擎数据库,最好的办法是多获得一些外部链接,让搜索引擎有更多机会找到用户并自动将用户的网站收录。

2. 目录索引

目录索引也称为分类检索,是互联网上最早提供WWW资源查询的服务,主要通过搜集和整理互联网的资源,根据搜索到的网页的内容,将其网址分配到相关分类主题目录的不同层次的类目之下,形成像图书馆一样的分类树形结构索引。目录索引无须输入任何文字,只要根据网站提供的主题分类目录,层层点击进入,便可查到所需的网络信息资源。

3. 垂直搜索引擎

垂直搜索引擎(Vertical Search Engine),它针对某一特定领域、特定人群或某一特定需求提供搜索服务。垂直搜索也是提供关键字来进行搜索的,但被放到了一个行业知识的上下文中,返回的结果更倾向于信息、消息、条目等。例如,对于买房的人来讲,他希望查找到的是房子的具体供求信息(如面积、地点、价格等),而不是有关房子供求的一般性的论文或新闻、政策等。目前热门的垂直搜索行业包括购物、旅游、汽车、求职、房产、交友等行业。

4. 元搜索引擎

元搜索引擎(Meta Search Engine)把用户提交的检索请求发送到多个独立的搜索引擎上去搜索,并把检索结果集中统一处理,以统一的格式提供给用户,因此是搜索引擎之上的搜索引擎。它的主要精力放在提高搜索速度、智能化处理搜索结果、个性化搜索功能的设置和用户检索界面的友好性上。元搜索引擎的查全率和查准率都较高。

2.4 文件传输协议

2.4.1 概述

文件传输服务是由文件传输协议(File Transfer Protocol,FTP)应用程序提供的。FTP应用程序遵循的TCP/IP协议簇中的文件传输协议FTP。FTP提供交互式的访问,允许客户指明文件的类型与格式(如指明是否使用ASCII码),并允许文件具有存取权限(如访问文件的用户必须经过授权,并输入有效口令)。FTP屏蔽各计算机系统的细节,因而适合于异构网络中任意两台计算机之间传输文件。

在因特网发展的早期阶段,用FTP传送文件约占整个因特网的通信量的三分之一,只是到了1995年,WWW的通信量才首次超越了FTP。

基于TCP的FTP和基于UDP的TFTP是文件共享协议中的两大类,其特点是:若要存取一个文件,就必须先获得一个本地的文件副本;若要修改文件,只能对文件的副本进行修改,然后再将修改后的副本传回到原节点。

2.4.2 FTP基本工作原理

FTP服务采用的是客户机/服务器模式。图2.5给出了文件传输服务的工作原理。提供

FTP服务的计算机称为FTP服务器,它相当于一个大的文件仓库。用户的本地计算机称为客户机。将文件从FTP服务器传输到客户机的过程称为下载,而从客户机传输到FTP服务器的过程称为上载或上传。文件传输协议FTP只提供文件传输的一些基本的服务,它使用TCP提供的可靠的传输服务。

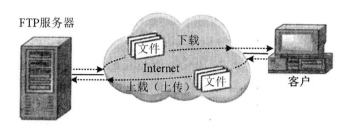

图2.5　FTP的工作原理

一个FTP服务器进程可同时为多个客户机进程提供服务。FTP服务器进程由两大部分组成:一个主进程,负责接收新的请求;另外有若干个从属进程,负责处理单个请求。

主进程的工作步骤如下:

① 打开FTP端口(端口号通常为21),使客户进程能够连接上该端口。

② 等待客户进程发出连接请求。

③ 启动从属进程来处理客户进程发来的请求,从属进程对客户进程的请求处理完毕后即终止,但从属进程在运行期间根据需要还可以创建其他一些子进程。

④ 回到等待状态,继续接收其他客户进程发来的请求,主进程与从属进程的处理并发地进行。

FTP的工作情况如图2.6所示。图中的椭圆表示在系统中运行的进程,服务器端有两个从属进程,即控制进程和数据传输进程;为了简便起见,服务器端的主进程没有画上,在客户端除了控制进程和数据传输进程外,还有一个用户界面进程用来和用户接口进行交互。

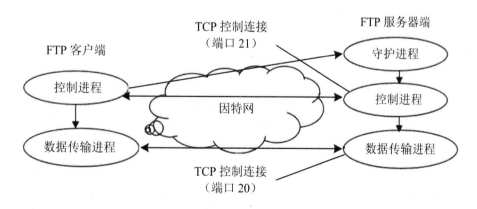

图2.6　FTP进程运行过程

在进行文件传输时,FTP的客户端和服务器端之间要建立两个并行的TCP连接——控制连接和数据连接,控制连接在整个会话期间一直保持打开,FTP客户所发送的传送请求通过控制连接发送给服务器端的控制进程,但控制连接并不用来传送文件,实际上传送文件的是数据连接。服务器端的控制进程在接收到FTP客户发送来的文件传输请求后就创建数据传送进程和数据连接进程,均来连接客户端和服务器端的数据传送进程。数据传送进程实际完成文件的传送,在传送完成后,关闭数据传送连接并结束运行。由于FTP使用了一个分离的控制连接,因此FTP控制信息是带外(Out-of-Band)传送的。

当客户端进程向FTP服务器进程发出建立连接请求时,实际上是寻找连接FTP服务器进程的端口(端口号通常为21),同时还要告诉FTP服务器进程自己的另一个端口号码,用来建立数据传送连接。接着,服务器进程用自己传送数据的端口(端口号通常为20)与客户进程所提供的端口号码建立数据传送连接。由于FTP使用了两个不同的端口号,所以数据连接与控制连接不会发生混乱。

使用两个独立连接的主要好处是使协议更加简单和更容易实现,同时在传输文件时还可以控制连接(例如,客户发送请求终止传输)。

并非所有的FTP数据传输都是最佳的。例如,计算机A上运行的应用程序要在远程计算机B的一个很大的文件的末尾添加一行信息。若使用FTP,则应先将此文件从计算机B传送到计算机A,添加一行信息后,再用FTP将此文件传送到计算机B,来回传送这样大的文件很费时间。实际上,这种传送是不必要的,因为计算机A并没有使用该文件的内容。

FTP服务是一种实时的联机服务,用户在访问FTP服务器之前必须进行登录,登录时要求用户输入其在FTP服务器上的合法账号和口令。只有成功登录的用户才能访问该FTP服务器,并对授权的文件进行查阅和传输。

多数的FTP服务器都提供一种匿名FTP服务。匿名FTP服务的实质是提供服务的机构在它的FTP服务器上建立一个公开账户(一般为anonymous),并赋予该账户访问公共目录的权限,以便提供免费服务。如果用户要访问这些提供匿名服务的FTP服务器,一般不用输入用户名与用户密码。若需要输入它们的话,可以使用"anonymous"作为用户名,使用"guest"作为用户密码。有些FTP服务器可能会要求用户用自己的电子邮件地址作为用户密码,提供这类服务的服务器称为"匿名FTP服务器"。目前,Internet用户使用的大多数FTP服务都是匿名服务。为了保证FTP服务器的安全,几乎所有的匿名FTP服务器都只允许用户下载文件,而不允许用户上传文件。

目前常用的FTP客户程序通常有3种类型,即传统的FTP命令行、浏览器与FTP下载工具。传统的FTP命令行是最早的FTP客户程序,它在Windows 7中仍然能够使用,但是需要进入Ms-Dos窗口。目前的浏览器软件不但支持WWW方式访问,还支持FTP方式访问FTP服务器,通过它可以直接登录到FTP服务器查看并下载文件。

当使用FTP命令行或浏览器从FTP服务器下载文件时,如果在下载过程中网络连接意外中断,已经下载完的那部分文件将会丢失,而FTP下载工具可以通过断点续传功能继续进行剩余部分的传输。目前,常用的FTP下载工具主要包括CuteFTP、LeapFTP和AceFTP等。

2.5　电 子 邮 件

2.5.1　概述

电子邮件(Electronic Mail,E-Mail)又称电子信箱,它利用计算机的存储转发原理,克服时间、地域上的差距,通过计算机终端和通信网络进行文字、声音、图像等信息的传递,是Internet的一项重要功能。使用Internet提供的电子邮件服务,实际上并不一定需要直接与Internet联网,只要通过已与Internet联网并提供Internet邮件服务的机构收发电子邮件即可。目前,电子邮件已成为网络用户之间快速、简便、可靠且低成本的现代通信手段,也是Internet使用广泛的服务之一。

使用电子邮件服务的前提是拥有自己的电子信箱。电子信箱一般又称为电子邮件地址(E-Mail Address)。电子信箱是提供电子邮件服务的机构为用户建立的,实际上是该机构在与Internet联网的计算机上为用户分配的一个专门用于存放往来邮件的磁盘存储区域,这个区域是由电子邮件系统管理的。

一般而言,邮件地址的格式为:somebody@donmain-name(邮箱名不能为中文);此处的domain-name为域名的标识符,也就是邮件必须要交付到的邮件目的地的域名,somebody则是在该域名上的邮箱地址名字。

电子邮件的工作过程遵循客户机/服务器模式。如图2.7所示,每份电子邮件的发送都要涉及接发双方,发送方式是客户端,而作为接收方,邮件服务器含有众多用户的电子信箱。发送方通过邮件客户程序,将编辑好的电子邮件向邮件服务器(SMTP服务器)发送。邮件服务器识别接收者地址,并向管理该地址的邮件服务器(POP3服务器)发送消息。邮件服务器将消息存放在接收者的电子信箱内,并告知接收者有新邮件到来。接收者通过邮件客户程序连接到服务器后,就会看到服务器的通知,进而打开自己的电子信箱来查收邮件。在传递过程中,若某个通信站点发现用户给它的收传人电子邮件地址有误而无法继续传递时,系统会将原信退回并告诉不能送达的原因。

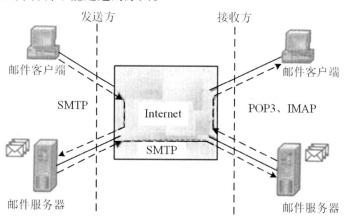

图2.7　电子邮件的工作过程

常见的电子邮件协议包括SMTP(简单邮件传输协议)、POP3(第三版邮局协议)、IMAP(Internet邮件访问协议)。这几种协议都是由TCP/IP协议簇定义的。

① SMTP(Simple Mail Transfer Protocol),主要负责底层的邮件系统如何将邮件从一台服务器传至另外一台服务器。

② POP(Post Office Protocol),目前的版本为第三版(POP3),是把邮件从电子邮件服务器中传输到本地计算机的协议。

③ IMAP(Internet Mail Access Protocol),目前的版本为IMAP4,是POP3的一种替代协议,提供了邮件检索和邮件处理的新功能,这样用户可以完全不必下载邮件正文就可以看到邮件的标题摘要,从邮件客户端软件就可以对邮件服务器上的邮件和文件夹目录等进行操作。IMAP协议增强了电子邮件的灵活性,同时也减少了垃圾邮件对本地系统的直接危害,节省了用户查看电子邮件的时间。除此之外,IMAP协议可以记忆用户在脱机状态下对邮件的操作(例如移动邮件、删除邮件等),在下一次打开网络连接的时候会自动执行。

上面介绍的两种邮件接收协议和一种邮件发送协议都支持安全的服务器连接。在大多数流行的电子邮件客户端程序里面都集成了对SSL连接的支持。除此之外,很多加密技术也应用到电子邮件的发送接收和阅读过程中,它们可以提供128位到2048位不等的加密强度。无论是单向加密还是对称密钥加密都得到了电子邮件客户端程序的广泛支持。

2.5.2 简单邮件传输协议

简单邮件传输协议(Simple Mail Transfer Protocol,SMTP)是一种提供可靠且有效电子邮件传输的协议。SMTP是建立在FTP文件传输服务上的一种邮件服务,主要用于传输系统之间的邮件信息传递,并提供有关来信的通知。SMTP独立于特定的传输子系统,且只需要可靠有序的数据流信道支持。SMTP的重要特性之一是其能跨越网络传输邮件,即SMTP邮件中继。使用SMTP可实现相同网络处理进程之间的邮件传输,也可通过中继器或网关实现某处理进程与其他网络之间的邮件传输。邮件的发送需要经过从发送端到接收端路径上的大量中继器或网关设备,域名服务系统(DNS)的邮件传输服务器可以用来识别传输邮件的中继器的下一跳IP地址。SMTP在传输邮件过程中使用TCP协议的25号端口。

SMTP是基于TCP服务的应用层协议,SMTP协议以明文方式规定了在两个相互通信的SMTP进程之间如何交换信息。由于SMTP使用客户机/服务器方式,因此负责发送邮件的SMTP进程就是SMTP客户,而负责接收邮件的SMTP进程就是SMTP服务器。

SMTP的设计基于以下通信模型:针对用户的邮件请求,SMTP客户机与SMTP服务器之间建立的双向传送通道。SMTP服务器可以是最终接收者也可以是中间传送者。SMTP命令由SMTP客户发出,由SMTP服务器接收,而应答则反方向传送。

一旦传送通道建立,SMTP客户发送mail命令指明邮件发送者。如果SMTP服务器可以接收邮件,则返回OK应答,SMTP客户再发出"RCPT"命令确认邮件是否接收到;如果SMTP服务器已接收到,则返回OK应答;如果不能接收,则发出拒绝接收应答(但不中止整个邮件操作)。双方将如此重复多次。当接收者收到全部邮件后会接收到特别的序列,如果接收者成功处理了邮件,则返回OK应答。

如果接收方与发送方连接在同一个传输服务下,邮件可以直接由发送方主机传送到接收方主机;或者当两者不在同一个传输服务下时,通过中继SMTP服务器传送。为了能够对SMTP服务器提供中继能力,它必须拥有最终目的主机地址和邮箱名称。

SMTP规定了14条命令和21种应答信息。每条命令由4个字母组成,而每一种应答信息一般只有一行信息,由一个3位数字的代码开始。下面通过SMTP通信的三个阶段介绍几个重要的命令和响应信息。

1. 连接建立

发件人先将要发送的邮件送到邮件缓存,SMTP客户机每隔一定时间(例如30 min)对邮件缓存扫描一次。如发现有邮件,就使用SMTP的端口号码(25)与目的主机的SMTP服务器建立TCP连接;在连接建立后,SMTP服务器要发出"220 Service ready(服务就绪)"信息;然后SMTP客户向SMTP服务器发送"HELLO"命令,附上发送方的主机名。SMTP服务器若有能力接收邮件,则回答"250 OK",表示已准备好接收。若SMTP服务器不可用,则问答"421 Service not available(服务不可用)"。如在一定时间内(例如3天)发送不了邮件,则将邮件退还发信人。

这里需要强调的是,上面所说的连接并不是在发信人和收信人之间建立的。连接是在发送主机的SMTP客户和接收主机的SMTP服务器之间建立的。发信人和收信人都可以在自己主机上做自己的工作,而SMTP客户和SMTP服务器都在后台工作。

SMTP不使用中间邮件服务器。不管发送端和接收端的邮件服务器相隔有多远,不管在邮件的传送过程中要经过多少个路由器,SMTP连接总是在发送端和接收端这两个邮件服务器之间直接建立。当接收端邮件服务器出现故障而不能工作时,发送端邮件服务器只能等待一段时间后再尝试和该邮件服务器建立SMTP连接,而不是先找一个中间的邮件服务器建立连接。

2. 邮件传送

邮件的传送从MAIL命令开始。MAIL命令后面有发信人的地址,如"MAIL FROM:<username@domain.com>"。若SMTP服务器已准备好接收邮件,则回答"250 OK"。否则返回一个代码,指出原因,如451(处理时出错)、452(存储空间不够)、500(命令无法识别)等。

如果将同一个邮件发送给一个或多个收件人,地址的后面就跟着一个或多个RCPT命令,其格式为"RCPT TO:<收信人地址>"。每发送一个命令,都应当有相应的信息从SMTP服务器返回,如"250 OK",表示指明的邮箱在接收端的系统中,或"550 No such user here(无此用户)",即不存在此邮箱。

RCPT命令的作用是:先弄清接收端系统是否已做好接收邮件的准备,然后才投送邮件。这样做是为了避免浪费通信资源,从而不至于发送了很长的邮件以后才知道因地址错误而白白浪费了许多通信资源。

DATA命令表示要开始传送邮件的内容了。SMTP服务器返回的信息是"354 Start mail input;end with<CRLF>.<CRLF>"。这里<CRLF>是"回车换行"的意思。若不能接收邮件,则返回421(服务器不可用)、500(命令无法识别)等。接着SMTP客户就发送邮件的内容,发送完毕后,再发送<CRLF>.<CRLF>(两个回车换行中间用一个点隔开)表示邮件内容结束。实际上在服务器端看到的可打印字符只是一个英义的句点。若邮件收到了,则SMTP服务器返回信息"250 OK",或返回差错代码。

虽然SMTP使用TCP连接试图保证邮件的可靠传送,但它并不能保证不丢失邮件。它没有端到端的"确认"返回到收件人处,差错指示也不保证能传送到收件人处。然而基于SMTP的电子邮件通常都被认为是可靠的。

3. 连接释放

邮件发送完毕后,SMTP客户应发送"QUIT"命令。SMTP服务器返回的信息是"221(服务关闭)",表示SMTP同意释放TCP连接,邮件传送的全部过程结束。

上述的SMTP客户与服务器交互的过程都被电子邮件系统的用户代理屏蔽了,使用电子邮件的用户是看不见这些过程的。

2.5.3 邮件读取协议

现在常用的邮件读取协议有两个,即邮局协议第三版本(POP3)和因特网邮件存取协议(IMAP)。

1. POP协议

POP的全称是post office protocol,即邮局协议,用于电子邮件的接收,它使用TCP的110端口。现在常用的是第三版,所以简称为POP3。POP是一个非常简单,但功能有限的邮件读取协议。

POP也使用客户机/服务器的工作方式。在接收邮件的用户PC中必须执行POP客户程序,而在用户所连接的ISP的邮件服务器中则运行POP服务器程序,当然,这个ISP的邮件服务器还必须运行SMTP服务器程序,以便接收发送方邮件服务器的SMTP客户程序发送来的邮件。

下面介绍电子邮件软件收取电子邮件的过程。

① 在电子邮件软件的账号属性上设置一个POP服务器的URL(比如POP3.163.com)以及邮箱的账号和密码。当单击电子邮件软件中的"收取"按钮,电子邮件软件首先会调用DNS协议对POP3服务器进行IP地址解析。当IP地址被解析出来后,邮件程序便开始使用TCP协议连接邮件服务器的110端口。

② 当邮件程序成功地连接上POP服务器后,先使用"USER"命令将邮箱的账号传给POP服务器,再使用"PASS"命令将邮箱的密码传给POP3服务器。

③ 当完成这一认证过程后,邮件程序使用"STAT"命令请求服务器返回邮箱的统计资料,比如邮件总数和邮件大小等,然后"LIST"命令便会列出服务器里的邮件。

④ 邮件程序使用"RETR"命令接收邮件,接收后便使用"DELE"命令将邮件服务器中的邮件置为删除状态。

⑤ 使用"QUIT"命令退出,邮件服务器便会将置为删除状态中的邮件删除。程序从服务器接收邮件其实就是一个对话过程。

2. IMAP 协议

除 POP3 之外,还可以使用因特网邮件存取协议(Internet Mail Access Protocol,IMAP)接收邮件。当使用电子邮件应用程序(如 Outlook Express、Foxmail)访问 IMAP 服务器时,用户可以决定是否将邮件拷贝到自己的计算机上,以及是否在 IMAP 服务器保留邮件副本。而访问 POP3 服务器时,邮箱中的邮件被复制到用户的计算机中,邮件服务器中不再保留邮件的副本,目前支持 IMAP 协议的服务器还不多,大量的邮件服务器还是 POP3 服务器。

IMAP 也是按客户机/服务器方式工作的,现在较新的版本是 IMAP4。用户在自己的 PC 上就可以操纵 ISP 的邮件服务器的邮箱,就像在本地操纵一样,因此 IMAP 是一个联机协议。当用户 PC 上的 IMAP 客户程序打开 IMAP 服务器的邮箱时,用户就可以看到邮件的首部。若用户需要打开某个邮件,则该邮件才传送到用户的计算机上。

IMAP 最大的好处就是用户可以在不同的地方使用不同的计算机随时上网阅读和处理自己的邮件,IMAP 还允许收信人只读取邮件中的某一个部分。例如,收到了一个可能很大的一份带有视频图像附件的邮件,为了节省时间,可以先下载邮件的正文部分,待以后有时间再下载这个附件。

IMAP 的缺点是如果用户没有将邮件复制到自己的 PC 上,则邮件一直是存放在 IMAP 服务器上。在查看电子邮件时,用户需要经常与 IMAP 服务器建立连接。

需要强调的是,不要将邮件读取协议 POP 或 IMAP 与邮件传送协议 SMTP 弄混。发信人在客户端向自己的邮件服务器发送邮件,以及发送邮件服务器向目的邮件服务器发送邮件,都是使用 SMTP 协议,而 POP3 或 IMAP 则是用户从目的邮件服务器读取邮件所使用的协议。

通常 Internet 上的个人用户不能直接接收电子邮件,而是通过申请 ISP 主机的一个电子信箱,ISP 主机负责电子邮件的接收。一旦收到用户的电子邮件,ISP 主机就将邮件移到用户的电子信箱内,并通知用户有新邮件。因此,当发送一封电子邮件给另一个用户时,电子邮件首先从用户计算机发送到 ISP 主机,再到 Internet,接着到收件人的 ISP 主机,最后到收件人的个人计算机。

ISP 主机起着"邮局"的作用,管理着众多用户的电子信箱。每个用户的电子信箱实际上就是用户所申请的账号,每个用户的电子邮件信箱都要占用 ISP 主机一定容量的硬盘空间,由于这一空间是有限的,因此用户要定期查收和阅读电子信箱中的邮件,以便腾出空间来接收新邮件。

2.6 小　　结

应用层是网络体系结构的最高层,是用户应用程序与网络的接口,网络技术的发展极大地丰富了应用层的内容。应用层通过使用下面各层所提供的服务直接向用户提供服务。本章主要介绍了网络应用层相关方面的知识,在基于客户机/服务器模型的基础上建立 DNS、HTTP、FTP、SMTP 等协议的使用,同时也学习了目前流行的 P2P 体系结构下的一些应用。

协议是网络中的核心概念,本章详细介绍了 DNS、HTTP、FTP、SMTP 等协议,使我们对"协议是什么"有了更为直观的认识。在下一章我们不仅要关注传输层协议是什么,还要关注它是如何工作以及为什么要这么做。

有了网络应用层的应用程序结构和应用层协议的相关知识后,将在第3章中探讨传输层。

习 题 2

一、选择题

1. 下面协议中,运行在应用层的是( )。

    A. IP   B. FTP

    C. TCP   D. ARP

2. 下面应用中,不属于 P2P 应用范畴的是( )。

    A. 电驴软件下载   B. PPstream 网络视频

    C. Skype 网络电话   D. 网上售飞机票

3. 远程登录协议(Telnet)、电子邮件协议(SMTP)、文件传输协议(FTP)依赖( )协议。

    A. TCP   B. UDP

    C. ICMP   D. IGMP

4. 当电子邮件程序向邮件服务器中发送邮件时,使用的是简单邮件传输协议(SMTP),而电子邮件程序从邮件服务器中读取邮件时,可以使用( )协议。

    A. PPP   B. POP3

    C. P2P   D. NEWS

5. 标准的 URL 由3部分组成,即服务器类型、主机名和路径及( )。

    A. 客户名   B. 浏览器名

    C. 文件名   D. 进程名

6. WWW 浏览器是由一组客户、一组解释单元与一个( )所组成。

    A. 解释器   B. 控制单元

    C. 编辑器   D. 差错控制单元

7. 从协议分析的角度,WWW 服务的第一步操作是 WWW 浏览器对 WWW 服务器的( )。

    A. 地址解析   B. 传输连接建立

    C. 域名解析   D. 会话连接建立

8. FTP Client 发起对 FTP Server 的连接建立的第一阶段是建立( )。

    A. 传输连接   B. 数据连接

    C. 会话连接   D. 控制连接

二、填空题

1. WWW上的每一个网页都有一个独立的地址,这些地址称为(   )。

2. WWW的中文名称为(   )。

3. DNS的功能是把(   )转换为IP地址。

4. 在SNMP网络管理体系中一般采用(   )模型。

5. FTP协议要求FTP客户进程和FTP服务器进程之间要建立(   )条TCP连接。

三、简答题

1. 什么是DNS? DNS的基本原理是什么? DNS如何通过层次结构实现它的工作过程?

2. 什么是万维网? 它包括哪些内容?

3. E-mail的格式是什么? 它是如何进行电子邮件的收发?

4. 什么是HTTP? 它的请求方法有哪些?

5. Telnet(远程登录)的工作过程是什么? 它有什么特点?

阅读材料

博　客

"博客(Blog或Weblog)"一词源于"Web Log(网络日志)"的缩写,是一种十分简易的个人信息发布方式。让任何人都可以像免费电子邮件的注册、写作和发送一样,完成个人网页的创建、发布和更新。如果把论坛(BBS)比喻为开放的广场,那么博客就是用户的开放的私人房间。可以充分利用超文本链接、网络互动、动态更新的特点,在用户"不停息的网上航行"中,精选并链接全球互联网中最有价值的信息、知识与资源;也可以将用户个人工作过程、生活故事、思想历程、闪现的灵感等及时记录和发布,发挥个人无限的表达力,更可以以文会友,结识和汇聚朋友,进行深度交流与沟通。

博客的发展主要经历以下三个阶段:

第一阶段(20世纪90年代中期到20世纪90年代末期):萌芽阶段,或者称为启蒙期。追溯博客的源头,无疑是一件难事,这个阶段主要是一批IT技术迷、网站设计者和新闻爱好者,不自觉、无理论体系的个人自发行为,还没有形成一定的群体,也没有具备一种现象的社会影响力。在悄悄的演变过程中,也有一些事件和人物起到了非常关键的启蒙与带头作用,为博客革命准备条件。

第二阶段(2000年至2006年左右):初级阶段,或者称为崛起期。到2000年,博客开始成千上万涌现,并成为一个热门概念。博客的影响力,却早已超出了它作为个人甚至作为自己所在行业的原有范围。开始引起主流的媒体的强烈关注,并明显感受到博客崛起对传统媒体的冲击。同时,各个专业领域的博客如雨后春笋,纷纷露出地面,越来越成为该专业关注的焦点。在最近一两年内,博客将成为互联网萧条时期重要的新现象之一,为全社会所关注。

第三阶段(2006年至今):成长阶段,或者称为发展期。预测未来永远是一件很愚蠢的事情,尤其是预测网络。对于博客的未来,现在要定论,的确太早!而且争议性很大。但是,根据我们的研究和判断,我们还是冒险地认同这样的一些大胆的判断:博客作为一种新的媒体现象,博客的影响力有可能超越传统媒体;作为专业领域的知识传播模式,博客将成为该领域最具影响力的事物之一;作为一种社会交流工具,博客将超越 E-mail、BBS,成为人们之间更重要的沟通和交流方式。

网络新应用

随着移动互联网的快速发展,出现了一些新的网络应用,如现在流行的微博和微信,微博即微博客(MicroBlog)的简称,是一个基于用户关系信息分享、传播以及获取平台,用户可以通过 WEB、WAP 等各种客户端组建个人社区,以 140 字左右的文字更新信息,并实现即时分享。最早、最著名的微博是美国 Twitter。2009 年 8 月中国门户网站新浪推出"新浪微博"内测版,成为门户网站中第一家提供微博服务的网站,微博正式进入中文上网主流人群视野。2011 年 10 月,中国微博用户总数达到 2.498 亿。随着微博在网民中的日益火热,与之相关的词汇如"微夫妻"也迅速走红网络,微博效应正在逐渐形成。

微信是腾讯公司于 2011 年 1 月 21 日推出的一款通过网络快速发送语音短信、视频、图片和文字,支持多人群聊的手机聊天软件。用户可以通过微信与好友进行形式上更加丰富的类似于短信、彩信等方式的联系。微信软件本身完全免费,使用任何功能都不会收取费用,微信时产生的上网流量费由网络运营商收取。2012 年 3 月底,微信用户人数超过 1 亿人,耗时 433 天。2012 年 9 月 17 日,微信用户人数超过 2 亿人,耗时缩短至不到 6 个月。截至 2013 年 1 月 24 日,微信用户人数达 3 亿人,时间进一步缩短至 5 个月以内,而且仍在加速普及中。

实验 1　应用层相关协议分析

DNS解析实验

协议简介

因特网上的每台主机都有一个唯一的全球 IP 地址,这样的地址对于计算机来说容易处理,但对于用户来说,即使将 IP 地址用点分十进制的方式表示,也不容易记忆。而主机之间的通信最终还是需要用户的操作,用户在访问一台主机前,必须首先获得其地址。因此,我们为网络上的主机取一个有意义又容易记忆的名字,这个名字称为域名,但通过域名并不能直接找到要访问的主机,中间还需要一个从域名查找到其对应的 IP 地址的过程,这个过程就是域名解析。域名解析的工作需要由域名服务器 DNS 来完成。

域名的解析方法主要有两种,即递归查询(Recursive Query)和迭代查询(Iterative

Query)。主机向本地域名服务器的查询一般采用递归查询,而本地域名服务器向根域名服务器的查询通常采用迭代查询。当然,本地域名服务器向根域名服务器的查询也可以采用递归查询。

为了提高解析效率,在本地域名服务器以及主机中都广泛使用了高速缓存,用来存放最近解析过的域名等信息。当然,缓存中的信息是有时效的,因为域名和IP地址之间的映射关系并不总是一成不变的,因此必须定期删除缓存中过期的映射关系。

实验目的

① 理解DNS系统的工作原理。
② 熟悉DNS服务器的工作过程。
③ 熟悉DNS报文格式。
④ 理解DNS缓存的作用。

实验步骤

任务一:观察本地域名解析过程。

步骤1,在PC的浏览器窗口请求内部WEB服务器的网页。

步骤2,捕获DNS事件并分析本地域名解析过程。

本步骤注意观察并完成以下几项内容:

① 分析本地DNS服务器的域名解析过程。

② 分析DNS的响应报文的组成。

③ 记录DNS首部中的查询记录数(QDCOUNT)及应答记录数(ANCOUNT)。

④ 记录DNS QUERY(DNS查询)及DNS ANSWER(DNS应答)部分各字段的值及含义。

完成后,单击"Reset Simulation"(重置模拟)按钮,将原有的事件全部清空;同时关闭PC的"Web Browser"(WEB浏览器)窗口。

任务二:观察外网域名解析过程。

步骤1,在PC的浏览器窗口请求外部WEB服务器的网页。

步骤2,捕获DNS事件并分析外网域名解析过程。

本步骤注意观察并完成以下内容:

① 分析DNS服务器之间的域名解析过程。

② 各个DNS应答报文的首部中查询记录数(QDCOUNT)及应答记录数(ANCOUNT)是否一样。

③ 不同的DNS ANSWER(DNS应答)中各字段的值及含义。

完成后,单击"Reset Simulation"按钮,将原有的事件全部清空;同时关闭PC的"Web Browser"窗口。

任务三:观察缓存的作用。

步骤1,查看本地域名服务器cn_dns的缓存。

步骤2,在PC的浏览器窗口请求外部WEB服务器的网页。

重复任务二,再次观察此次解析外网域名的过程。

完成后,单击"Reset Simulation"按钮,将原有的事件全部清空;同时关闭PC的"WEB Browser"窗口。

思考题

① DNS协议使用传输层的什么协议?

② DNS缓存有什么作用?在Packet Tracer中如何清空DNS缓存?

③ 本实验中PC与本地域名服务器cn_dns之间的解析是递归还是迭代?本地域名服务器cn_dns与根域名服务器root_dns之间呢?若后者用另一种解析方法,则域名服务器之间DNS的请求和应答的交互过程应如何?

HTTP 分析

协议简介

WWW常简称为WEB,是目前Internet上发展最快、应用最广的信息浏览机制,大大方便了广大非网络专业人员对网络的使用,在很大程度上促进了Internet的发展。

HTTP是一个详细规定了浏览器和WWW服务器之间互相通信规则的集合,是通过因特网从WWW服务器传输超文本到本地浏览器的数据传送协议,是万维网交换信息的基础。HTTP的工作建立在TCP连接之上,采用请求/响应的握手方式。HTTP报文有请求报文和响应报文两种。它是面向文本的,报文中的每个字段都是ASCII码串,因此各字段的长度都是不确定的。

实验目的

① 熟悉HTTP协议的工作过程。

② 理解HTTP报文的封装格式。

实验步骤

任务一:PC请求较小的页面文档。

步骤1,捕获PC与WEB1之间的HTTP事件。

步骤2,理解HTTP协议的工作过程并分析HTTP报文格式。

本步骤注意观察并完成以下内容:

① 分析HTTP协议的工作过程。

② HTTP请求报文的组成部分,该请求报文是否包含请求数据部分。

③ HTTP请求报文的请求行中所指明的方法、请求资源的URL、HTTP的版本等信息。

④ HTTP请求报文的首部行中"Connection: close"代表的含义。

⑤ HTTP响应报文的组成部分。

⑥ HTTP响应报文的状态行所指定的版本、状态码及短语等信息,状态码的值代表的含义。

⑦ HTTP响应报文的首部行中指明的文档长度及文档类型等。

完成后,单击"Reset Simulation"按钮,将原有的事件全部清空;同时关闭PC的配置窗口。

任务二:PC请求较大的页面文档并与任务一对比。

步骤1,捕获PC与WEB2之间的HTTP事件。

步骤2,与任务一进行对比。

本步骤注意观察并完成以下内容:

① 观察HTTP协议的工作过程与任务一对比有何区别。

② HTTP响应报文的首部行指明的文档长度。

③ WEB2收到PC的HTTP请求报文后,其响应报文使用的TCP报文段的个数。

完成后单击"Reset Simulation"按钮,将原有的事件全部清空;同时关闭PC的配置窗口。

思考题

① HTTP响应报文使用的TCP报文段的个数由什么值决定? 该值在什么时候确定? 本实验中该值为多少?

② 若PC请求的页面文档长度超过66000字节,HTTP的整个通信过程如何?

③ 若在PC的WEB浏览器中输入的域名有误,是否能捕获到HTTP事件? 为什么?

④ 在PC的浏览器窗口向WEB1请求网页math.fjnu.edu.cn并收到WEB1返回的页面后,TCP的连接会保持还是断开? 若进一步点击页面中的超链接,是否需要重新建立一条TCP连接?

电子邮件协议分析

协议简介

电子邮件(E-mail)是一种用电子手段提供信息交换的通信方式,是Internet应用广泛的服务之一。

简单邮件传输协议(SMTP)是一种提供可靠且有效电子邮件传输的协议,其目标是可靠、高效地传送邮件。它是基于TCP服务的应用层协议,使用熟知端口号25。SMTP使用客户机/服务器模式,因此发送SMTP称为SMTP客户,接收SMTP称为SMTP服务器。发送SMTP与接收SMTP之间的通信过程主要包含连接建立、邮件传送、连接释放三个阶段。

POP3是基于TCP协议的应用层协议,使用熟知端口号110。它是因特网电子邮件的第一个离线协议标准,允许用户从服务器上把邮件存储到本地主机(即自己的计算机)上,同时根据客户端的操作删除或保存在邮件服务器上的邮件。POP3使用客户机/服务器模式,POP3客户在收邮件时,向POP3服务器发送命令并等待响应。

实验目的

① 了解邮件服务器的配置以及邮件客户端账号的设置。

② 熟悉Packet Tracer中收发电子邮件的操作方法。

③ 观察发送和接收邮件时的报文交换,从而更好地理解发送邮件和接收邮件的工作过程。

计算机网络

实验步骤

任务一:分析用SMTP发送邮件的工作过程。

步骤1,在PC0设备发送邮件并捕获SMTP事件。

步骤2,理解SMTP发送邮件的工作过程。

该步骤注意观察并分析以下内容:

① SMTP发送邮件的完整过程。

② 当PC0向本地邮件服务器MAIL_Serv_1发送邮件时,PC0及MAIL_Serv_1使用的端口号;当MAIL_Serv_1作为SMTP客户端向接收方邮件服务器MAIL_Serv_2发送邮件时,MAIL_Serv_1及MAIL_Serv_2使用的端口号。

完成后,单击"Reset Simulation"按钮,将原有的事件全部清空,并关闭PC0窗口。

任务二:分析用POP3接收邮件的工作过程。

步骤1,在PC1设备收邮件并捕获POP3事件。

步骤2,理解POP3的工作过程。

该步骤注意观察并分析以下内容:

① POP3接收邮件的完整过程。

② 当PC1作为POP3客户端向接收方邮件服务器MAIL_Serv_2读取邮件时,PC1及MAIL_Serv_2使用的端口号。

完成后,单击"Reset Simulation"按钮,将原有的事件全部清空,并关闭PC1窗口。

思考题

① 若希望同时捕获SMTP和POP3事件,应该如何操作?

② 若电子邮件的发送方与接收方不在同一个网段,则本实验需要如何修改?

文件传送协议分析

协议简介

文件传输协议(FTP)是因特网上使用广泛的文件传送协议,它是TCP/IP协议簇中的协议之一,其目标是提高文件的共享性,提供可靠、高效的数据传送服务。它由RFC 959定义,是基于TCP服务的应用层协议。FTP服务一般运行在TCP的20和21两个端口,端口20用于在客户端和服务器之间传输数据流;而端口21则用于传输控制流,并且是控制命令通向FTP服务器的入口。在FTP协议中,控制连接均由客户端发起,而数据连接则有两种工作模式,即PORT模式(主动方式)和PASV模式(被动方式)。

简单文件传送协议(Trivial File Transfer Protocol,TFTP)是一个传输文件的简单协议,通常使用UDP协议实现,是仅支持文件上传和下载功能的传输协议,而不包含FTP协议中的目录操作和用户权限等内容。

实验目的

① 了解 FTP 协议的作用。

② 熟悉 Packet Tracert 中 FTP 常用命令的使用并进行验证。

③ 学会简单分析 FTP 的 PDU,查看 FTP 的命令报文及应答报文各字段的含义。

④ 理解 FTP 的各类事务的处理过程。

实验步骤

任务一:PC 登录 FTP Server。

步骤 1,PC 登录 FTP 服务器端并捕获相关的 FTP 事件。

步骤 2,分析登录过程中 FTP 协议的工作过程。

通过分析报文交互的过程观察 FTP 登录时 PC 和 FTP 服务器之间 FTP 协议的工作过程。注意观察并分析 FTP 登录过程中各类报文的内容及含义。

完成后,单击"Reset Simulation"按钮,将原有的事件全部清空;同时关闭 PC 的配置窗口。

步骤 3,FTP 常用命令的使用。

任务二:在 PC 端下载 FTP Server 上的文件并进行验证。

步骤 1,查看 PC 的本地文件列表。

此时可以看到 PC 的本地文件有两个,即 a.txt 和 sampleFile.txt。

步骤 2,查看 FTP 服务器端的文件列表。

此时可以看到 FTP 服务器端有三个文件。

步骤 3,PC 端下载 FTP 服务器端的文件并捕获相关的 FTP 事件。

完成后,单击"Reset Simulation"按钮,将原有的事件全部清空;同时关闭 PC 的配置窗口。

步骤 4,分析下载过程中 FTP 协议的工作过程。

通过分析报文交互的过程观察 FTP 下载文件时 PC 和 FTP 服务器之间 FTP 协议的工作过程。

注意观察并分析 PC 从 FTP 服务器下载文件过程中各类报文的内容及含义。

完成后,单击"Reset Simulation"按钮,将原有的事件全部清空。

步骤 5,验证已下载的文件。

任务三,将 PC 端的文件上传到 FTP 服务器上并进行验证。

步骤 1,查看 FTP 服务器端的文件列表。

步骤 2,将 PC 端的文件上传到 FTP 服务器上并捕获相关的 FTP 事件。

用"put"命令将 PC 端的文件 a.txt 上传到 FTP 服务器端。

步骤 3,分析下载过程中 FTP 协议的工作过程。

分析从 PC 端上传文件到 FTP 服务器端的详细过程,观察分析各类报文的内容及含义。

步骤 4,验证已下载的文件。

完成后,单击"Reset Simulation"按钮,将原有的事件全部清空;同时关闭 PC 的配置窗口。

思考题

① 若从 FTP 服务器端下载较大的文件"c3560-advipservicesk9-mz.122-37.SE1.bin"，FTP 协议的工作过程有何不同？

② 重命名（Rename）及删除（Delete）FTP 服务器上的文件并分析其各自的过程。

③ 若任务一的步骤 1 不使用手动捕获的方式而改为自动捕获，会出现什么情况？

第3章 传 输 层

传输层提供网络系统中源点与目的点间端到端的数据通信。传输层的 TCP 协议为上层提供面向连接的传输服务,而 UDP 协议为上层提供无连接的传输服务。本章首先介绍传输层服务与协议,然后详细阐述了用户数据报协议(UDP)与传输控制协议(TCP)。

【学习目标】 通过本章的学习,了解传输层协议向网络应用程序提供的服务;掌握 UDP 和 TCP 的工作原理;掌握 UDP 用户数据报格式和 TCP 报文段格式;掌握 TCP 可靠数据传输的实现方法;了解 TCP 流量控制、拥塞控制以及连接控制的方法与过程等相关知识。

3.1 概 述

从通信和信息处理的角度看,传输层向它上面的应用层提供通信服务,它属于面向通信部分的最高层,同时也是用户功能中的最低层。网络层、数据链路层、物理层主要实现网络功能,如图3.1所示。

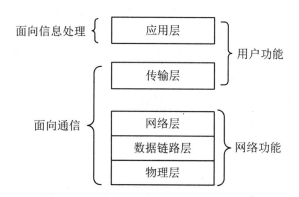

图3.1 传输层在层次体系结构中的地位

两个主机进行通信实际上就是两个主机中的应用进程互相通信,应用进程之间的通信又称为端到端的通信。应用层不同进程的报文通过不同的端口向下交到传输层,再往下就共用网络层提供的服务,如图3.2所示。传输层提供应用进程间的逻辑通信。"逻辑通信"的意思为传输层之间的通信好像是沿水平方向传送数据。但事实上这两个传输层之间并没有一条水平方向的物理连接。

传输层的主要功能是为应用进程之间提供端到端的逻辑通信(但网络层是为主机之间

提供逻辑通信）。传输层还要对收到的报文进行差错检测。传输层有两种不同的传输协议，即面向连接的 TCP 和无连接的 UDP。

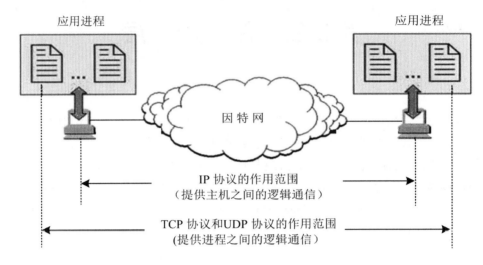

图3.2 传输层作用

3.1.1 传输层服务

传输层是 OSI 模型中建立在网络层和会话层之间的一个层次，它一般包括以下基本功能：

① 连接管理（Connection Management），定义了允许两个用户像直接连接一样开始交谈的规则。通常把连接的定义和建立的过程称为握手（Handshake）。传输层要建立、维持和终止一个会话，传输层与其对等系统建立面向连接的会话。

② 流量控制（Flow Control），就是以网络普遍接受的速度发送数据，从而防止网络拥塞造成数据报的丢失。传输层和数据链路层的流量控制区别在于：传输层定义了端到端用户之间的流量控制，数据链路层定义了两个中间的相邻节点的流量控制。

③ 差错检测（Error Detection），传输层的差错检测机制会检测到源点和目的之间的传输完全无错。

④ 对用户请求的响应（Response to User's Request），包括对发送和接收数据请求的响应以及特定请求的响应，如用户可能要求高吞吐率、低延迟或可靠的服务。

⑤ 建立无连接或面向连接的通信，TCP/IP 协议的 TCP 提供面向连接的传输层服务，UDP 则提供无连接的传输层服务。

3.1.2 传输层协议

不论是 TCP/IP 协议，还是在 OSI 参考模型中，任意相邻两层的下层为服务提供者，上层为服务调用者。下层为上层提供的服务可分为两类，即面向连接服务和无连接服务。

1. 面向连接的网络服务

面向连接的网络服务又称为虚电路(Virtual Circuit)服务,它具有网络连接建立、数据传输和网络连接释放三个阶段,是按顺序传输可靠的报文分组方式,适用于指定对象、长报文、会话型传输要求。

面向连接服务以电话系统为模式。要和某个人通话,首先拿起电话,拨号码,通话,然后挂断。同样在使用面向连接的服务时,用户首先要建立连接,使用连接,然后释放连接。连接本质上像个管道:发送者在管道的一端放入物体,接收者在另一端按同样的次序取出物体。其特点是收发的数据不仅顺序一致,而且内容也相同。

2. 无连接的网络服务

无连接网络服务的两个实体之间的通信不需要事先建立好一个连接。无连接网络服务有3种类型,即数据报(Datagram)、确认交付(Confirmed Delivery)和请求回答(Request Reply)。

无连接服务以邮政系统为模式。每个报文(信件)带有完整的目的地址,并且每一个报文都独立于其他报文,由系统选定的路线传递。在正常情况下,当两个报文发往同一目的地时,先发的先到。但是,也有可能先发的报文在途中延误了,后发的报文反而先收到;而这种情况在面向连接的服务中是绝对不可能发生的。

传输层(又称主机到主机传输层)为应用层提供会话和数据报通信服务。传输层承担OSI传输层的职责。传输层的核心协议是TCP和UDP。

TCP即传输控制协议,是一个可靠的、面向连接的协议。它允许网络间两台主机之间无差错的信息传输。TCP协议还进行流量控制,以避免发送过快而发生拥塞。不过这一切对用户都是透明的。

UDP即用户数据报协议,它采用无连接的方式传送数据,也就是说发送端不关心发送的数据是否到达目标主机、数据是否出错等。收到数据的主机也不会告诉发送方是否收到了数据,它的可靠性由上层协议来保障。

这两个协议针对不同网络环境实现数据传输,各有优缺点。TCP协议面向连接,效率较低,但可靠性高,适合于网络链路不好或可靠性要求高的环境;UDP协议面向非连接,不可靠,但因为不用传送许多与数据本身无关的信息,所以效率较高,常用于一些实时业务,也用于一些对差错不敏感的应用。这样就可以在不同的场合和要求下选用不同的协议,达到预期通信目标。

下面分别对UDP和TCP进行详细介绍。

3.2 用户数据报协议

如果学习了TCP协议就可以知道:TCP协议的数据传输比较可靠,但因此而付出的代价在某些时候显得不太合适。比如主机A想要给主机B发送一句话"你好",这个数据传输仅仅为4字节而已。但用TCP协议来封装、传输它,至少要加上一个20字节的首部,还要为此建立一个3次握手的连接,并且在数据传输完毕后进行4次断开。这样看来,似乎对于一些简短的数据传输可以设计一种简单的传输协议。忽略一些可靠性考虑,提高数据传输率。在这种背景下,传输层的另一个协议UDP产生了。

UDP协议和TCP协议都是传输层的协议,UDP协议作为一个无连接的、不可靠的协议有什么样的工作机制呢? 有何优缺点呢? 下面带着这些问题来分析UDP协议。

1. UDP概述

用户数据报协议(User Datagram Protocol,UDP)只在IP的数据报服务之上增加了很少一点的功能,即端口的功能和差错检测的功能。虽然UDP用户数据报只能提供不可靠的交付,但UDP在某些方面有其特殊的优点。

在选择使用协议的时候,选择UDP必须要谨慎。在网络质量令人十分不满意的环境下,UDP协议数据包丢失会比较严重。但是由于UDP不属于连接型协议的特性,因而具有资源消耗小、处理速度快的优点,则通常音频、视频和普通数据在传送时使用UDP较多,因为它们即使偶尔丢失一两个数据包,也不会对接收结果产生太大影响,比如我们聊天用的ICQ和QQ就是使用的UDP协议。

2. UDP特点

① UDP是一个无连接协议,传输数据之前源端和终端不建立连接,当它想传送时就简单地去抓取来自应用程序的数据,并尽可能快地把它扔到网络上。在发送端,UDP传送数据的速度仅仅是受应用程序生成数据的速度、计算机的能力和传输带宽的限制;在接收端,UDP把每个消息段放在队列中,应用程序每次从队列中读一个消息段。

② 由于传输数据不建立连接,因此也就不需要维护连接状态,包括收发状态等,一台服务器可同时向多个客户机传输相同的消息。

③ UDP信息包的标题很短,只有8字节,相对于TCP的20字节信息包的额外开销很小。

④ 吞吐量不受拥挤控制算法的调节,只受应用软件生成数据的速率、传输带宽、源端和终端主机性能的限制。

⑤ UDP使用尽最大努力交付,即不保证可靠交付,因此主机不需要维持复杂的连接状态表(这里面有许多参数)。

⑥ UDP是面向报文的。发送方的UDP对应用程序交下来的报文,在添加首部后就向下交付给IP层。既不拆分,也不合并,而是保留这些报文的边界,因此应用程序需要选择合适的报文大小。

3.2.1　UDP用户数据报格式

1. UDP用户数据报的首部格式

IP数据格式如图3.3所示。

用户数据报UDP有两个字段,即数据字段和首部字段。首部字段有8字节,由4字段组成,每个字段都是2字节。

在计算检验和时,临时把"伪首部"和UDP用户数据报连接在一起。伪首部仅仅是为了计算检验和。

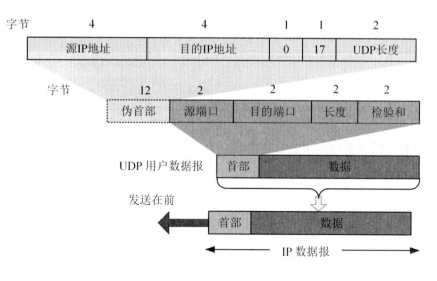

图3.3　IP数据报格式

2. 计算UDP校验和示例

UDP的检验和运算如图3.4所示。

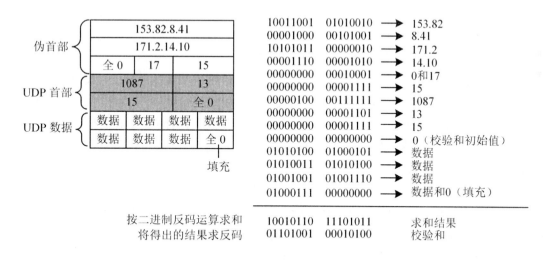

图3.4　UDP校验和运算

另外,要使用UDP,应用程序必须提供源和目标应用程序的IP地址和UDP端口号。尽管某些UDP端口和TCP端口使用相同的编号,但这两种端口是截然不同且相互独立的。与TCP端口一样,1024以下的UDP端口号是由IANA分配的端口。表3.1列出了一些常用的UDP端口号。

表3.1　UDP常见端口号

UDP端口号	描　　述
53	DNS 名称查询
69	简单文件传输协议(TFTP)
137	NetBIOS 名称服务
138	NetBIOS 数据报服务
161	简单网络管理协议(SNMP)
520	路由信息协议(RIP)

也许你会问:"既然UDP是一种不可靠的网络协议,那么还有什么使用价值或必要呢?"其实不然,在有些情况下UDP可能会变得非常有用。因为UDP具有TCP所望尘莫及的速度优势。虽然TCP中植入了各种安全保障功能,但是在实际执行的过程中会占用大量的系统开销,无疑使速度受到严重的影响。反观UDP由于排除了信息可靠传递机制,将安全和排序等功能移交给上层应用来完成,极大地降低了执行时间,使速度得到了保证。

3.2.2　UDP应用

UDP协议由于其自身的特殊性——能高速地传输数据,因而在实际工作中应用范围也很广,而且在某些方面有着TCP协议不可比拟的优势。同时UDP协议的特点也使得传输层在处理数据传输的时候有更多的选择。可以根据数据传输过程中的要求和数据本身的特点选择,对于可靠性要求高的数据传输选择TCP方式,对于传输率高要求的数据传输选择UDP方式,二者相辅相成,使得传输层的功能更完善。在互联网逐步进入到千家万户的今天,大家可能对QQ这个聊天工具不陌生。很多人接触网络就是从上网聊天开始的。QQ这个应用软件在处理发送短消息时就是使用了UDP的方式。大家不难想象,发送十几个字或几十个字的短消息使用TCP协议进行一系列的验证将导致传输率的大大下降。有谁愿意用一个"反应迟钝"的软件进行网络聊天呢?实际上大家在使用QQ的时候也不会感到数据传输的不可靠。在网络飞速发展的今天,网络技术日新月异,对于常用的简单数据传输来说,UDP不失为一个很好的选择。在网络服务中也有用到UDP协议的,比如DNS服务。表3.2列出了UDP使用的一些常见端口号。

表3.2　UDP使用的一些常见端口号

端　口　号	协　议	说　明
69	TFTP	简单文件传输协议
53	DNS	域名服务
123	NTP	网络时间协议
111	RPC	远程过程调用

DNS服务器支持TCP和UDP两种协议的查询方式,而且端口号都是53。大多数的查询都是UDP查询的,一般需要TCP查询的有如下两种情况:

① 当查询数据较大以至于产生了数据分段,这时需要利用TCP的分片能力来进行数据传输。

② 当主(Master)服务器和辅(Slave)服务器之间进行数据同步通信的时候。

UDP作为一个很小的不可靠的传输层协议,它没有流控机制,当来到的报文太多时,接收端可能会溢出。

除校验和外,UDP也没有差错控制机制,这就表示发送端并不知道数据是丢失了还是重复交付了。当接收端使用校验和检测出差错时,就会悄悄地将此用户数据丢掉。

缺少流控制和差错控制就表示使用UDP的进程必须要提供这些机制。例如,TFTP协议提供分块传输、分块确认的机制,保证数据传输的可靠性。

3.3 传输控制协议

1. TCP概述

传输控制协议(Transmission Control Protocol,TCP)是一种面向连接(连接导向)的、可靠的、基于字节流的传输层(Transport Layer)通信协议。TCP是为了在主机间实现高可靠性数据交换的传输协议。TCP是面向连接的端到端的可靠协议。它支持多种网络应用程序。TCP对下层服务没有多少要求,它假定下层只能提供不可靠的数据包服务,它可以在多种硬件构成的网络上运行。传输控制协议主要包含下列任务和功能:

① 确保IP数据报的成功传递。

② 对程序发送的大块数据进行分段和重组。

③ 确保正确排序及按顺序传递分段的数据。

④ 通过计算校验和,进行传输数据的完整性检查。

⑤ 根据数据是否接收成功,发送肯定消息。通过使用选择性确认,也对没有收到的数据发送否定确认。

⑥ 为必须使用可靠的、基于会话的数据传输程序,如客户端/服务器数据库和电子邮件程序,提供首选传输方法。

2. TCP特点

TCP是一条虚连接而不是一条实际存在的物理链路,具有如下特点:

① 面向连接的传输。

② 端到端的通信;每一条TCP连接只能有两个端点。

③ 高可靠性,确保传输数据的正确性,不出现丢失或乱序。

④ 全双工方式传输。

⑤ 面向字节流,采用字节流方式,即以字节为单位传输字节序列。

⑥ 紧急数据传送功能。

3. TCP和UDP的区别

① TCP面向连接,UDP面向非连接。

② TCP传输速度慢,UDP传输速度快。

③ TCP保证数据顺序,UDP不保证。

④ TCP保证数据正确性,UDP可能丢包。

⑤ TCP对系统资源要求多,UDP要求少。

3.3.1　TCP连接

TCP是一个面向连接的协议,所以在连接双方发送数据之前,都需要首先建立一条连接。这和前面讲到的协议完全不同。前面讲的所有协议都只是发送数据而已,大多数都不关心发送的数据是不是送到,UDP尤其明显,从编程的角度来说,UDP编程也要简单得多,UDP都不用考虑数据分片。TCP连接的建立可以简单地称为三次握手,而连接的中止则可以叫作四次握手,下面将会详细说明这些内容。

3.3.2　TCP报文段格式

TCP数据包头部总长最小为20字节,其结构如图3.5所示。

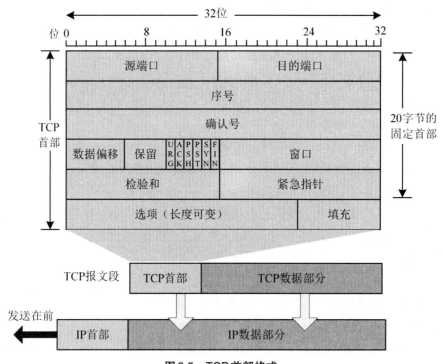

图3.5　TCP首部格式

① 源端口和目的端口字段,各占2字节。端口是传输层与应用层的服务接口。传输层的复用和分用功能都要通过端口才能实现。

② 序号字段,占4字节。TCP连接中传送的数据流中的每一个字节都编上一个序号。序号字段的值则指的是本报文段所发送的数据的第一个字节的序号。

③ 确认号字段,占4字节,是期望收到对方的下一个报文段数据的第一个字节的序号。

④ 数据偏移,占4 bit,它指出 TCP 报文段的数据起始处距离 TCP 报文段的起始处有多远。"数据偏移"的单位不是字节而是 32 bit(4 字节为计算单位)。

⑤ 保留字段,占6 bit,保留为今后使用,但目前应置为0。

⑥ 紧急比特 URG。当 URG=1 时,表明紧急指针字段有效。它告诉系统此报文段中有紧急数据,应尽快传送(相当于高优先级的数据)。

⑦ 确认比特 ACK。只有当 ACK=1 时确认号字段才有效。当 ACK=0 时,确认号无效。

⑧ 推送比特 PSH(PuSH)。接收 TCP 收到推送比特置1的报文段,就尽快地交付给接收应用进程,而不再等到整个缓存都填满了后再向上交付。

⑨ 复位比特 RST(ReSeT)。当 RST=1 时,表明 TCP 连接中出现严重差错(如由于主机崩溃或其他原因),必须释放连接,然后再重新建立运输连接(重新连接)。

⑩ 同步比特 SYN。SYN 置为1表示这是一个连接请求或连接接收报文。

⑪ 终止比特 FIN(FINal),用来释放一个连接。当 FIN=1 时,表明此报文段的发送端的数据已发送完毕,并要求释放运输连接。

⑫ 窗口字段,占2字节,窗口字段用来控制对方发送的数据量,单位为字节。TCP 连接的一端根据设置的缓存空间大小确定自己的接收窗口大小,然后通知对方以确定对方的发送窗口的上限。

⑬ 检验和,占2字节。检验和字段检验的范围包括首部和数据这两部分。在计算检验和时,要在 TCP 报文段的前面加上12字节的伪首部。

⑭ 紧急指针字段,占16 bit。紧急指针指出在本报文段中的紧急数据的最后一个字节的序号。

⑮ 选项字段,长度可变。TCP 只规定了一种选项,即最大报文段长度(Maximum Segment Size,MSS)。MSS 告诉对方 TCP:"我的缓存所能接收的报文段的数据字段的最大长度是 MSS 字节。"

MSS 是 TCP 报文段中的数据字段的最大长度。数据字段加上 TCP 首部才等于整个的TCP 报文段。

⑯ 填充字段,这是为了使整个首部长度是4字节的整数倍。

3.3.3 TCP 可靠数据传输的实现

我们知道,TCP 下面的网络所提供的是不可靠的传输,而 TCP 发送的报文段是交给 IP 层传送的,即 IP 层能提供尽最大努力的服务。因此,TCP 要采取相应的措施保证 TCP 与 IP 层之间的通信变得可靠。理想的传输条件:一是传输过程无差错;二是接收速度大于或是等于发送速度,保证接收方能够及时处理收到的数据。这两种情况是不需要采用任何措施就能实现可靠传输的。但实际情况不会总是理想情况,所以需要设置重传机制实现可靠的传输,重传机制主要有以下几种:

1. 自动重传机制(ARQ 协议)

在计算机网络发展初期,通信链路不太可靠,因而在数据链路层传输数据时要采用可靠的通信协议,即停止等待协议。这种协议并不是应用在传输层,我们介绍的目的是为TCP的滑动窗口机制作基础。"停止等待"就是每发送完一个分组就停止发送,等待对方的确认,在收到确认后再发送下一个分组,具体操作如下:

假设A发送数据,B接收数据并发送确认,此时A叫作发送方,B叫作接收方。为方便讨论可靠传输的原理,在这里把传送的数据单元都称为分组,分别用序号M_1、M_2等表示。通信的同一时间段上只有一方发送信息,而并不考虑数据是在哪一个层次上传送的。

(1)正常情况

这是最简单的停止等待。在这种情况下,A发送完分组M_1就暂停发送,等待B的确认,B正确收到M_1后就向A发送对M_1的确认。A在规定的时间内收到了对M_1的确认后,再发送下一个分组M_2。同样,在规定的时间内收到B对M_2的确认后,再发送M_3。

(2)异常情况

有以下4种异常情况:① A发送的分组M_1虽然被B准时接收,但在传输过程中出错了(即有些二进制位发生了变化,简称"分组出错");② A发送的分组M_1在传输过程中由于某种原因丢失了(简称"分组丢失");③ B按时收到A发来的分组M_1并发回对M_1的确认,但对M_1的确认在传输过程中由于某种原因丢失了(简称"确认丢失");④ B收到分组M_1并发回对M_1的确认,但网络拥塞等原因导致A虽然收到了M_1的确认,但超时了(简称"确认迟到")。前两种情况,B都不会发送对M_1的确认;前3种情况,A都不会收到对M_1的确认;第4种情况,A收到了对M_1的确认但超时了。

这里应该注意以下内容:① A在发送完一个分组后,必须暂时保留已发送的分组的副本,以便需要重传时使用,只有在收到相应的确认后才能清除暂时保留的分组副本;② A发送分组和B发送的确认分组都必须进行编号,以便A明确发送出去的哪个分组收到了确认,哪个分组还没有收到确认;③ 超时计时器设置的重传时间应当比数据在分组传输的平均往返时间更长一些。超时计时器是这样使用的,A为每个已发送的分组Mx都设置一个超时计时器Tx>0,只要超时计时器Tx=0还没有收到确认,就认为刚才发送的分组Mx丢失了,因而重传分组Mx,当A在超时计时器Tx>0时收到Mx的确认,就撤销该超时计时器Tx。

(3)异常处理

A在设定的超时重传时间内没有收到M_1的确认,A无法知道是因为分组出错、分组丢失、确认丢失还是确认迟到,因此A在超时计时器到期后就重传M_1。重传的M_1到达B后,B要采取相应的行动,丢弃这个重复的分组M_1而不向上层交付;同时向A再次发送M_1的确认。不要认为已经发送过M_1的确认就不再发送了,A之所以重传M_1有可能是因为M_1的确认丢失了,如果是这样,B又不再次发送M_1的确认,导致A永远收不到M_1的确认,A就会不停地发送分组M_1。A收到重复的确认直接丢弃,而什么也不做。

上述确认和重传机制,在不可靠的传输网络上能够实现可靠的通信。这种可靠传输协议常称为自动重传请求(Automatic Repeat reQuest,ARQ),即重传的请求是自动进行的。接收方B不需要请求发送方A重传某个出错的分组。

2. 连续重传机制(连续ARQ协议)

自动重传机制的优点是简单,但缺点是信道利用率太低。假定在A和B之间有一条直通的信道来传送分组。当确认时间远大于分组发送时间时,信道的利用率就会非常低。若出现重传,则对传送有用的数据信息来说,信道的利用率就还要降低。为了提高传输速率,发送方可以不用低效率的自动重传机制,而采用流水线传输,即连续重传机制。流水线传输就是发送方可连续发送多个分组,不必每发完一个分组就停顿下来等待对方的确认。这样可使信道上一直有数据而不间断地传送。显然,这种传输方式可以获得很高的信道利用率,如图3.6所示。

图3.6　流水线传输

当使用流水线传输时,就要用到连续 ARQ 协议或滑动窗口协议。滑动窗口协议比较复杂,是 TCP 协议的精髓所在。连续 ARQ 协议规定,位于发送窗口内的各个分组都可连续发送出去,而不需要等待对方的确认,这样就提高了信道利用率。接收方一般不对收到的分组逐个发送确认,而是在收到若干个分组后,对按序到达的最后一个分组发送确认,表示这个分组之前(含这个分组)的所有分组都已正确收到了,这就是累积确认。发送方每收到一个确认,就把发送窗口向前滑动。累积确认的优点是容易实现,即使确认丢失也不必重传;缺点是不能向发送方反映出接收方已经正确收到的所有分组的信息。当通信线路质量不好时,连续 ARQ 协议会带来负面的影响。比如:发送方连续发送了分组1、2、3、4、5、6、7、8和9,接收方正确收到分组1、2、3、4、6、7和8,这时接收方发送确认4,发送方收到确认后从分组5开始依次向后发送。显然,连续 ARQ 协议也不是非常理想的协议。

3. 滑动窗口机制(滑动窗口协议)

下面我们探讨滑动窗口协议,滑动窗口协议是 TCP 协议的精髓,TCP 滑动窗口是以字节为单位的,为了方便讲述可靠传输原理,假定数据传输只在一个方向上进行,即 A 发送数据,B 接收并给出确认。好处是仅限于讨论 A 的发送窗口(Send Window,swnd)和 B 的接收窗口(Receive Window,rwnd)。

如图3.7所示,方框表示 A 的发送窗口,表示在没有收到 B 的确认之前,A 可以连续地把处在窗口内部的数据全部发送出去。发送窗口里面的序号表示允许发送的序号,窗口较大,发送方就可以在收到对方确认之前连续发送更多数据,以便提高传输效率。发送窗口左侧的部分表示已经发送并收到确认,这些数据不需要保留;发送窗口右侧的部分表示不允许发送,接收方还未替这些数据提供存放的缓存空间;发送窗口中虚线左侧的数据是已经发送的但未收到确认,处于等待接收确认状态,虚线右侧的数据表示尚未发送,但是接收方已经替这些数据提供了存放的缓存空间,这些数据是允许发送的。

如图3.8所示,发送窗口的位置是由窗口的前沿和后沿的位置共同决定的。窗口后沿的变化有两种可能情况——不动和向右移动,没有收到新的确认,对方通知的窗口号未变,此时窗口的后沿不动,若收到新的确认,窗口的后沿向右移动。窗口的前沿变化一般是不断向右移动的,但是在没有收到新的确认且发送窗口的大小没有变化时,或是在收到新的确认,且对方通知窗口缩小时,发送窗口的前沿不动。当收到新的确认或对方通知窗口变大时,窗口前沿右移。一般情况下,TCP的标准是不赞成发送窗口的前沿左移,这样会导致一些不必要的错误。

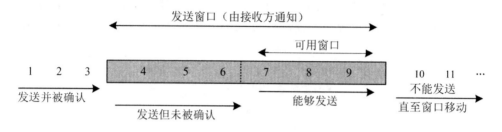

图3.7 TCP发送方滑动窗口的可视化表现

图3.8 窗口边沿的移动

再看一下B的接收窗口,如图3.9所示。方框内为接收窗口。接收窗口左侧为已经发送确认,并且数据交付主机,不必保存;接收窗口右侧是不允许接收的数据序号。在接收窗口中,阴影部分的数据(序号4、5、7)是已经收到的正确数据,但尚未确认和交付应用层,其中7号数据是未按顺序到达的数据,由于接收方一般采用的是累积确认,只给已按序到达的正确数据的最高序号发送确认,其余未按照序号到达的数据暂且先存放在接收窗口中。若出现图3.9中的状况,则接收方发送确认6。

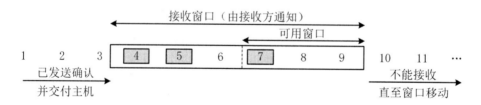

图3.9 TCP接收方滑动窗口的可视化表示

注意:前面我们讲到数据在传输过程有一个超时计时器的设置,这个应用同样适用于TCP的滑动窗口。在A发送窗口中的所有数据都已发送完成,且B已发送确认,但A未收到确认,在这种情况下,A是认为B没有收到数据的,超过计时器设置的时间A就要重新再次发送数据。

发送缓存和接收缓存是用来暂时存放数据的,在发送缓存中存放的是准备要发送的数据和已经发送但未收到确认的数据,而接收缓存中存放的是按序到达但尚未交付应用层的数据和未按需到达的数据。

最后要强调的是,A的发送窗口是根据B的接收窗口设置的,但是在同一时间段两个窗口的大小有可能不同,是由于数据在传输过程有时间滞后性。为了减小传输开销,TCP要求接收方具有积累确认功能。TCP对不按序到达的数据仅在缓冲区作暂存处理。

3.3.4 TCP 流量控制

流量控制用于防止在接收端口阻塞情况下丢帧,这种方法是当接收缓冲区开始溢出时通过向发送方发送阻塞信号实现的。流量控制可以有效地防止由于网络中瞬间的大量数据对网络带来的冲击,保证用户网络高效而稳定的运行。简单地说,流量控制就是让发送方的发送速率不要太快,要让接收方来得及接收。

在计算机网络中控制流量的方式如下:① 在半双工方式下,流量控制是通过反向压力向发送源发送信号,使得信息源降低发送速度;② 在全双工方式下,流量控制一般遵循 IEEE 802.3X 标准,由交换机向信息源发送"pause"命令使其暂停发送。

接下来,我们看看 TCP 的流量控制,利用滑动窗口机制可以很方便地在 TCP 连接上实现对发送方的流量控制。假设:① 数据是单向传输的,即 A 向 B 发送数据;② 在建立连接时接收方 B 告诉发送方 A,接收方的接收窗口 rwnd=400 B;③ TCP 发送的每个报文段长度为 100 字节,数据报文段序号的初始值设为 1。注意:大写 ACK 表示首部中的确认位 ACK,小写 ack 表示确认字段的值 ack。

图 3.10 说明 B 进行了 3 次流量控制,当 rwnd = 0 时,不允许发送方再发送数据,这种使发送方暂停发送的状态将持续到主机 B 重新发送一个 rwnd≠0 的窗口为止。另外,需要注意的是,ACK 为 1 时,发送的 ack 字段才有意义,因此接收方 B 发送的报文段中 ACK 都是置为 1 的。

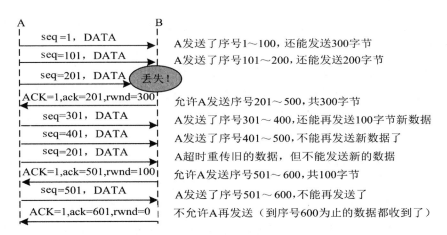

图 3.10　TCP 的流量控制

在传送过程中会出现发送方或接收方发出的报文段丢失,双方都处在等待接收对方信息的状态,这样会导致系统产生死锁状态。TCP 为每一个连接设有一个计时器。只要 TCP 连接的一方收到对方的零窗口通知,就启动计时器。若计时器设置的时间到期(计时器值递减到 0),就发送一个零窗口控测报文段(携 1 字节的数据),那么收到这个报文段的一方就重新设置计时器。

基于窗口的流量控制方案会引起一种叫作糊涂窗口综合症(Silly Window Syndrome, SWS)的问题,具体表现为:接收方的应用进程处理接收缓冲区数据很慢,接收方通告一个非零小窗口,而不等到有大的窗口时才通知,简称接收方发送小窗口。发送方因应用进程产生数据很慢或立刻响应接收方的小窗口而发送小数据,而不等待其他数据以便发送一个大的报文段,简称发收方发送小数据。无论是接收方发送小窗口还是发收方发送小数据,或者二者兼而有之,都会使应用进程间传送的报文段很小,特别是有效载荷很小,在极端情况下,有效载荷可能只有1字节,而传输开销有40字节(20 B的IP头+20 B的TCP头),这种现象严重影响网络性能。为了避免收发双方出现糊涂窗口行为,TCP给出了如下建议或规定。

(1) 发送方为了防止TCP逐个字节地发送数据,强迫TCP收集数据,然后用一个更大的数据块(一个MSS大小或接收方通告窗口大小的一半)发送数据。现在的问题是TCP要等待多长时间呢? 如果等待过久,就会使整个的过程产生较长的时延。为了解决此问题,Nagle发明了Nagle算法,算法规则如下:

① 如果数据包长度达到MSS,则允许发送。

② 如果数据包含有FIN,则允许发送。

③ 设置了TCP_NODELAY选项,则允许发送。

④ 未设置TCP_CORK选项时,若所有发出去的小数据包(小于MSS)均被确认,则允许发送。

⑤ 上述条件都未满足,但发生了超时(一般为200 ms),则立即发送。

(2) 接送方应用程序消耗数据的速度比接收数据的慢,有以下两种建议的解决方法:

① Clark解决方法,只要有数据到达就发送确认,但宣布的窗口大小为零,直到缓存空间已经能够放入一个MSS报文段,或者缓存空间已经有一半空闲。

② 延迟确认,当一个报文段到达时并不立即发送确认,直到入缓存有足够的空间。延迟确认阻止了发送方TCP滑动其窗口,使得发送方的TCP发送完其数据后就停下来了。迟延确认还有另一个优点,即接收端不需要确认每一个报文段,减少了通信量。但它也有一个缺点,即迟延的确认有可能迫使发送端重传其未被确认的报文段。可以用协议来平衡优点和缺点,比如定义确认的延迟不能超过500 ms等。

3.3.5 TCP拥塞控制

所谓拥塞,是指当网络中一个或多个网络单元不能满足已建立的连接或新的连接请求所协商的服务质量要求的状态。拥塞现象是指到达通信子网中某一部分的分组数量过多,使得该部分网络来不及处理,以致引起这部分乃至整个网络性能下降的现象,严重时甚至会导致网络通信业务陷入停顿即出现死锁现象。

拥塞控制与流量控制有密切关系,也有区别,流量控制主要是点对点通信量的控制,是端到端的问题。拥塞控制所要做的就是抑制发送端发送数据的速率,以便使接收端来得及接收。

拥塞控制需要获得网络内部流量分布的信息,在实施拥塞控制之前,还需要在节点之间交换信息和各种命令,以便选择控制策略和实施控制。因特网的建议标准定义了进行拥塞控制的4种算法,即慢开始(Slow-Start)、拥塞避免(Congestion Avoidance)、快重传(Fast

Retransmit)和快恢复(Fast Recovery),4种算法的实现过程如图3.11所示。下面介绍这些算法的基本原理,为了方便起见,我们用最大报文段长度(MSS)作为窗口大小的单位,我们假定数据是单向传输的,每个报文段长度都设置为1个MSS,并且接收窗口rwnd足够大,这样发送方的发送窗口swnd只受其拥塞窗口cwnd决定(即swnd≤cwnd,取swnd=cwnd)。

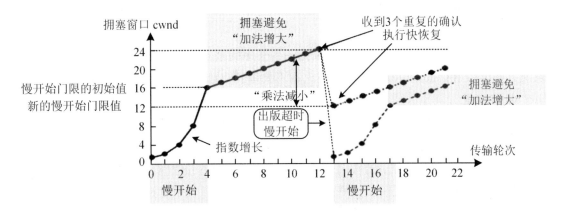

图3.11　4种拥塞控制的示意图

1. 慢开始

慢开始算法的思路是,因为主机一开始发送数据时,并不清楚网络的负荷情况,如果立即把大量数据注入网络,就有可能引起网络拥塞。所以采用的办法是由小到大逐渐增大拥塞窗口数值(Congestion Window, cwnd),不断地探测网络,即由小到大逐渐增大发送窗口swnd。也就是说,刚开始发送时,把拥塞窗口大小设置很小(比如cwnd=1),每次收到一个对新的报文段的确认后,把拥塞窗口增加至多一个MSS的数值(即cwnd=cwnd+1)。用这样的方法逐步增大发送方的拥塞窗口cwnd,可以使分组注入网络的速率更加合理。

假如开始发送时发送方设置cwnd=1,发送第一个报文段M_0,接收方收到后发回对M_0的确认,发送方收到M_0的确认后设置cwnd=2,于是发送方第二次发送时发送M_1和M_2两个报文段,接收方收到后发回对M_1和M_2的确认,因为发送方每收到一个新报文段的确认就将cwnd增1,所以发送方设置cwnd=4,第三次发送时可连续发送M_3~M_6,同理,第四次发送时cwnd=8,可连续发送M_7~M_{14},以此类推。

由于发送时延远小于往返时延RTT,每次发送方的发送速率几乎翻倍,即随时间大约以指数方式增长。因此,慢开始的"慢"并不是指cwnd的增长速率慢,而是指一开始的发送速率慢。这里的快慢是指一次发送把多少报文段发送到网络中。

在慢开始阶段发送速率以指数方式迅速增长,若持续增长必然导致网络很快进入拥塞状态。为了避免网络拥塞,需要在网络接近拥塞时降低发送速率的增长速度,为此,TCP定义了一个状态变量,即慢开始门限(Ssthresh),它是从慢开始阶段进入拥塞避免阶段的门限。其用法如下:

当cwnd < ssthresh时,使用慢开始算法。

当cwnd = ssthresh时,可以使用慢开始算法,也可以使用拥塞避免算法。

当 cwnd > ssthresh 时,停止使用慢开始算法而改用拥塞避免算法。

2. 拥塞避免

拥塞避免算法的思路是,让拥塞窗口 cwnd 缓慢地增大,即每经过一个往返时间 RTT 就把发送方的拥塞窗口 cwnd 加1,而不是加倍。这样拥塞窗口 cwnd 按线性规律缓慢增长,比慢开始算法的拥塞窗口增长速率缓慢得多。

3. 快重传

快重传的算法首先要求接收方每收到一个失序的报文段后就立即发出重复确认(为使发送方及早知道有报文段没有到达对方),而不要等到自己发送数据时才进行捎带确认。

4. 快恢复

其过程有以下两个要点:一是当发送方连续收到3个重复确认时,它认为网络很可能要发生拥塞,就执行"乘法减小"算法,把慢开始门限设置为当前拥塞窗口 cwnd 的一半,预防网络发生拥塞;二是执行乘法减小后不执行慢开始算法(即 cwnd 置1),而是置 cwnd=ssthresh,然后开始执行拥塞避免算法,使拥塞窗口缓慢地线性增大。快恢复是与快重传配合使用的。

在采用快恢复算法时,慢开始算法只是在 TCP 连接建立和网络出现超时时才使用的。采用这样的拥塞控制方法使得 TCP 的性能有明显的改进。图3.11给出了4种拥塞控制的应用实例。

"乘法减小"是指不论在慢开始阶段还是拥塞避免阶段,只要出现一次超时(即出现一次网络拥塞),就把慢开始门限值 ssthresh 设置为当前的拥塞窗口值乘以0.5。当网络频繁出现拥塞时,ssthresh 值就下降得很快,以大大减少注入到网络中的分组数。

"加法增大"是指执行拥塞避免算法后,在收到对所有报文段的确认后(即经过一个往返时间),就把拥塞窗口 cwnd 增1,使拥塞窗口缓慢增大,以防止网络过早出现拥塞。

无论是在慢开始阶段还是在拥塞避免阶段,只要发送方判断网络出现拥塞(其根据就是没有收到确认,即超时),就要把慢开始门限 ssthresh 设置为出现拥塞时的发送方窗口的一半(但不能小于2),然后把拥塞窗口 cwnd 重新设置为1,执行慢开始算法。这样做的目的就是要迅速减少主机发送到网络中的分组数,使得发生拥塞的路由器有足够时间把队列中积压的分组处理完毕。利用以上的措施要完全避免网络拥塞还是不可能的,所以"拥塞避免"是指在拥塞避免阶段将拥塞窗口控制为按线性规律增长,使网络比较不容易出现拥塞。

此外,死锁现象也能使整个网络的吞吐量急剧下降而产生网络拥塞。所谓"死锁"是指因网络资源供不应求,两个或两个以上的进程在执行过程中,因争夺资源而互相等待,若无外力作用,它们永远分配不到必需的资源而无法继续运行。解决这个问题的方法,如增加节点的缓存空间,链路更换为高速的、提高节点处理机的运算速度等都只是解决表面问题。有时不但不能解决问题,还会导致网络的性能更差。

实际上,导致网络拥塞的原因很多,仅仅是简简单单的扩充网络,有可能将瓶颈转移到其他部位,只有所有部位都平衡了,才能将问题得到解决。拥塞控制所要做的都有一个前提——网络能够承受现有的网络负荷。拥塞控制是一个全局性的过程,涉及所有的主机、路由器以及与降低网络传输性能有关的所有因素。拥塞控制的核心是防止过多的数据注入网络中。

3.3.6 TCP连接控制

TCP协议是传输控制协议的简称,工作在网络层协议之上,是面向连接的、可靠的、端到端的传输层协议。TCP采用传输连接的方式传送TCP报文,传输连接包括连接建立、数据传输和连接释放三个阶段。也就是说在数据通信之前,发送端与接收端要先建立连接,等数据发送结束后,双方再断开连接。

1. TCP连接的建立

TCP在建立连接的时候使用端口号来完成与应用程序的对应。当一台计算机和其他计算机进行连接、通信时,使用IP地址和端口号。连接的每一方都是由一个IP地址和一个端口号组成的,比如通过IE浏览器上网时,通过解析输入的URL地址可以得到IP地址,这时还有一个隐含的端口号80。这样就构成了连接的服务器方。同样,连接的客户端也会有自己的IP地址和端口号。

在计算机上可以通过命令netstat -n来查看目前存在的连接进程。TCP建立连接的过程称为3次握手,建立连接的过程如图3.12所示。

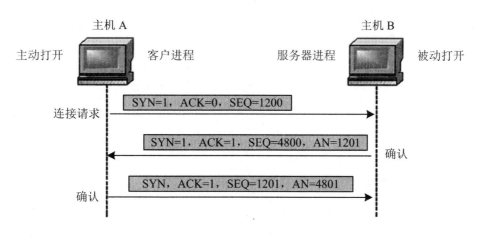

图3.12 TCP连接建立的3次握手过程

TCP连接建立采用"3次握手"方式。

首先,主机A的TCP向主机B的TCP发出连接请求报文段,其首部中的同步位SYN应置1,同时选择一个序号 X,表明在后面传送数据时的第一个数据字节的序号是 $X+1$,如图3.12所示。

其次,主机B的TCP收到连接请求报文段后,若同意,则发回确认。在确认报文段中应将SYN和ACK都置1,确认号应为 $X+1$,同时也为自己选择一个序号 Y。

最后,主机A的TCP收到主机B的确认后,要向主机B发回确认,其ACK置1,确认号为 $Y+1$,而自己的序号为 $X+1$。TCP的标准规定,SYN置1的报文段都要消耗掉一个序号。同时,运行客户进程的主机A的TCP通知上层应用进程,连接已经建立。当主机A向主机B发送第一个数据报文段时,其序号仍为 $X+1$,因为前一个确认报文段并不消耗序号。

当运行服务器进程的主机B的TCP收到主机A的确认后,也通知其上层应用进程,连接已经建立。

另外,在TCP连接建立的过程中,还利用TCP报文段首部的选项字段进行双方最大报文段长度MSS协商,确定报文段的数据字段的最大长度。双方都将自己能够支持的MSS写入选项字段,比较之后,取较小的值赋给MSS,并应用于数据传送阶段。

2. TCP数据的传送

为了保证TCP传输的可靠性,TCP采用面向字节的方式,将报文段的数据部分进行编号,每个字节对应一个序号,并在连接建立时,双方商定初始序号。在报文段首部中,序号字段和数据部分长度可以确定发送方传送数据的每一个字节的序号,确认号字段则表示接收方希望下次收到的数据的第一个字节的序号,即表示这个序号之前的数据字节均已收到。这样既做到可靠传输,又做到全双工通信。

当然,数据传送阶段有许多复杂的问题和情况,如流量控制、拥塞控制、重传机制等,本次实验不探究。

3. TCP连接的释放

TCP建立一个连接时进行了3次握手,而终止一个连接要经过4次。这是由TCP的半关闭(Halt-Close)造成的。

什么是TCP的半关闭呢?因为一个TCP连接是全双工的(即数据可在两个方向上同时传递),所以进行关闭时每个方向必须单独地进行关闭。这个单方向的关闭都称为半关闭。关闭的方法是一方完成它的数据发送任务后,就发送一个FIN来向另一方通告将要终止这个方向连接。当一端收到一个FIN,它必须通知应用层TCP连接已经终止了那个方向的数据传送。发送FIN通常是应用层进行关闭的结果,如图3.13所示。

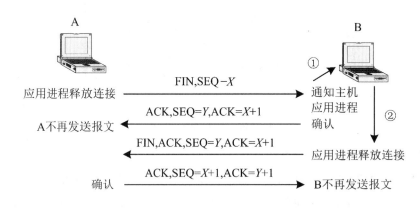

图3.13 TCP连接释放的4次握手过程

首先,设图3.13中主机A的应用进程先向其TCP发出释放连接的请求,并且不再发送数据。TCP通知对方要释放从主机A到主机B这个方向的连接,将发往主机B的TCP报文段首部的中止位置1,其序号X等于前面已传送过的数据的最后一个字节的序号加1。

主机B的TCP收到释放连接通知后即发出确认,其序号为Y,确认号为$X+1$,同时通知高层应用进程,如图3.13中的箭头①。这样从主机A到主机B的连接就被释放了,连接处于半关闭状态,相当于主机A对主机B说"我已经没有数据发送了。但是如果你还有数据要发送,我仍然接收"。

此后,主机B不再接收主机A发来的数据。但若主机B还有一些数据要发给主机A,则可以继续发送(这种情况很少)。主机A只要正确收到数据,仍然向主机B发送确认。

若主机B不再向主机A发送数据,其应用进程就通知TCP释放连接,如图3.13中的箭头②。主机B发出的连接释放报文段必须将中止位FIN和确认位ACK置1,并使其序号仍为Y(因为签名发送的确认报文段不消耗序号),但是还必须重复上次已经发送过的ACK=X+1。主机A必须对此发出确认,将ACK置1,ACK=Y+1,而自己的序号仍然是X+1,因为根据TCP标准,前面发送过的FIN报文段要消耗掉一个序号。这样就把主机B到主机A的反方向的连接释放掉。主机A的TCP再向其应用进程报告,整个连接已经全部释放。

3.4 小　　结

在本章的学习中,我们主要研究了传输层协议能够向网络应用程序提供的服务。传输层为网络中的主机提供端到端的通信,传输层的目标就是为端系统中进程之间的通信提供支持,提供高效、可靠、保证质量的服务;传输层在网络分层结构中起着承上启下的作用,通过执行传输层协议,屏蔽通信子网在技术、设计上的差异和服务质量的不足,向高层提供一个标准的、完善的通信服务,从通信和信息处理的角度来看,应用层是面向信息处理的,而传输层是为应用层提供通信服务的。

传输层提供了主机应用程序进程之间的端到端的服务,基本功能如下:

① 分割与重组数据。

② 按端口号寻址。

③ 连接管理。

④ 差错控制、流量控制和纠错。

⑤ 对用户请求的响应。

⑥ 建立无连接或面向连接的通信。面向连接会话建立、数据传输、会话拆除;无连接不保证数据的有序到达。

传输层要向应用层提供通信服务的可靠性,避免报文的出错、丢失、延迟时间紊乱、重复、乱序等差错。

在本章,我们熟悉了传输层的两个主要协议——UDP和TCP,详细学习了UDP和TCP的工作原理和使用范围,并详细分析了UDP用户数据报格式及其应用、TCP报文段格式、TCP可靠数据传输的实现、TCP流量控制、拥塞控制、TCP连接控制等内容。同时也学习了TCP实现可靠传输的几种方法,即自动重传机制(ARQ协议)、连续重传机制(连续ARQ协议)和滑动窗口机制(滑动窗口协议),TCP拥塞控制算法——慢开始和拥塞避免算法等相关知识。下一章我们将继续学习网络层。

习 题 3

一、选择题

1. 传输层的作用是向源主机与目的主机进程之间提供( )数据传输。

    A. 点到点   B. 点对多点

    C. 端到端   D. 多端口之间

2. ( )是传输层数据交换的基本单位。

    A. 比特   B. 分组

    C. 帧   D. 报文段

3. TCP协议是一种网络协议，其特点是( )。

    A. 可靠的，面向连接的   B. 可靠的，无连接的

    C. 不可靠的，面向连接的   D. 不可靠的，无连接的

4. 下列( )是传输层协议。

    A. TCP/IP   B. TCP

    C. FTP   D. ARP

5. 以下说法中错误的是( )。

    A. 传输层是OSI模型的第四层，是整个网络协议体系的核心

    B. 传输层是只能在源主机和目的主机之间进行的点到点传输

    C. TCP和UDP是典型的传输层协议，TCP协议是面向连接的，UDP协议是无连接的

    D. TCP进行流量控制和拥塞控制，UDP协议既不进行流量控制，又不进行拥塞控制

6. TCP报文的数据部分最大长度为( )。

    A. $(64\text{K}-1)$ B   B. $(64\text{K}-1)$B -20 B

    C. $(64\text{K}-1)$ B -40 B   D. $(64\text{K}-1)$B -60 B

7. TCP的拥塞控制采用的是( )的策略。

    A. 慢开始，慢速重传   B. 慢启动，慢速恢复

    C. 慢开始，滑动窗口   D. 慢启动，拥塞避免

8. 下列关于UDP协议的说法正确的是( )。

    A. UDP协议是一种面向连接的协议   B. UDP协议支持流量控制

    C. UDP协议支持拥塞控制   D. UDP协议支持广播和组播

9. 以下说法正确的是( )。

    A. TCP建立在不可靠的分组投递服务上   B. TCP是一种面向连接的程序

    C. TCP是一种无连接的协议   D. TCP建立在可靠的分组投递服务上

10. TCP协议在每层建立或拆除连接时，都要在收发双方之间交换( )报文。

    A. 一个   B. 两个

    C. 三个   D. 四个

二、填空题

1. 在OSI模型中,提供端到端传输功能的层次是( )。

2. 传输层上实现不可靠传输的协议是( )。

3. TCP报文的首部最小长度是( )。

4. 在TCP协议中,连接管理的方法为( )。

5. 在TCP拥塞控制中,( )将通知窗口值放在报文首部发给对方。

三、应用题

1. 设TCP使用的最大窗口为32 KB,传输信道的带宽可以认为是不受限制的。报文段的平均往返延时为16 ms。计算这样的TCP连接能得到的最大吞吐量。

2. 一台TCP机器在1 Gbps的通道上使用65535字节的发送窗口,单程延迟时间等于20 ms。问:可以取得的最大吞吐率是多少? 线路效率是多少?

3. 一个TCP拥塞窗口被置成18 KB,并且发生超时事件。如果接着的4个突发量传输都是成功的,那么该窗口将是多大? 假定最大报文段是1 KB。

4. 如果TCP来回路程时间RTT的当前值是30 ms,随后应答分别在20 ms、30 ms和25 ms到来,那么新的RTT估算值是多少? 假定 a=0.8。

5. 一个TCP连接下面使用128 kbps的链路,其端到端时延为32 ms。经测试,发现吞吐率只有60 kbps,则其发送窗口是多少?

6. 设源站和目的站相距40 km,而信号在传输媒体中的传输速率为200 km/ms。若一个分组长度为4 KB,而其发送时间等于信号的往返传播时延,求数据的发送速率。

7. 在100 Mbps的LAN网络中,至少需要多少时间才可能出现重复编号的TCP数据段?

8. 假设你需要设计一个类似于TCP的滑动窗口协议,该协议将运行在一个100 Mbps网络上,网络的往返时间为200 ms,最大段生命期为40 s。请问协议头部窗口和顺序号字段应该运行多少位?

9. 有一个TCP连接,当其拥塞窗口为64个分组大小时超时。假设网络的RTT是固定的3 s,不考虑比特开销,即分组不丢失,请问系统在超时后处于慢启动阶段的时间有多少秒?

10. 主机A基于TCP连接向主机B连续发送3个TCP报文段。第1个报文段的序号为90,第2个报文段序号为120,第3个报文段序号为150。

① 第1、2个报文段中有多少个数据?

② 假设第2个报文段丢失而其他两个报文段到达主机B,那么在主机B发往主机A的确认报文中确认号应该是多少?

阅读材料

传输层安全协议

随着计算机网络的普及与发展,网络为我们创造了一个可以实现信息共享的新环境。但是由于网络的开放性,如何在网络环境中保障信息的安全始终是人们关注的焦点。在网络出现的初期,网络主要分布在一些大型的研究机构、大学和公司。由于网络使用环境的相对独立性和封闭性,网络内部处于相对安全的环境,在网络内部传输信息基本不需要太多的安全措施。随着网络技术的飞速发展,尤其是Internet的出现和以此平台的电子商务的广泛应用,如何保证信息在Internet的安全传输,特别是敏感信息的保密性、完整性已成为一个重要问题,也是当今网络安全技术研究的一个热点。

在许多实际应用中,网络由分布在不同站点的内部网络和站点之间的公共网络组成。每个站点配有一台网关设备,站点内网络的相对封闭性和单一性,站点内网络对传输信息的安全保护要求不大。两站点之间网络属于公共网络,网络相对开发,使用情况复杂,因此需要对站点间的公共网络传输的信息进行安全保护。

在网际层中,IPSec可以提供端到端的网络层安全传输,但是它无法处理位于同一端系统之中的不同用户的安全需求,因此需要在传输层和更高层提供网络安全传输服务来满足这些要求。基于两个传输进程间的端到端安全服务,保证两个应用之间的保密性和安全性,为应用层提供安全服务。WEB浏览器是将HTTP和SSL相结合,因为简单所以在电子商务中应用。

在传输层中使用的安全协议主要有以下几个。

1. SSL

安全套接字层协议(Secure Socket Layer,SSL)是由Netscape设计的一种开放协议,它指定了一种在应用程序协议(例如HTTP、Telnet、NNTP、FTP)和TCP/IP之间提供数据安全性分层的机制。它为TCP/IP连接提供数据加密、服务器认证、消息完整性以及可选的客户机认证。

SSL的主要目的是在两个通信应用程序之间提供私密性和可靠性。这个过程通过以下3个元素来完成。

(1)握手协议

这个协议负责协商被用于客户机和服务器之间会话的加密参数。当一个SSL客户机和服务器第一次开始通信时,它们在一个协议版本上达成一致,选择加密算法,选择相互认证,并使用公钥技术来生成共享密钥。

(2)记录协议

这个协议用于交换应用层数据。应用程序消息被分割成可管理的数据块,还可以压缩,并应用一个 MAC(消息认证代码)，然后结果被加密并传输。接收方接收数据并对它解密，校验 MAC，解压缩并重新组合它，并把结果提交给应用程序协议。

（3）警告协议

这个协议用于指示在什么时候发生了错误或两个主机之间的会话在什么时候终止。

下面我们来看一个使用 WEB 客户机和服务器的范例。WEB 客户机通过连接到一个支持 SSL 的服务器，启动一次 SSL 会话。支持 SSL 的典型 WEB 服务器在一个与标准 HTTP 请求（默认为端口号 80）不同的端口（默认为端口号 443）上接收 SSL 连接请求。当客户机连接到这个端口上时，它将启动一次建立 SSL 会话的握手。当握手完成之后，通信内容被加密，并且执行消息完整性检查，知道 SSL 会话过期。SSL 创建一个会话，在此期间，握手必须只发生过一次。

SSL 握手过程步骤如下：

步骤 1，SSL 客户机连接到 SSL 服务器，并要求服务器验证它自身的身份。

步骤 2，服务器通过发送它的数字证书证明其身份。这个交换还可以包括整个证书链，直到某个根证书权威机构（CA）。通过检查有效日期并确认证书包含有可信任 CA 的数字签名，来验证证书。

步骤 3，服务器发出一个请求，对客户端的证书进行验证。但是，因为缺乏公钥体系结构，当今的大多数服务器不进行客户端认证。

步骤 4，协商用于加密的消息加密算法和用于完整性检查的哈希函数。通常由客户机提供它支持的所有算法列表，然后由服务器选择最强健的加密算法。

步骤 5，客户机和服务器通过下列步骤生成会话密钥：

① 客户机生成一个随机数，并使用服务器的公钥（从服务器的证书中获得）对它加密，发送到服务器上。

② 服务器用更加随机的数据（从客户机的密钥可用时则使用客户机密钥；否则以明文方式发送数据）响应。

③ 使用哈希函数，从随机数据生成密钥。

SSL 协议的优点是提供了连接安全，具有如下 3 个基本属性：

① 连接是私有的。在初始握手定义一个密钥之后，将使用加密算法。对于数据加密使用对称加密（例如 DES 和 RC4）。

② 可以使用非对称加密或公钥加密（例如 RSA 和 DSS）来验证对等实体的身份。

③ 连接是可靠的。消息传输使用一个密钥的 MAC，包括消息完整性检查。其中使用安全哈希函数（例如 SHA 和 MD5）来进行 MAC 计算。

对于 SSL 的接受程度仅仅限于 HTTP 内。它在其他协议中已被表明可以使用，但还没有被广泛应用。

注意：IETF 正在定义一种新的协议，叫作传输层安全（Transport Layer Security, TLS）。它建立在 Netscape 所提出的 SSL 3.0 协议规范基础上；对于用于传输层安全性的标准协议，整个行业好像都正在朝着 TLS 的方向发展。但是，在 TLS 和 SSL 3.0 之间存在着显著的差别（主要是它们所支持的加密算法不同），这样，TLS 1.0 和 SSL 3.0 不能互操作。

2. SSH

SSH(安全外壳协议)是一种在不安全网络上用于安全远程登录和其他安全网络服务的协议。它提供了对安全远程登录、安全文件传输、安全TCP/IP和X-Window系统通信量进行转发的支持。它可以自动加密、认证并压缩所传输的数据。正在进行的定义SSH协议的工作确保SSH协议可以提供强健的安全性,防止密码分析和协议攻击,可以在没有全球密钥管理或证书基础设施的情况下工作得非常好,并且在可用时使用自己已有的证书基础设施(例如DNSSEC和X.509)。

SSH协议由以下3个主要组件组成:

① 传输层协议,提供服务器认证、保密性和完整性,并具有完美的转发保密性。有时,它还可能提供压缩功能。

② 用户认证协议,负责从服务器对客户机的身份认证。

③ 连接协议,把加密通道多路复用组成几个逻辑通道。

SSH传输层是一种安全的低层传输协议。它提供强健的加密、加密主机认证和完整性保护。SSH中的认证是基于主机的,这种协议不执行用户认证,可以在SSH的上层为用户认证设计一种高级协议。

这种协议被设计成相当简单而灵活,以允许参数协商并最小化来回传输的次数。密钥交互方法、公钥算法、对称加密算法、消息认证算法以及哈希算法等都需要协商。

数据完整性是通过在每个包中包括一个消息认证代码(MAC)来保护的,这个MAC是根据一个共享密钥、包序列号和包的内容计算得到的。

在UNIX、Windows和Macintosh系统上都可以找到SSH实现。它是一种广为接受的协议,使用众所周知的良好的加密、完整性和公钥算法。

3. SOCKS协议

套接字安全性(Socket Security,SOCKS)是一种基于传输层的网络代理协议。它设计用于在TCP和UDP领域为客户机/服务器应用程序提供一个框架,以方便而安全地使用网络防火墙的服务。

SOCKS最初是由David和Michelle Koblas开发的,其代码在Internet上可以免费得到。自那之后经历了几次主要的修改,但该软件仍然可以免费得到。SOCKS版本4为基于TCP的客户机/服务器应用程序(包括Telnet、FTP以及流行的信息发现协议,如HTTP、WAIS和Gopher)提供了不安全的防火墙传输。SOCKS版本5在RFC 1928中定义,它扩展了SOCKS版本4,包括UDP;扩展其框架,包括对通用健壮的认证方案的提供;并扩展了寻址方案,包括域名和IPv6地址。

当前存在一种提议,就是创建一种机制,通过防火墙来管理IP多点传送的入口和出口。这是通过对已有的SOCKS版本5协议定义扩展来完成的,它提供单点传送TCP和UDP流量的用户级认证防火墙传输提供一个框架。但是,因为SOCKS版本5中当前的UDP支持存在着可升级性问题以及其他缺陷(必须解决之后才能实现多点传送),这些扩展分两部分定义,即基本级别UDP扩展和多点传送UDP扩展。

SOCKS是通过在应用程序中用特殊版本替代标准网络系统调用来工作的(这是为什么

SOCKS有时候也叫作应用程序级代理的原因)。这些新的系统调用在已知端口上(通常为1080/TCP)打开到一个SOCKS代理服务器(由用户在应用程序中配置,或在系统配置文件中指定)的连接。如果连接请求成功,则客户机进入一个使用认证方法的协商,用选定的方法认证,然后发送一个中继请求。SOCKS服务器评价该请求,并建立适当的连接或拒绝它。当建立与SOCKS服务器的连接之后,客户机应用程序把用户想要连接的机器名和端口号发送给服务器。由SOCKS服务器实际连接远程主机,然后透明地在客户机和远程主机之间来回移动数据。用户甚至都不知道SOCKS服务器位于该循环中。

使用SOCKS的困难在于,人们必须用SOCKS版本替代网络系统调用(这个过程通常称为对应用程序SOCKS化——SOCKS-ification或SOCKS-ifying)。幸运的是,大多数常用的网络应用程序(例如Telnet、FTP、Finger和Whois)都已经被SOCKS化,并且许多厂商现把SOCKS支持包括在商业应用程序中。

(1)散列表

基本思想:散列表(又称"哈希表"),以查找码的值为自变量,通过一定的函数关系,计算出对应的函数值,并以它作为该节点的存储地址,对节点进行存储。查找时,再根据查找码,用同一个函数计算出地址,取出节点。

特点:在散列表中可对节点进行快速检索。

(2)散列函数

选择标准:选择一个好的散列函数,对于使用散列表方法是很关键的。对于查找码中的任一值,经散列函数交换,映像到地址集合中任一地址的概率是相等的,即所得地址在整个地址区间中是随机的,称此类哈希函数是"均匀"的。"均匀"是衡量好的哈希函数的主要标准。

(3)碰撞的处理

碰撞的定义:在散列法中,不同的关键码值可能对应到同一存储地址,即$k1!=k2$,但$h(k1)=h(k2)$现象称作碰撞(或冲突)。

(4)处理方法

① 开放地址法(线性探测法)就是当碰撞发生时形成一个探测序列,沿着这个序列逐个地址探测,直到找出一个开放的地址(即未被占用的单元)、将发生碰撞的关键码值存入该地址中。最简单的探测序列为线性探测序列,即若发生碰撞的地址为d,则探测的地址序列为

$$d+1, d+2, \cdots, m-1, 0, 1, \cdots, d-1$$

其中,m是散列表存储区域的大小。

② 拉链法就是给散列列表每个节点增加一个link字段,当碰撞发生时利用link字段拉链,建立链接方式的同义词子表。每个同义词子表的第一个元素都在散列表基本区域中,同义词其他元素采用建立溢出区的方法,即另开辟一片存储区间作为溢出区,用于存放各同义词表的其他元素。

传输层是TCP/IP模型中的核心层次,提供可靠面向连接的TCP协议和不可靠面向无连接的UDP协议,为信息互联提供基础。传输层的安全协议弥补网际层安全的协议如IPSec等协议的不足,同时也为高层应用层的进程和安全协议如S-HTTP、HTTPS等协议提供有力的保障。

实验2 TCP协议与UDP协议

传输层端口观察实验

▌端口简介

从传输层的角度看,通信的真正端点并不是主机而是主机中的进程。传输层解决的就是进程之间的通信问题,即所谓的"端"到"端"的通信。在一个主机中经常有多个应用进程同时分别和另一个主机中的多个应用进程通信。因此,给应用层的每个应用进程赋予一个非常明确的标志是至关重要的。

一台主机可以提供许多服务,这些服务完全可以通过一个IP地址来实现,换句话说,IP地址与网络服务的关系是一对多的关系。显然,主机不能只靠IP地址来区分不同的网络服务,而是要通过"IP地址+端口号"区分的。端口(Port)是传输层的应用程序接口,应用层的各个进程都需要通过相应的端口才能与运输实体进行交互。端口通过端口号来标记,TCP/IP的传输层用一个16位端口号来标志一个端口。

UDP和TCP的端口有着本质上的不同,但它们使用相同的端口号表示法。端口号通常分为熟知端口和动态端口,TCP与UDP的PDU信息中均包含服务器的熟知端口号,也包含客户端生成的动态端口号。

▌实验目的

① 理解传输层的端口与应用层的进程之间的关系。

② 了解端口号的划分和分配。

▌实验步骤

任务一:通过捕获的DNS事件查看并分析UDP的端口号。

步骤1,捕获DNS事件。

步骤2,查看并分析UDP用户数据报中的端口号。

本步骤需注意观察并分析以下内容:

① DNS请求包和应答包的源、目的端口号是否发生变化。

② 判断PC和Server的客户机/服务器角色,分析判断依据。

步骤3,分析端口号的变化规律。

重新回到PC的浏览器窗口单击"Go"(转到)按钮再次请求相同的网页,从新捕获的DNS事件中观察DNS客户端与DNS服务器端的端口号是否发生变化。如果没有,分析其原因;如果有,分析其变化的规律。

特别注意:分析完成后不能单击"Reset Simulation"按钮清空原有的事件,同时也不能关闭PC的配置窗口。

任务二:通过捕获的HTTP事件查看并分析TCP的端口号。

步骤1,捕获HTTP事件。

步骤2,查看并分析TCP报文中的端口号。

本步骤需注意观察并分析以下内容:

① TCP报文中的源端口和目的端口值。

② 确定PC和Server的客户机/服务器角色。

完成后,单击"Reset Simulation"按钮,将原有的事件清空。

任务三:分析传输层端口号。

步骤1,分析传输层端口号与应用进程之间的关系。

对比任务一中DNS服务器端的端口号与任务二中服务器端的端口号是否相同,并分析其原因。

步骤2,分析传输层动态端口号的分配规律。

重新捕获HTTP事件以分析TCP协议的端口号变化情况。具体操作方法参考任务二中的步骤2。

该步骤重点观察HTTP客户端的端口号,并与任务二中观察到的HTTP客户端的端口号进行对比,分析归纳动态端口号的分配规律。

完成后,单击"Reset Simulation"按钮,将原有的事件清空。

思考题

① 传输层如何区分应用层的不同进程?

② 若使用"Reset Simulation"按钮后再重新进行捕获,端口号如何变化? 新的值与重置前有关吗?

UDP协议与TCP协议的对比分析

预备知识

传输控制协议TCP与用户数据报协议UDP是TCP/IP的传输层中的两个主要协议。

UDP是一个简单的面向数据报的传输层协议。它有如下主要特点:无连接;尽最大努力交付,不提供可靠性;面向报文;支持一对一、一对多、多对一、多对多的交互通信,组播及广播功能强大。它支持的应用层协议主要包括DNS、NFS、SNMP、TFTP等。

TCP提供的是面向连接、端到端的、可靠的字节流服务。它的主要特点包括:面向连接;提供可靠交付的服务;基于字节流的,而非消息流;不支持多播(Multicast)和广播(Broadcast)。TCP支持的应用协议主要包括HTTP、Telnet、FTP、SMTP等。

实验目的

① 熟悉UDP协议与TCP协议的主要特点及支持的应用协议。

② 理解UDP的无连接通信与TCP的面向连接通信。

③ 熟悉TCP报文段和UDP报文的数据封装格式。

实验步骤

任务一：观察 UDP 无连接的工作模式。

步骤 1，捕获 UDP 事件。

步骤 2，分析 UDP 无连接的工作过程。

本步骤仅查看第 4 层中 UDP 报文段的内容。注意观察并分析以下内容：

① 传输层的 UDP 发送 DNS 的请求之前是否已先建立连接。

② 记录 UDP 的用户数据报首部中的 LENGTH 字段的值，分析该报文的首部及数据部分的长度。

③ 分析完成后单击"Reset Simulation"按钮，将原有的事件全部清空。

任务二：观察 TCP 面向连接的工作模式。

步骤 1，捕获 TCP 事件。

步骤 2，分析 TCP 面向连接的工作过程。

本步骤仅查看第 4 层中 TCP 报文段的内容。注意观察并分析以下内容：

① 在捕获到的第一个 HTTP 事件之前及最后一个 HTTP 事件之后是否有 TCP 事件。

② 第 一个以及最后 一个 HTTP 事件对应的 TCP 报文中的 sequence number（序号）、ACK number（确认号）的值以及它们与 data length（数据长度）的关系。

③ 查看 TCP 报文首部中固定部分的长度。

分析完成后单击"Reset Simulation"按钮，将原有的事件全部清空。

思考题

① TCP 报文首部中的序号和确认号有什么作用？

② 无连接的 UDP 和面向连接的 TCP 各有什么优缺点？

TCP 的连接管理

TCP 连接管理简介

TCP 是面向连接的协议，运输连接有 3 个阶段——连接建立、数据通信、连接释放。连接管理的目标就是使连接的建立和释放都能正常进行。TCP 连接的建立采用客户机/服务器的方式，主动发起连接建立请求的应用进程叫作客户（Client），而被动等待连接建立的应用进程叫作服务器（Server）。

TCP 协议通过 3 次握手（Three-Way Handshake）完成连接的建立。完成 3 次握手，客户机与服务器开始传送数据。连接可以由任一方或双方发起，一旦连接建立，数据就可以双向对等地流动，而没有所谓的主从关系。3 次握手协议可以完成两个重要功能：它确保连接双方做好传输准备，并使双方统一初始顺序号，两台机器仅仅使用 3 个握手报文就能协商好各自的数据流的顺序号。

当一对 TCP 连接的双方数据通信完毕，任何一方都可以发起连接释放请求。TCP 采用和 3 次握手类似的方法即 4 次握手（或称为两个 2 次握手）的方式释放连接。释放连接的操作可以看成是由两个方向上分别释放连接的操作构成。

实验目的

① 熟悉TCP通信的3个阶段。

② 理解TCP连接建立过程和TCP连接释放过程。

实验步骤

任务一：捕获TCP事件。

任务二：分析TCP连接建立阶段的3次握手。

注意观察任务一中捕获到的TCP事件，完成以下内容：

① 分析TCP连接建立阶段的3次握手的过程。

② 查看TCP报文段首部中的各项字段的值，包括SYN字段、ACK字段、PSH字段、FIN字段、sequence number字段、ACK number字段、窗口大小、选项字段MSS（最大报文段长度）、报文段长度等。

③ 分析3次握手过程中TCP连接状态的变迁。

任务三：分析TCP连接释放阶段的4次握手。

继续观察任务一中捕获到的TCP事件，完成以下内容：

① 分析TCP连接释放阶段的4次握手的过程。

② 查看TCP报文段首部中的各项字段的值，包括SYN字段、ACK字段、PSH字段、FIN字段、sequence number字段、ACK number字段、窗口大小、选项字段MSS、报文段长度等。

③ 分析4次握手过程中TCP连接状态的变迁。

思考题

① 连接建立阶段的第1次握手是否需要消耗一个序号？其SYN报文段是否携带数据？为什么？第2次握手呢？

② 本实验中连接释放过程的第2、3次握手是同时进行的还是分开进行的？这两次握手何时需要分开进行？

③ 本实验中连接释放阶段的第4次握手，PC向服务器发送最后一个TCP确认报文段后，为什么不是直接进入CLOSED（已关闭）连接状态，而是进入CLOSING（正在关闭）连接状态？

④ 本实验中TCP连接建立后的数据通信阶段，PC向服务器发送了多少数据？服务器向PC发送的数据呢？

第4章 网 络 层

我们在上一章看到,依赖于网络层的主机到主机的通信服务,传输层提供了各种形式的进程之间的通信。本章将讲述网络层是如何实现主机间的通信服务的。

本章首先介绍网络层提供的两种服务;接着介绍路由器的工作原理;然后以TCP/IP体系结构的因特网为例,讨论主机通信所面临的各种问题以及因特网的解决方案,包括编址、数据报(网络层的分组)的转发、差错处理以及数据报的路由(如何到达目的主机)选择等;最后简要讨论因特网的多播技术及下一代国际协议IPv6。

【学习目标】 通过本章的学习,要求掌握网络层服务、编址、数据报的交付与转发、路由选择的协议和方法,了解路由器功能及IP多播、IPv6的主要特点。

4.1 网络层服务

通过上一章的学习,我们了解到传输层能够为应用程序提供无连接的服务或面向连接的服务。类似的,网络层也能够提供无连接或面向连接的服务。同样的,网络层面向连接的服务以源和目的主机的握手开始;而无连接的服务则没有任何的握手预备步骤。

尽管网络层与运输层的服务有相似之处,但也存在重要差异:

① 网络层为传输层提供的是主机到主机的服务,而传输层为应用层提供的是进程到进程的服务。

② 传输层提供的服务是在网络边缘的端系统中实现的,而网络层提供的服务除在端系统中实现外,也在路由器中实现。路由器是网络层的核心设备,主要作用之一是实现分组的转发。如图4.1所示,路由器的协议栈不包含传输层及应用层,但包含网络层及以下。假设H1要将一个数据报发送给目的主机H2。H1中的网络层接收来自于H1传输层的报文段,并加上网络层的首部将其封装成一个数据报,然后发送给相邻的路由器R1。目的主机H2的网络层接收相邻路由器R2的数据报,并删除网络层首部,提取出传输层报文,向上交付给H2的传输层。

③ 网络层提供的面向连接服务被称为虚电路(Virtual Circuit,VC)服务,如ATM、帧中继都是虚电路服务的网络;提供无连接的服务则被称为数据报(Datagram)服务,如因特网是数据报服务的网络。

接下来详细介绍数据报服务与虚电路服务的区别。

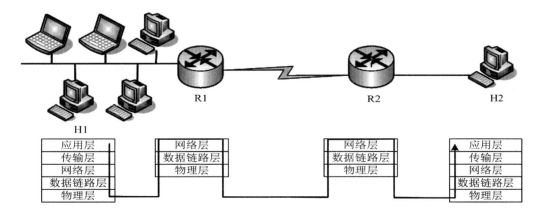

图4.1　分组在互联网中的传送

4.1.1　数据报服务

在数据报服务的网络中,发送数据报时无须事先建立连接。数据报中包含目的端的地址,由路由器根据目的端地址信息及其内部存储的转发表进行转发。由于路由器中的转发表是通过路由协议修改的,一般几分钟更新一次,所以从一个端系统到另外一个端系统发送的一系列的数据报可能在通过网络时选择不同的路径,并可能无序到达。图4.2是网络提供数据报服务的示意图,主机H1向H2发送的分组各自独立的选择路由,并且传送过程中出现路由器来不及处理数据报的情况进而导致丢包。使用数据报服务的网络层向上只需要提供尽最大努力交付的数据报服务,网络层不提供服务的质量,传送的数据报可能会出错、迟到、重复、失序甚至丢失,网络的可靠性由上层协议来保证。采用这种设计思路的好处是路由器负担减轻、网络造价大大降低、运行方式灵活、能够适应多种应用。

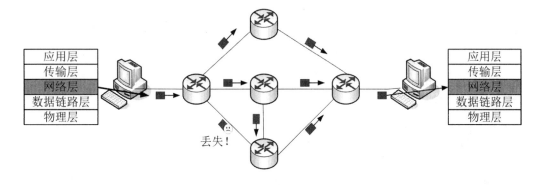

图4.2　数据报服务

4.1.2　虚电路服务

在虚电路服务的网络中,发送分组前先建立虚电路,以保证两主机通信所需的网络资源,如带宽及虚电路号(通常每条链路有一个虚电路号)。与传输层建立的连接不同的是,传输层连接的建立仅仅涉及两个端系统,而网络层虚电路的建立需要端系统及之间路径上的路由器的参与。一旦建立了虚电路,分组就可以沿着这条虚电路流动了,此时分组的首部无须填写目的端地址,只需要填写虚电路号(虚电路号是一个短整数),以保证同一条虚电路的分组沿着相同的路径到达目的端。数据传送完毕后需拆除虚电路。图4.3是网络提供虚电路服务的示意图。主机H1向H2发送的分组必须在事先建立的虚电路上传送。

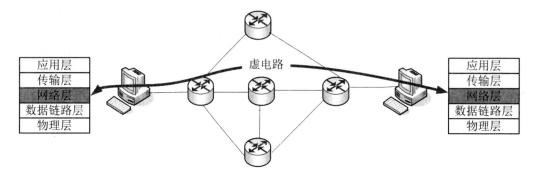

图4.3 虚电路服务

数据报服务和虚电路服务的特点如表4.1所示。

表4.1 数据报服务与虚电路服务对比

对 比 项 目	数据报服务	虚电路服务
思路	可靠性由端系统保证	可靠性由网络保证
连接的建立	无须建立连接	必须建立连接
目的端地址	每个分组都需要包含目的端地址	仅在连接建立阶段使用, 之后每个分组使用虚电路号
分组转发	每个分组进行独立的路由、转发	属于同一虚电路的所有分组 均按同一路径转发
分组交换机出故障	可能导致经过的分组丢失、 后续分组将改变路由	经过的虚电路均不能正常工作
分组到达的顺序	不保证按序到达	总是按序到达
差错控制及流量控制	由端系统负责	可以由网络负责, 也可由端系统负责

接下来,我们讨论网络层主要设备路由器的构成及工作原理。

4.2 路由器的构成

路由器是一种具有多个输入端口和多个输出端口的专用计算机,其主要任务是路由选择和分组转发。转发是将分组从路由器的一个输入端口转移到输出端口的动作;路由是指分组从源主机流向目的主机时,网络层必须决定分组端到端的路径。图4.4是一个通用路由器体系结构的框图,可以看出,路由器结构由路由选择处理器、输入端口、交换结构、输出端口四大部分组成。

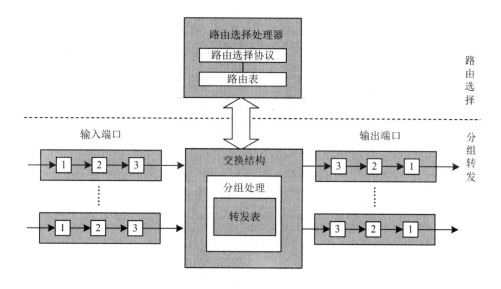

图4.4　一个通用路由器的体系结构
1—物理层;2—数据链路层;3—网络层

现在分别介绍四大部分的结构及功能。

1. 路由选择处理器

路由选择处理器的任务是执行路由协议、维护路由表(Routing Table)及转发表(Forwarding Table)。在这里要注意路由表和转发表的区别:路由表是路由选择处理器根据路由协议和网络拓扑计算出的最佳路由信息,为减少路由表表项,路由表中不存放目的地址到下一跳的映射,而是存放目的网络到下一跳的映射,这样可以大大减少路由表的项目;转发表则是依据路由表生成,目的是使查找过程最优,每一行是从目的网络到输出端口的映射;图4.5给出了路由器路由表与转发表的区别。但在讨论路由选择的原理时,一般不区分转发表和路由表的区别,笼统地使用路由表这一名词。

2. 输入端口

路由器的输入端口和输出端口一般由线卡(Line Card)提供,一块线卡可支持4、8或16个端口。图4.6是一个详细的输入端口结构图,输入端口由物理层、数据链路层、网络层的处

理模块组成,可以实现以下两项功能:

① 在物理层和数据链路层模块实现与通向路由器的各个输入链路相关的物理层和数据链路层功能。

② 在网络层处理模块完成查找、转发及排队功能。如果到达的是路由协议的相关分组,则送交给路由选择处理器;如果到达的是数据分组,则根据转发表确定到达的分组经交换结构转发给哪个输出端口;如果一个分组正在查找转发表时,该输入接口又收到另一个分组,则后到的分组必须在缓冲队列中排队等待。

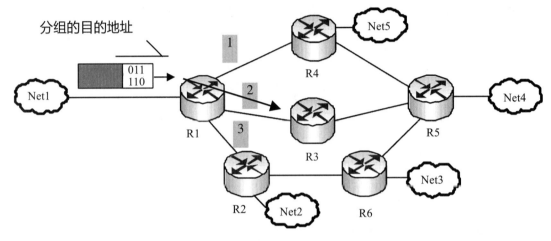

图 4.5 路由表与转发表的区别

R1本地转发表	
首部地址	输出端口
0101	1
0011	2
0111	2
1000	3

R1路由表	
目的网络	下一跳路由器
Net1	直连
Net2	R2
Net3	R2
Net4	R3
Net5	R4

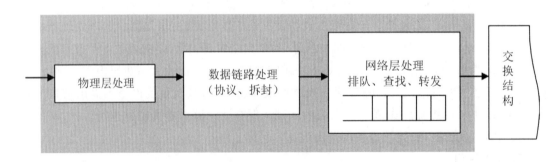

图 4.6 输入端口结构

为了减少路由选择处理器的负担,通常在路由器的每个输入端口都拷贝一个转发表的

"影子副本",由每个输入端口根据转发表的本地拷贝做出转发决策,而路由选择处理器负责各影子副本的更新。

3. 交换结构

交换结构是路由器的关键构件。正是通过交换结构,分组才能实际的从一个输入端口交换(也就是转发)到一个输出端口。常见的交换方式主要有3种,即经内存交换、经纵横网络交换、经总线交换,如图4.7所示。

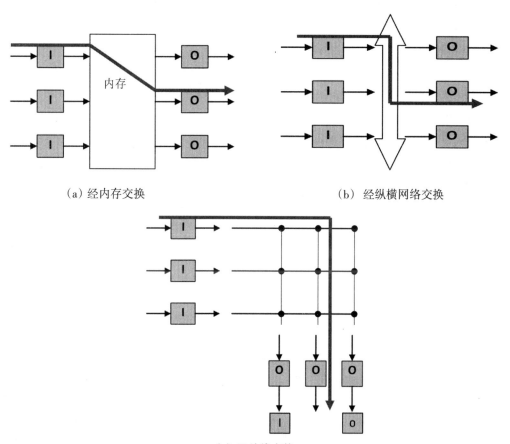

（a）经内存交换　　　　　　　　　（b）经纵横网络交换

（c）经总线交换

图例:输入端口与输出端口

图4.7　3种交换结构

下面简单介绍这3种交换方式的特点。

（1）经内存交换

早期路由器(通常是传统计算机)采用的一种交换方式。交换由CPU(路由选择处理器)直接控制,输入端口和输出端口工作方式类似于传统操作系统中的I/O设备:当分组到达输入端口时,该端口会通过中断的方式向路由选择处理器发出信号,然后该分组从输入端口被拷贝到内存中。路由选择处理器则从内存的分组首部取出目的地址,在转发表中找出适当的输出端口,将分组拷贝到输出端口的缓存中。许多现代路由器也采取这种方法,与早期路由器的差别是:目的地址的查找和将分组交换到适当的输出端口缓存都是由输入端口上额外的处理器来执行的。Cisco的Catalyst 8500系列路由器就是经共享内存交换分组的。

（2）经纵横网络交换

克服总线带宽限制的一种方法是，使用一个更复杂的互联网络，如过去在多CPU计算机体系结构中用来互联多个CPU的网络。这种交换结构是一个由2N条总线组成的互联网络，将N个输入端口和N个输出端口相连，如图4.7(c)所示。当输入端口收到一个分组时，就将它发送到与该输入端口相连的水平总线上。若通向要转发的输出端口的垂直总线是空闲的，则交叉节点将垂直与水平总线接通，然后分组转发到这个输出端口。若该垂直总线已被占用，则后到的分组就被阻塞，且必须在输入端口排队。采用这种交换方式的路由器例子是Cisco 12000系列路由器，能提供高达60 Gbps的速率通过交换结构。

（3）经总线交换

在这种交换方式中，所有的输入端口经一根共享总线直接传送到输出端口，不需要路由选择处理器的干预。但是由于总线是共享的，故一次只能有一个分组通过总线传输，如果某个分组到达输入端口时，发现总线正忙于传送另外一个分组，则它会被阻塞而不能通过交换结构，并在输入端口排队。这种交换方式的路由器交换带宽受总线速率的限制。当今技术下总线带宽可能超过1 Gbps，这对于中小企业的路由器来说已经足够用了。基于总线的交换目前已被相当多的路由器产品所采用，Cisco 5600、Catalyst 1900系列路由器就是经总线交换分组的。

4. 输出端口

输出端口存储经过交换结构转发给它的分组，并将这些分组传输到输出链路，交给下一台路由器(或主机)。它执行与输入端口顺序相反的协议栈功能。在网络层处理模块有一个缓冲队列，来不及发送出去的分组暂存在这个队列中；发送的分组经数据链路层处理模块和物理层处理模块发送到连接的输出链路，如图4.8所示。

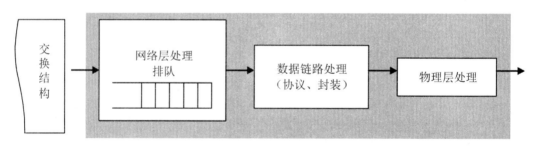

图4.8 输出端口结构

通过以上的讨论可以看出，分组在路由器的输入端口和输出端口都可能会在缓冲队列中等候处理。如果分组处理的速率赶不上分组进入队列的速率，则队列的存储空间最终必定减少到零，使得后续进入队列的分组由于没有存储空间而被丢弃。这是网络中分组丢失的主要原因之一，另外设备或线路故障也是分组丢失的主要原因。

4.3 IPv4协议

从本节开始,我们将介绍因特网的网络层是如何完成数据报转发的。因特网编址和数据报的转发是网际协议(Internet Protocol, IP)的基础。目前有两个版本的IP在使用,本节介绍广泛使用的IP版本4(IPv4)[RFC 791],4.7节将介绍IP版本6(IPv6)[RFC 2460, RFC 3513],它已经被提议替代IPv4。

IP地址是因特网中主机通信的基础,连接到网络的主机或路由器的每个接口都必须有一个IP地址。地址过长或过短都不好:地址作为分组控制信息的一部分,过长会导致分组的开销大,引起传输效率的降低;地址过短则会限制标识的主机数量。因特网的先驱们设计IP地址长度为32 bit,理论上能够提供2^{32}个可能的IP地址。为了便于网络寻址及层次化网络,IP地址并不是随意地分配,而是采取了一定的编址方案。IPv4的编址共经历了以下三个历史阶段:

第一阶段,分类的IP编址。这是最基本的编址方法,虽然目前此种编址方案已不再广泛使用,但却是后续发展的根源。这种分类方案将在4.3.1节中介绍。

第二阶段,划分子网。这是对最基本编址方法的改进,目的在于提高IP地址空间的利用率。这种分类方案将在4.3.2节中介绍。

第三阶段,构造超网。这是较新的无分类编址方法,也是因特网目前广泛使用的编址方法,进一步提高了IP地址空间的利用率,同时提高了路由查找效率。这种分类方案将在4.3.3节中介绍。

4.3.1 分类的IP编址

分类的IP编址将32位的IP地址分为两部分,即网络号和主机号。网络号标识主机归属的网络,由因特网地址管理机构分配,要求在整个因特网范围内是唯一的;主机号标识一个主机或路由器接口,由获得网络号的单位自行分配,要求在归属的网络范围内也必须是唯一的,因而能保证IP地址在全网的唯一性。显然,网络号越长,所能标识的网络也就越多,但是网络内的主机就越少;反之,主机号越长,则意味着支持较大规模的网络(主机数多),但支持的网络数少。分类的编址方案兼顾以上两种情形,没有使用单一界限划分网络号和主机号,而是采取3种界限划分。

分类的IP编址方案中包含5种形式的IP地址,如图4.9所示。其中A、B、C类是3种主要类别,用于标识主机和路由器;D类地址为多播地址;E类地址为保留地址,留作以后使用。

分类的IP地址是自标识的,即仅通过IP地址本身就能够确定所属网络的类别,而不用参考其他信息。从地址最高2 bit可以区分A、B、C这3种主要类别;从地址最高4 bit就可以区分所有IP地址的归属类别。

A类地址包含8 bit的网络号部分和24 bit的主机号部分;B类地址包含16 bit的网络号

部分和16 bit的主机号部分;C类地址包含24 bit的网络号部分和8 bit的主机号部分。

对主机或路由器来说,IP地址都是32 bit的二进制代码。例如,某主机32 bit的IP地址为10010011001101011101101000000100。为了提高其可读性,一般采取点分十进制记法书写IP地址:将IP地址每8位一组,用等值的十进制整数表示,中间以点分隔。上述的二进制IP地址对应的点分十进制记法是147.53.218.4。

（a）A类地址

（b）B类地址

（c）C类地址

（d）D类地址

（e）E类地址图

图4.9　分类的IP编址方案中IP地址的5种形式

需要注意的是,每个分类中的地址值并不是全部可供分配。有些特殊形式的IP地址只能在特定情况下使用,如表4.2所示。

表4.2　一般不使用的特殊的IP地址

网络号	主机号	代表含义
全0	全0	代表本网络上的本主机
全0	host_id	本网络上主机号为host_id的主机
全1	全1	本地网上的受限广播（各路由器均不转发）
net_id	全1	对网络号为net_id的网络上所有主机进行广播
net_id	全0	网络地址
127	非全0或全1的任意数	用于测试TCP/IP协议运行（环回测试）

综合以上的情况考虑,我们可以得出A、B、C三类IP地址的指派范围如表4.3所示。

表 4.3　IP 地址的指派范围

网络类别	最大可指派的网络数	第一个可指派的网络号	最后一个可指的网络号	每个网络中的最大主机数
A	2^7-2	1	126	$2^{24}-2$
B	$2^{14}-1$	128.1	191.255	$2^{16}-2$
C	$2^{21}-1$	192.0.1	223.255.255	2^8-2

4.3.2　子网划分

因特网设计初期,设计人员没有预见到因特网的发展速度:每隔9～15个月,需要分配的网络地址数就翻一番。到20世纪80年代中期,就发现了分类的IP地址将不够用,但是同时,已分配的IP地址并没有被充分利用。一个C类的网络仅能容纳254台主机,这对于许多组织来说太小了;但一个B类网络可支持多达65534台主机,这对于一般的组织来说又太大了。在分类的IP编址方案下,一个有2000多台主机的组织通常被分为一个B类网络,这导致了B类地址空间的迅速消耗及所分配地址空间的利用率降低。

在不摒弃分类编址的情况下,如何适应网络增长的需要呢?设计人员提出了划分子网的编址方案:把分类的IP网络进一步分成更小的子网(Subnet),每个子网由路由器界定并分配一个新的子网网络地址,子网网络地址是借用分类的IP地址的主机号部分创建的。划分子网后,通过使用子网掩码,把子网隐藏起来,使得从外部看网络没有变化,目的是增加网络号的数量。

1. 划分子网

划分子网的方法是从分类的IP地址的主机号借用若干位作为子网号,具体方法如图4.10所示。分类的IP地址原有的网络号不变,原主机号部分分成两个字段,分别用来标识子网号和子网上的主机号。在划分子网的编址方案中,子网划分方案对网络号之外的路由器是看不见的,对外仍表现为一个网络,只有本地路由器才知道具体的子网划分方案。因特网中的路由器在做转发决策时依然只看网络号,到达目的网络的路由器后,根据网络号和子网号找到目的子网,把IP数据报交付给目的主机。(具体的转发流程将在4.3.6节中介绍。)

网络号	主机号

网络号	子网号	主机号

图 4.10　划分子网时的 IP 地址结构

2. 子网掩码

如果一个数据报已经到达了目的网络的路由器,那么如何将它转发到相应的子网呢?假设现在由主机 H1 向主机 H2 发送一个数据报,数据报的分组首部会携带 H2 的地址信息,中途会经过一系列的路由器的转发,通过4.2节的学习,我们了解到路由器是根据目的网络地址而不是IP地址选择下一跳路由器。路由器如何由IP地址得到网络地址呢?如果是分类的IP网络,则根据IP地址可以直接得到网络地址,比如124.26.59.86归属的网络地址为124.0.0.0;在划分子网的网络中,由于从主机号中拿出了若干位充当网络号,因此不确定具体的网络地址,必须另外想办法,这就是使用子网掩码:将子网掩码和目的IP地址按位进行逻辑"与"运算,可以得到目的网络地址。这也意味着在划分子网的网络中,路由表项除了包含网络地址和下一跳地址外,还要包含子网掩码的信息。

子网掩码是32 bit的二进制代码,其对应网络号的所有位都置为1,对应主机号的所有位置都为0(虽然标准并没有规定必须从主机号的高位其选择连续相邻的若干比特作为子网标识,但实践中还是推荐使用连续的1)。同IP地址类似,使用点分十进制记法书写。由此可知,A类网络的子网掩码是255.0.0.0,B类网络的子网掩码是255.255.0.0,C类网络的子网掩码是255.255.255.0。

【例4.1】 现有 IP 地址为 124.26.59.86 的主机,已知其归属网络的子网掩码为255.248.0.0,求它的网络地址。

解 将子网掩码和IP地址按位进行逻辑"与"运算,可以得到网络地址。255为全1,与任意数 x 相"与"结果均为 x;0与任意数 x 相"与"结果均为0。因此,只需展开第二个字节进行"与"运算。

$$124.00011010.59.86$$
$$\widehat{\quad} 255.11111000.0.0$$
$$=124.00011000.0.0 \text{ 即网络地址为 } 124.24.0.0$$

【例4.2】 在上例中,将子网掩码改为255.255.252.0,试求网络地址,并对比例4.1的结果进行讨论。

解 用同样的方法进行计算,

$$124.00011010.59.86$$
$$\widehat{\quad} 255.11111000.0.0$$
$$=124.00011000.0.0 \text{ 即网络地址为 } 124.24.0.0$$

同样的IP地址和不同的子网掩码却得到了"相同的"网络地址,但是这两个网络只是看起来相同,在例4.1中,子网号是5位,主机号是32-8-5=19位,可以容纳 $2^{19}-2$ 个主机;而在例4.2中,子网号为6位,主机号为32-8-6=18位,可以容纳 $2^{18}-2$ 个主机。

【例4.3】 一个包含5个子网的单位拥有一个B类网络地址131.27.0.0,每个网络中主机不超过1000台,试划分子网,并写出每个子网的网络地址、子网掩码、子网中的可用地址范围及广播地址。

解 B类的网络中的IP地址网络号和主机号各占16位,根据子网划分的方法,需要在其主机号中划出 x bit作为子网号。根据要求可得:

子网个数: $2^x-2\geqslant 5$ (根据标准,避免使用全0和全1的子网号,除非路由器明确指定可使用全0和全1的网络号)。

主机个数: $2^{16-x}-2>1000$ (避免使用全0和全1的主机号)。

可知, x 取值可为3、4、5、6。

不妨选用子网号占用3 bit 的方案。由于将 B 类地址主机号的前 3 bit 作为子网号部分, 则各子网的子网号可选取 001、010、011、100、101、110 中的任意 5 个。

当子网号为 001 时, 子网地址为 131.27.00100000.0, 即 131.27.32.0; 子网掩码为 255.255.11100000.0, 即 255.255.224.0; 可用的主机地址为 131.27.00100000.00000001~ 131.27.00111111.11111110, 即 131.27.32.1~131.27.63.254; 子网广播地址为主机号全1的 IP 地址 131.27.00111111.11111111, 即 131.27.63.255。

同理, 可计算子网号为 010、011、100、101 时的子网地址、子网掩码、可用主机地址及子网广播地址, 具体如表4.4 所示。

表4.4 一种可能的划分方案

子网号	子网地址	子网掩码	可用主机地址	子网广播地址
001	131.27.32.0	255.255.224.0	131.27.32.1~131.27.63.254	131.27.63.255
010	131.27.64.0	255.255.224.0	131.27.64.1~131.27.95.254	131.27.95.255
011	131.27.96.0	255.255.224.0	131.27.96.1~131.27.127.254	131.27.127.255
100	131.27.128.0	255.255.224.0	131.27.128.1~131.27.159.254	131.27.159.255
101	131.27.160.0	255.255.224.0	131.27.160.1~131.27.191.254	131.27.191.255

大多数组织在划分子网时选用定长的分配方案, 即各子网的子网号所占位数一致, 所能容纳的主机数也一致; 如果某组织的子网大小不均衡, 有的主机多, 有的主机少, 再采用固定长度的子网划分就会导致地址空间利用不合理, TCP/IP 子网标准允许使用变长划分子网 (Variable-Length Subnet Masks, VLSM) 的技术, 允许各子网挑选长度不一的子网号, 以便更充分地利用地址空间。

4.3.3 构造超网

尽管子网编址方案能够提高 IP 地址的利用率, 但到1993年, 因特网的增长速度让人们感觉这种技术仍然无法阻止地址空间的耗尽。此外, 由于主干网上的路由器必须跟踪每一个 A 类 (网络数为 126 个)、B 类 (网络数为 16383 个)、C 类 (网络数为 2097151 个) 网络, 导致路由表的项目数从几千条急剧增长到几万条, 逼近理论极限值。划分子网不可避免地导致了 IP 可用地址的减少: 每个子网都有两个地址无法使用 (主机号为全0和全1的地址), 比如一个标准的 C 类网络可支持254个主机, 然而把这个 C 类网络划分为 64 个子网会把可支持的地址数量减少到 128 个, 减少了近 50%!

为了解决这些问题, 在 20 世纪 90 年代, 因特网设计者研究出了无分类的编址方案——无分类域间路由选择 (Class Inter-Domain Routing, CIDR), 完全摒弃了原有的分类 IP 编址方案, 进一步提高了地址空间的利用率与路由查找效率。

CIDR 消除了原有的 A 类、B 类、C 类地址以及划分子网的概念。CIDR 将 32 位的 IP 地址划分为两个部分——网络前缀和主机号。前缀长度不一,理论上可取 1~32 之间的任意值,而不是分类地址的 8 位、16 位或 24 位;主机号则用来指明主机。网络前缀越短,该网络能容纳的主机数也就越多。CIDR 一般使用"斜线记法"(又称 CIDR 记法),在 IP 地址后面加上斜线"/",然后写上网络前缀所占的位数。

CIDR 记法有多种简化形式,第一种是省略二进制中地位连续的 0,如地址块 10.0.0.0/10 可简写为 10/10;另一种简化方式是在网络前缀的后面加一个星号,用"*"表示 IP 地址中的主机号,可为任意值。如地址块 0101101000* 与 90.0.0.0/10 等价。

CIDR 将网络前缀相同的连续的 IP 地址,组成一个"CIDR 地址块"。我们只要知道 CIDR 地址块中的任意一个地址,就可以知道该地址块的最小地址和最大地址及地址块包含的地址数。

【例 4.4】 已知 IP 地址 129.14.34.7/21 是某 CIDR 地址块中的一个地址,求这个 CIDR 地址块的网络地址、可用的 IP 地址及广播地址。

解 将 IP 地址用二进制表示,前 21 位是网络前缀(用下划线标出),后面 11 位是主机号,即
129.14.34.7/21=10000001 00001110 00100010 00000111
那么该 CIDR 地址块的网络地址为 129.14.32.0/21。

同分类的 IP 一样,主机号全 0 与全 1 不可用:全 0 代表网络地址,全 1 代表广播地址。那么可用的 IP 地址如下:

最小地址:10000001 00001110 00100000 00000001,即 129.14.32.1。
最大地址:10000001 00001110 00100111 11111110,即 129.14.39.254。
广播地址:10000001 00001110 00100111 11111111,即 129.14.39.255。

CIDR 解决了困扰分类 IP 编址方案的两个问题。首先可以根据客户的需要分配适当大小的 CIDR 地址块,这就减少了地址空间的浪费。此外,路由器能够有效地聚合 CIDR 地址,可以大大减少路由表的表项。所谓路由聚合,是指通过用比特掩码代替地址类别来判定地址的网络部分,CIDR 使路由器能够聚合或者说归纳路由信息,因此可以缩小路由表的大小。换句话说,只用一个地址和掩码的组合就能表示到多个分类网络的路由。假设现在有 8 个地址连续的 C 类网络(可容纳主机数约为 8×2^8),按照分类的 IP 编址方案,主干网路由器上需要有 8 条路由表项指明到达各网络的下一跳;改用 CIDR 编址方案后,容纳相同主机数的网络用 /21 网络前缀的地址块即可(可容纳主机数约为 2^{32-21}),在主干网只需要用 1 条路由表项就可以了,从而大大缩减了路由器的路由表大小。

这办法可行的唯一前提是:地址是连续的。为了达到路由聚合的目的,超网块(Supernet Block)即大块的连续地址分配给 ISP,然后 ISP 负责在用户当中划分这些地址,在主干路由器上只需标明到超网块的路由信息,从而减轻了主干路由器的负担。

【例 4.5】 某个 ISP 拥有地址块 206.114.0.0/15,如图 4.11 所示。先后有 5 个单位向该 ISP 申请地址块,单位 A 需要 1800 个地址,单位 B 需要 900 个地址,单位 C 需要 900 个地址,单位 D 需要 400 个地址,单位 E 需要 3500 个地址。请使用 CIDR 编址方案给各单位分配地址块,并写出各单位可用的 IP 地址范围。

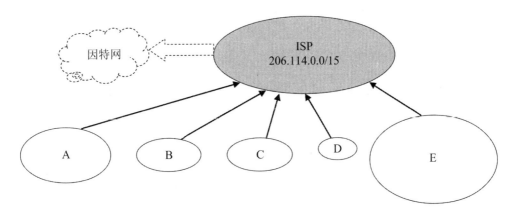

图4.11 例4.5 ISP地址块

解 对于单位A,1800个地址需要11 bit来标识主机,网络前缀长度应为32-11=21;同理,单位B、C、D、E的网络前缀长度应分别为22、22、23、20。

还需保证各个单位的网络前缀是可区分的,不会引起IP地址的二义性。一种可能的方案如表4.5所示。

表4.5 CIDR地址块划分的一种方案

单位	网络前缀的二进制表示	地址块	对应的IP范围
ISP	11001110 0111001*	206.114.0.0/15	206.114.0.1～206.115.255.254
A	11001110 01110010 00000*	206.114.0.0/21	206.114.0.1～206.114.7.254
B	11001110 01110010 000010*	206.114.8.0/22	206.114.8.1～206.114.11.254
C	11001110 01110010 000011*	206.114.12.0/22	206.114.12.1～206.114.15.254
D	11001110 01110010 0001000*	206.114.16.0/23	206.114.16.1～206.114.17.254
E	11001110 01110010 0010*	206.114.32.0/20	206.114.32.1～206.114.47.254

4.3.4 IPv4地址的分配与使用

主机或子网最初是如何得到IP地址的呢?我们先看一个组织是如何为其设备申请一个地址块,再看一个设备如何从本组织地址块中被分到一个地址。

1. 申请一个地址块

假设现在某组织想要获取一块IP地址,其网络管理员会先与本地ISP联系,本地ISP会从其较大的地址块中拿出一块,供该组织使用。例如,某ISP已拥有地址块206.0.64.0/18,现在某大学需要800个IP地址,通过4.3.3节的学习,我们知道,ISP可以分配给这所大学一个地址块206.0.64.0/22,它包含1022个可用的IP地址。

那么ISP的地址块由谁提供呢?全球的地址空间是由因特网名字与号码分配机构(Internet Corporation for Assigned Names and Numbers,ICANN)统一管理,作为顶级的地址管理机构,它授权了一些地区性的因特网注册机构(如 ARIN、RIPE、APNIC 和 LANTNIC)分配地址,这些机构一般只给比较大型的 ISP 提供地址块,而本地 ISP 一般都是大型 ISP 的用户。

2. 获取主机地址

一旦一个组织获得了地址块,就可以为该组织内的主机号和路由器接口分配独立的 IP 地址了。路由器接口地址由网络管理员手工配置,具体的配置方法见本章最后的实验部分;主机接口地址也可以手工配置,但是网络管理员往往会选择使用动态主机配置协议(Domain Host Configuration Protocol,DHCP)来完成,利用 DHCP,主机可以主动地获取 IP 地址、子网掩码、第一跳路由器地址(通常称为默认网关)与本地 DNS 服务器地址。

由于 DHCP 具有将主机连接进一个网络的自动化能力,因此被称为即插即用协议(Plug and Play Protocol)。网络管理员通过配置 DHCP,使得任何主机在与网络连接时能得到一个 IP 地址。DHCP 被广泛用于主机频繁地加入和离开的住宅区接入网与无线局域网中。比如在大学里,学生经常会带着便携机从宿舍到图书馆再到实验室,学生每连接到一个子网都需要一个不同的 IP 地址,这种情况下使用 DHCP 是最方便的:网络的用户进出频繁且用户需要 IP 地址的时间很短;如果在每个位置都需要网络管理员重新配置便携机,工作量会非常大。类似的,DHCP 在住宅区接入网也是非常有用的。比如一个小区的 ISP 有 1000 个客户,但不会有超过 200 个客户同时在线。在这种情况下,动态分配地址的 DHCP 服务器不需要一个 1024 的地址块,仅需要一个 256 的地址块(/24 的 CIDR 地址块)即可满足需求。

DHCP 使用客户机/服务器方式。客户机是网络中要获得网络配置信息的主机运行的软件;运行 DHCP 服务器软件的主机管理一个地址池并负责处理客户机的 DHCP 请求,一般是位置固定的、有一个永久地址的计算机。当有主机要加入时,DHCP 服务器会从地址池分配一个可用地址给它;当主机离开时,地址会被收回到地址池中。最简单的情况是每个子网设置一个 DHCP 的服务器。如果子网没有 DHCP 服务器,则需要一个知道用于该网络的一台 DHCP 服务器地址的 DHCP 中继代理(通常是一台路由器)。图 4.12 显示了连接到子网 212.1.1.1/24 的一台 DHCP 服务器和一台提供中继代理服务的路由器,它为连接到子网 212.1.2.1/24 和 212.1.3.1/24 的新到达的客户机提供 DHCP 服务。

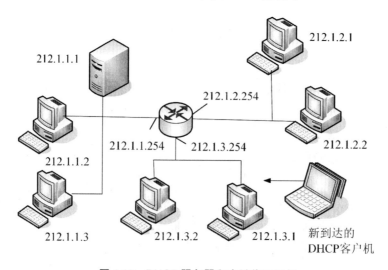

图 4.12　DHCP 服务器和中继代理示例

DHCP协议是一个4步骤的过程。

（1）DHCP发现

新到达的主机首先要发现一个与其交互的DHCP服务器，使用UDP分组广播发送发现报文（DHCP Discover Message）来完成（报文的目的IP地址全置1，即255.255.255.255，端口号为68；源IP地址置为本主机0.0.0.0，端口号为67）。

（2）DHCP提供

由于是广播报文，本网络的所有主机均能收到该报文，但只有DHCP服务器会用一个DHCP提供报文（DHCP Offer Message）对客户机做出响应，提供报文中含有收到发现报文的ID、向客户机推荐的IP地址、网络掩码及IP地址租用期（一般为几小时或几天）等信息。

（3）DHCP请求

由于子网中可能含有几个DHCP服务器（中继器），客户机可以在多个服务器提供报文中选择一个，并用一个DHCP请求报文（DHCP Request Message）对选中的服务器进行回应，回显配置参数。

（4）DHCP ACK

服务器用DHCP ACK报文（DHCP ACK Message）对DHCP请求报文进行响应。

DHCP服务器/客户机的交互过程如图4.13所示。

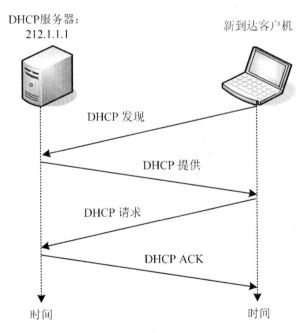

DHCP服务器：
212.1.1.1

新到达客户机

DHCP 发现

DHCP 提供

DHCP 请求

DHCP ACK

时间　　　　　　　　时间

图4.13　DHCP服务器/客户机交互

一旦客户机收到DHCP ACK报文，交互便完成了，客户机就可以在租用期内使用DHCP服务器分配的IP地址。

3. 网络地址转换

通过以上的学习，我们认识到每个接入因特网的设备都需要一个IP地址。随着办公室及家庭上网设备的增多（每个成员的智能手机、便携式计算机、微型机等），我们发现，IPv4的可用地址数远远小于当前接入因特网的设备数,这是怎么实现的呢? 这与使用了网络地址转换(Network Address Translation,NAT)方法是分不开的。

NAT的方法就是指在一个网络内部,根据需要可以随意使用一些专用地址(Private Address),而不需要经过申请。在网络内部,各计算机间通过专用的IP地址进行通信。而当内部的计算机要与因特网进行通信时,具有NAT功能的设备(比如路由器)负责将其专用的IP地址转换为合法的IP地址(即适用于因特网的数据交换的IP地址)。

因特网设计者指明了一些专用地址,并规定因特网中的所有路由器,对目的地址是专用地址的数据报一律不进行转发。专用地址一共有三部分IP地址空间,包括:

① 10.0.0.0到10.255.255.255(或记为10.0.0.0/8)。

② 172.16.0.0到172.31.255.255(或记为172.16.0.0/12)。

③ 192.168.0.0到192.168.255.255(或记为192.168.0.0/16)。

传统的NAT方法有两种,即基本网络地址转换(基本NAT)和网络地址与端口号转换(Network Address and Port Translation,NAPT)。

图4.14给出了基本NAT路由器的工作原理。在图4.14中,专用网(使用专用地址的互联网络)10.0.0.0内所有主机的IP地址都是10.×.×.×。NAT路由器至少有一个合法的IP地址,才能和因特网通信。比如NAT路由器有两个合法的IP地址,即211.35.28.41、211.35.28.42。

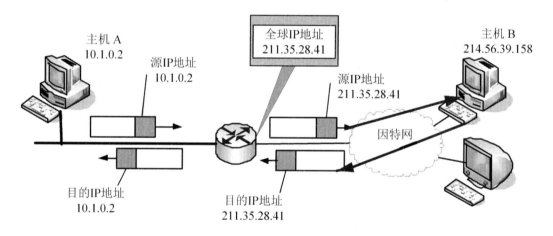

图4.14 NAT路由器的工作原理

当专用网的主机A向位于因特网中的主机B发送数据报时,源IP地址为10.1.0.2,目的IP地址为214.56.39.158。数据报通过专用网的NAT路由器时,NAT路由器会将IP数据报的源IP地址转换为自己的合法IP地址211.35.28.41,然后转发出去,并建立一个包含专用地址和合法地址映射的NAT地址转换表,如表4.6所示。主机B接收到这个数据报后,会将响应的数据报的目的地址置为211.35.28.41,主机A的NAT路由器接收到这个数据报后,会根据NAT转换表将合法IP地址转换为专用IP地址,根据地址转发给专用网的主机A。

由此可见,当NAT路由器具有n个合法IP地址时,专用网最多可以同时有n个主机接入到因特网,这样就可以使专用网较多数量的主机轮流使用NAT路由器有限数量的合法IP地址。

表4.6　NAT转换表

专用地址	合法的因特网地址
10.1.0.2	211.35.28.41
10.2.0.8	211.35.28.42

NAPT方法通过使用TCP的端口号,可以将中小型的网络隐藏在一个合法的IP地址后面,目前普遍应用于NAT路由器中。如图4.14所示,假设NAT路由器仅有一个合法的IP地址211.35.28.41,那么表4.6可以增加一个端口号字段,如表4.7所示,使得多台主机可以同时访问因特网。

表4.7　NAPT转换表

专用地址套接字	合法的因特网套接字
10.1.0.2:21043	211.35.28.41:3345
10.2.0.8:5112	211.35.28.41:5001
10.3.0.5:5115	211.35.28.41:10032

在Internet中使用NAPT时,所有不同的信息流看起来好像来源于同一个IP地址。这个优点在小型办公室内非常实用,通过从ISP处申请的一个IP地址,将多个连接通过NAPT接入Internet,虽然这样会导致信道的一定拥塞,但考虑到节省的ISP上网费用和易管理的特点,使用NAPT还是很值得的。

NAT的主要缺点是妨碍P2P应用程序。在P2P程序中,任何参与连接的对等方既可以充当服务器又可以充当客户机。但是,如果一个对等方是在NAT后面,它就无法充当服务器。这类问题的解决方法是使用NAT穿越或者NAT中继。

4. 虚拟专用网

由于IPv4是在因特网主要用于相互信任的网络研究人员之间的时代(20世纪70年代)设计的,当时并未考虑到安全性的问题。虽然因特网用户的不断增长,越来越多的企业建立了自己的内联网(Intranet),内联网仍然是基于TCP/IP体系的,由企业网络管理员自行分配专用IP地址,用于本企业内部主机间的通信。

有时候一个很大的企业可能有多个分支机构,每个分支机构都有自己的专用网(网络内部使用专用IP地址互连)。假设这些分布在不同地点的专用网经常需要通信,可以通过两种方法实现:第一种方法是租用专线为本机构专用,这种方法实现简单,但是成本较高;第二种方法是以因特网作为载体,建立虚拟专用网(Visual Private Network,VPN)。

VPN被定义为通过一个公用网络(通常是因特网)建立一个临时的、安全的连接,是一条穿过混乱的公用网络的安全、稳定的隧道。VPN是对企业内部网的扩展,主要用于远程员工、公司分支机构、商业伙伴及供应商同公司的内部网建立可信的安全连接,并保证数据的安全传输。

图4.15以两个分支机构的公司为例说明如何使用隧道技术实现VPN。

某公司在相隔较远的两个分支建立专用网A和B,其网络地址分别为专用地址10.1.0.0/16和10.2.0.0/16,现在这两个分支需要通过公有的因特网构成一个VPN。分支A的第一跳路由器 R1 和分支 B 的第一跳路由器 R2 都拥有一个因特网 IP 地址,分别为 112.2.5.6 和 211.6.8.9。显然,在同一个专用网内部的主机通信不需要经过因特网。现在分支 A 中的主机 X 要和分支 B 中的主机 Y 进行通信,那么 X 向 Y 发送的数据报的源地址是 10.1.0.2,目的地址是 10.2.0.2。数据报被发送到路由器 R1,R1 收到该数据报后,发现其目的网络需要通过因特网才能到达,就把整个数据报进行加密,然后重新加上数据报的首部,封装成能在因特网上传送的外部数据报,其源地址为 112.2.5.6,目的地址为 211.6.8.9,也就是路由器 R2 的端口地址。R2 收到该数据报后,将其数据部分解密,恢复出原来的数据报,根据其目的地址为 10.2.0.2,交付给主机 Y。

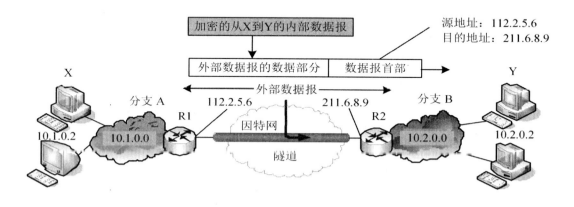

图 4.15　用隧道技术实现 VPN

根据 VPN 所起的作用,可以将 VPN 分为三类,即 VPDN(Virtual Private Dial Network)、Intranet VPN(内联网 VPN)和 Extranet VPN(外联网 VPN)。

(1) VPDN

在远程用户或移动雇员和公司内部网之间的 VPN,称为 VPDN。实现过程如下:用户拨号 NSP(网络服务提供商)的网络访问服务器 NAS(Network Access Server),发出 PPP 连接请求,NAS 收到呼叫后,在用户和 NAS 之间建立 PPP 链路,然后,NAS 对用户进行身份验证,确定是合法用户,就启动 VPDN 功能,与公司总部内部连接,访问其内部资源。

(2) Intranet VPN

在公司远程分支机构的 LAN 和公司总部 LAN 之间的 VPN。通过 Internet 这一公共网络,将公司在各地分支机构的 LAN 连到公司总部的 LAN,以便公司内部的资源共享、文件传递等,可节省专线所带来的高额费用。

(3) Extranet VPN

在供应商、商业合作伙伴的 LAN 和公司的 LAN 之间的 VPN 由于不同公司网络环境的差异性,该产品必须能兼容不同的操作平台和协议。由于用户的多样性,公司的网络管理员还应该设置特定的访问控制表(Access Control List,ACL),根据访问者的身份、网络地址等参数来确定他的访问权限,开放部分而非全部的资源给外联网的用户。

由此可知,虚拟专用网至少能提供以下功能:

① 加密数据,以保证通过公网传输的信息即使被他人截获也不会泄露。

② 信息认证和身份认证,保证信息的完整性、合法性,并能鉴别用户的身份。

③ 提供访问控制,不同的用户有不同的访问权限。

4.3.5 IPv4数据报格式

与传输层类似,IPv4数据报由首部和数据两部分组成,如图4.16所示。

| 0 | 4 | 8 | 16 | 19 | 24 | 31 |

版本	首部长度	区分服务		总长度	
标识			标志	片偏移	
生存时间		协议		首部校验和	
源地址					
目的地址					
IP选项(长度可变)					填充
数据部分					

固定首部（大括号包围前五行）
变长部分（包围后两行）

图 4.16　IP 数据报格式

数据报的首部包含一个20字节固定部分和可选的变长部分。下面介绍首部各字段的含义。

1. 版本号

版本号(Version)占4 bit,规定了数据报的IP协议版本。不同版本的IP协议使用不同的数据报格式。目前广泛使用的IP协议版本号为4(即IPv4),格式如图4.17所示。IPv6将在4.7节介绍。

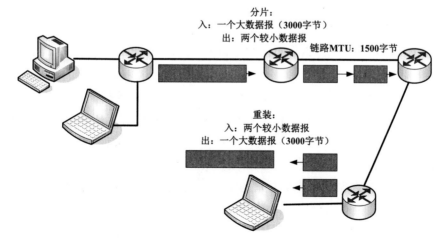

分片:
入:一个大数据报（3000字节）
出:两个较小数据报

链路MTU:1500字节

重装:
入:两个较小数据报
出:一个大数据报（3000字节）

图 4.17　IP 分片与重装

2. 首都长度

首部长度(Internet Header Length)占 4 bit,该字段的值乘以 4 字节表示 IP 首部长度。首部长度字段的最大值为 15,表示 IP 数据报首部的长度为 60 字节。首部长度字段的最小值为 5,表明首部没有可选部分。

3. 服务类型

服务类型(Type of Service)占 8 bit,定义 IP 协议包的处理方法,可以使不同"类型"的 IP 数据报相互区别开来,比如一些特别要求低迟延、高吞吐量或可靠性的数据报。一般情况下不使用该字段。

4. 总长度

总长度(Total Length)占 16 bit,定义了以字节为单位的数据报的总长度。IP 数据报的理论最大长度应为 65535 字节,然而由于数据报从源主机发送到目的主机需要使用数据链路层的服务,数据链路层的协议都规定了一个数据帧中数据字段的最大长度,即最大传送单元(Maximum Transfer Unit, MTU)。IP 数据报最终需要封装成链路层的帧,那么也就意味着数据报的总长度不能超过数据链路层规定的 MTU 值。如果所传送的数据报长度超过数据链路层的 MTU 值,就必须把过长的数据报分成若干较小的片(Fragment)。每个数据报片作为独立的数据报传输,TCP/IP 规定沿途的路由器不对分片进行重装,所有片的重装都在目的主机进行,如图 4.17 所示。

5. 标识

标识(Identification)占 16 bit,是源主机端赋予数据报的唯一标识符。这个标识符不同于 TCP 报文的序号,主要与 IP 数据报分片有关。如果某标识为 x 的初始数据报在传输过程中被分片,那么各个分片的标识字段应均为 x,以方便目的主机重装。

6. 标志

标志(Flags)占 3 bit,目前只有低两位有效。

① 中间位是 DF(Don't Fragment)。当 DF 为 1 时,表示不允许该数据报分片;当 DF 为 0 时,表示允许该数据报分片。

② 最低位是 MF(More Fragment)。当 MF 为 1 时,表示该数据报不是初始数据报的最后一个分片;当 MF 为 0 时,表示该数据报是初始数据报的最后一个分片。

7. 片偏移

片偏移(Fragment Offset)占 13 bit,用于指出本数据报片中数据部分相对于原初始数据报的偏移量,以 8 字节为偏移单位。由于各片按独立数据报的方式传输,不能按序到达目的主机,目的主机根据片偏移字段可以确定各分片在初始数据报中的位置,最终根据源主机的 IP 地址、标识、片偏移及 MF 字段重装出初始数据报。

【例 4.6】 一个初始数据报长度为 1420 字节,其数据部分为 1400 字节,需要通过的网络规定 MTU 为 660 字节,试给出分片结果。

解 分片结果如图 4.18 所示。

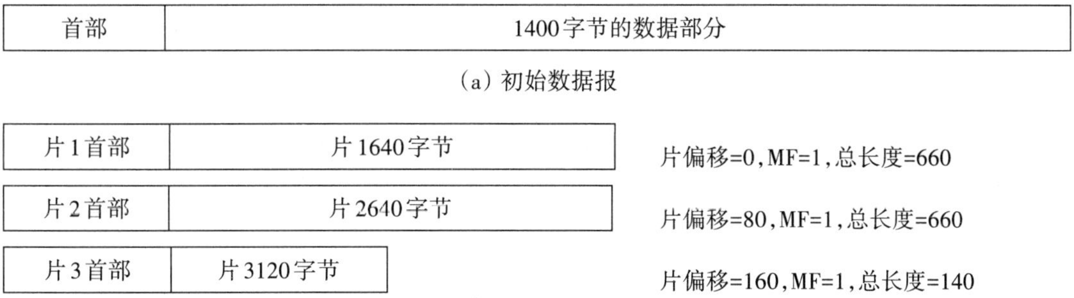

首部	1400字节的数据部分

(a) 初始数据报

片1首部	片1 640字节

片偏移=0,MF=1,总长度=660

片2首部	片2 640字节

片偏移=80,MF=1,总长度=660

片3首部	片3 120字节

片偏移=160,MF=1,总长度=140

(b) 3个分片

图4.18　分片示例

8. 生存时间

生存时间(Time to Live,TTL)占8 bit,指明数据报在网络中的寿命。数据报的TTL初值由源主机设置,每经过一个路由器,其TTL值减1。当TTL值为0时,路由器不再转发该数据报而是予以丢弃,并向源主机发送一个ICMP差错报告(具体将在4.4节介绍)。目的是防止无法交付的数据报无限制地在因特网中兜圈子,如从路由器R1转发到R2,再转发到R3,然后又转发给R1。

9. 协议

协议(Protocol)占8 bit,定义了IP数据报的数据部分使用的协议类型。常用的协议及其十进制数值如表4.8所示。

表4.8　协议及其对应的数值

协议值	1	2	6	17	3	8	41	88	89
协议名	ICMP	IGMP	TCP	UDP	GGP	EGP	IPv6	IGRP	OSPF

10. 首部校验和

首部校验和(Header Checksum)占16 bit,用于首部的校验。计算过程如下:将首部中的每两个字节当作一个数,用反码运算[①]对这些数求和,该和的反码存放在首部校验和字段中。路由器对每个收到的IP数据报计算其首部校验和,看是否与数据报携带的首部校验和一致,如果一致,则说明数据报传输过程中没有出错,否则认为出错,并丢弃出错的数据报。需要注意的是:数据报途径的每台路由器都必须重新计算首部校验和(一些字段如TTL、标志、片偏移等都可能发生变化),只检验首部可减少计算的工作量。尽管在TCP、UDP协议中已经执行过差错检验了,IP协议中仍设置了差错检验,原因是TCP或UDP与IP不一定同属于一个协议栈。原则上,TCP协议能运行在一个不同的网络层协议上,如ATM;而IP携带的数据也不一定要传给TCP或UDP。

11. 源地址

源地址(Source Address)占32 bit。

---

① 规则是从低位到高位逐位运算。0+0=0;0+1=1;1+1=0,但产生进位加前一列;若最高位相加产生进位,则最后结果加1。

12. 目的地址

目的地址(Destination Address)占 32 bit。

13. 选项

选项(Options)的长度可变,用于控制和测试量达目的。选项字段不常用,因此IPv4数据报的首部长度一般为20字节。选项字段如果不是4字节的整数倍,则需要填充(Padding)0补齐。

4.3.6　IP数据报转发流程

IP协议的目的是在因特网中提供无连接的数据报交付服务,本节将讨论3种编址方案下IP数据报的转发流程。

在互连的网络中,每个路由器至少互连2个网络(每个网络中不再包含有路由器,这个网络可以是一个以太LAN,在这种情况下,几台主机的接口通过一台以太网集线器或者交换机互连,参见第5章),即至少与2个网络直接连接;而主机通常直接与一个网络直接连接,但也存在通过多个网络接口与多个网络相连的多宿主机(Multi-Homed Host)。

主机和路由器都会参与到IP数据报的传送过程。当两个主机的应用程序试图通信时,TCP/IP协议将产生若干个数据报。源主机根据数据报的目的IP地址米判断目的主机与本机是否归属于同一个网络(涉及第5章的ARP协议,通过IP地址与硬件地址的映射进行查找),如果归属相同,则直接将数据报交付给目的主机;否则,应将数据报交给本地路由器(即与主机直接相连的第一跳路由器),本地路由器在查找自己的路由表后,决定它的下一跳路由器,这样一直转发,直到交给与目的主机直接相连的路由器,最后数据报被交付给目的主机。

了解了数据报转发的一般流程,我们接下来讨论在3种编址方案下数据报转发的详细步骤。

1. 分类编址方案的IP数据报转发算法

IP数据报的转发是基于路由表的。通过4.2节的学习,我们知道路由表一般存储着目的网络及如何到达该网络的信息。在分类编址方案中,IP地址是自标识的,通过数据报的IP地址即可得到该IP地址归属的网络地址。因此,在路由表中,每条路由主要的信息是(目的网路地址,下一跳地址),此外还包含转发的接口等信息。

下面用一个简单的例子说明分类编址方案下路由器是如何转发数据报的。在图4.19中,4个B类网络通过3个路由器连接在一起,路由器R2的路由表为表4.9(我们将在4.5节讨论路由表是如何生成的)。由于R2同时连接在网络2和网络3上,因此只要目的主机在这两个网络上,就可以通过相应的接口由R2直接交付;若目的主机在网络1中,则R2会根据路由表信息,将数据报转发给接口地址为131.2.0.254的设备,即路由器R1;同理,如果目的主机在网络4中,则R2会将数据报转发给接口地址为131.3.0.1的设备,即路由器R3。

注意:路由表的下一跳地址总是在与本路由器直连的网络中。

通过以上的例子可以看出,因特网的分组转发是基于目的主机所在网络,即目的网络。但有时候也会存在一些特例,会对某个特定的目的主机指明路由,这种路由叫作特定主机路由,这一条路由信息为(IP地址,下一跳地址)。这一般用于测试网络连接情况时,或是出于安全考虑。

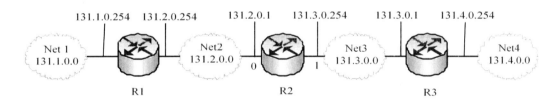

图4.19　网络拓扑图

表4.9　路由器R2的路由表

目的主机所在网络	下一跳地址
Net1	131.2.0.254
Net2	直接交付,接口0
Net3	直接交付,接口1
Net4	131.3.0.1

　　路由器为了减少其路由表项,还可以采用默认路由(Default Route),这在一个网络只有很少的对外连接时很有用,可以大大减少路由查找的时间。如图4.19所示的网络1,除了和直连的主机通信外,其他情况同通过唯一的路由器R1通往互联网的其余部分,因此网络1内所有主机的路由表只需2个表项。在Cisco的路由器中,用0.0.0.0表示默认路由。

　　根据以上所述,归纳分类编址方案下数据报的转发算法如下:

从数据报中提取目的主机的IP地址D,得到目的网络地址为N;

if N与此路由器直连,则

　　直接将数据报交付给IP地址为D的主机(每一步均包括使用ARP协议将IP地址转换为硬件地址,使用数据链路层的服务完成数据的传送);

else if 路由表中有到达目的地址D的特定主机路由,则

　　　　把数据报交给该表项指明的下一跳路由器;

else if 路由表中有到达目的网络N的路由,则

　　　　把数据报交给该表项指明的下一跳路由器;

else if 路由表中包含一个默认路由,则

　　　　把数据报交给该表项指明的下一跳路由器(默认路由器);

else

　　　　向发送数据报的源主机发送一个目的不可达的差错报告(具体见4.4 ICMP协议);

2. 划分子网方案的IP数据报转发算法

采用分类的IP编址方案时,从目的IP地址很容易提取网络地址。但在划分子网的情况

下,仅从目的IP地址无法判断出哪些比特对应网络部分,哪些比特属于主机部分。因此,在划分子网的网络中,路由表的每个表项必须增加一个字段,指明该表项的网络所使用的子网掩码。这时在路由表中,每条路由主要的信息变为(子网掩码,目的网络地址,下一跳地址)。在原分类IP编址方案下,特定主机路由的子网掩码为255.255.255.255,而默认路由的子网掩码和目的网络地址均为0.0.0.0。

在查找路由时,路由器从收到的数据报首部提取出目的IP地址,然后与路由表中第一条路由的子网掩码进行布尔与操作,将结果与该行对应的目的网络地址进行比较。若相等,则表明匹配,按下一跳地址交付给相应的路由器;否则,对下一条路由进行相同的操作。

根据以上所述,归纳划分子网方案下数据报的转发算法如下:

从数据报中提取目的主机的IP地址D;

for 每条路由信息 do

  将D与子网掩码按位相"与",结果为N;

  if N与该路由器直连,则

    直接将数据报交付给IP地址为D的主机(每一步均包括使用ARP协议将IP地址转换为硬件地址,使用数据链路层的服务完成数据的传送);

  else

    将数据报交给该表项指明的下一跳路由器;

    return;

for end

向数据报的源主机发送一个目的不可达的差错报告(具体见4.4 ICMP协议);

---

3. CIDR方案的IP数据报转发算法

在使用CIDR时,IP地址由网络前缀和主机号这两部分组成,路由表的项目则为(网络前缀/掩码,下一跳地址)。但在这种情况下,查找路由表可能会得到不止一个匹配结果。如例4.5中,假设单位A的一个分支机构A1,得到地址块206.114.0.0/23。A1希望ISP转发的数据报可以直接发到A1,而不要经过单位A的路由器,但是又不想改变自己使用的地址块。因此,在ISP的路由器的路由表中,至少要有以下两个项目206.114.0.0/21(单位A)和206.114.0.0/23(分支A1)。现在假定ISP收到一个数据报,其目的地址为D=206.114.0.130。

   D 和 <u>11111111111111111111</u>100000000000 逐位相"与"=206.114.0.0/21

   D 和 <u>1111111111111111111111</u>1000000000 逐位相"与"=206.114.0.0/23

不难看出,同一个IP地址D在路由表中找到两个目的网络(A和A1)均与该地址相匹配。新的问题产生了:我们应该选择哪一条路由呢?

因特网规定:应从匹配结果中选择具有最长网络前缀的路由,这叫作最长前缀匹配(Longest Prefix Matching)。在查找路由时,目的地越具体的路由越值得采纳。这就意味着,在查找路由表时,即使查到了匹配项,查找还不能结束,必须查找完所有的路由,在所有的匹配路由中再选择具有最长前缀的路由,因此我们应该选择后者,将数据报转发给A1,即两个匹配的地址中更具体的一个。

使用CIDR后,由于要寻找最长前缀匹配,使得路由查找过程变得比较复杂。为了提高路由的查找速度,CIDR的路由查找使用一种分层的数据结构,应用比较广泛的是二叉线索(Binary Tree)的变形。方法是将路由表中的各个路由信息存放在一棵二叉线索树中。具体地说,就是将各表项中的网络前缀写成比特串,表项中网络前缀的比特串决定从根节点逐层向下的路径,可以令0 bit对应左分支,1 bit对应右分支,在每个地址路径的终止节点中应包含相应表项信息(网络前缀/掩码以及下一跳地址)。如果包含特定主机路由,理论上二叉线索树应为33层(含根层)。

下面通过例子说明使用二叉线索存储结构实现无分类路由查找的基本原理。例如,路由表中有如图4.20所示的一组路由及据此构建的二叉线索树。由于各路由开头有共同的"129.8",因此可对线索树做适当优化,使根节点之下的连续16层的单分支合并为一个分支。同样对特定主机地址的第4个字节所对应的线索也进行了压缩。

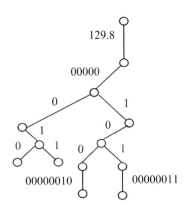

网络前缀/长度	下一跳
129.8.0.0/16	191.5.6.7
129.8.2.0/24	191.5.6.8
129.8.3.0/24	191.5.6.9
129.8.4.0/24	191.5.6.8
129.8.4.2/32	191.5.6.9

图4.20　路由表及其对应的二叉线索树

给定一个目的IP地址129.8.4.2(D),从线索树的根节点开始,首先将D的前16 bit与分支上的"129.8"比较,相等则转到下一节点,该节点中存放路由信息,表示找到一个匹配项。但仍需继续往下查找,经过"00000""1""0""0"等分支,到达一个包含路由信息的节点,表示又找到一个匹配路由,覆盖较早发现的匹配,因为较晚的匹配对应一个更长的前缀。继续与"00000010"比较,若相等则表示再次匹配,再覆盖先前发现的匹配,另外由于该节点是叶子节点,所以查找结束。最长前缀的匹配所对应的下一跳地址是最终路由查找结果。

CIDR方案的IP数据报转发算法与划分子网的数据报转发算法类似,若路由查找结果匹配,则按下一跳接口转发该分组;否则,丢弃该数据报。

以上讨论的是IP层如何根据路由表的内容进行数据报的转发,路由表是建立及更新的过程,我们将在4.5节讨论这些内容。

4.4 ICMP协议

IP协议是一种不可靠的协议，无法进行差错控制。但IP协议可以借助其他协议来实现这一功能，如ICMP[RFC 792]。因特网控制报文协议（Internet Control Messages Protocol，ICMP）是一种主机和路由器彼此交互网络层控制信息的协议，允许主机或路由器报告差错情况和提供有关异常情况的报告。例如：当运行一次HTTP会话时，也许会遇到一些诸如"目的网络不可达"的错误报文，这种报文就是在ICMP中产生的。

ICMP是网络层协议的一部分，但是它作为数据被封装在IP数据报中，同传输层的协议TCP和UDP一样。当主机收到一个首部的协议字段为1，即ICMP的IP数据报时，会分解该数据报的数据部分交给ICMP；为了避免对ICMP报文再产生差错报告，携带了ICMP报文的数据报出现差错时不再生成ICMP报文；为了避免对一个原始报文的多个分片报文都生成ICMP报文，规定仅对片偏移量为0的分片才可能发送ICMP报文。

ICMP报文可分为两大类，即ICMP差错报告报文和ICMP询问报文。这两类报文格式不完全相同，但都有一个类型字段和编码字段。表4.10给出了几种常用的ICMP报文类型。

表4.10　几种常用的ICMP报文类型

ICMP报文种类	类型字段	编码字段	描　　述
差错报告报文	3	0	目的网络不可达
		1	目的主机不可达
		2	目的协议不可达
		3	目的端口不可达
		7	目的主机未知
	11	0	TTL过期，即为0
	12	0	IP数据报首部错误
询问报文	0	0	回显应答
	8	0	回显请求

ICMP差错报告报文原本有一种源抑制报文可以执行拥塞控制，当某路由器出现拥塞时可以向主机发送源抑制报文使得主机降低传输速率。但现在已经被摒弃，原因是传输层的TCP有自己的拥塞控制机制，不需要网络层的ICMP来反馈信息。

众所周知，Ping命令利用ICMP回显请求报文和回显应答报文来测试目标系统是否可达。ICMP回显请求报文和ICMP回显应答报文是配合工作的。当源主机向目标主机发送了ICMP回显请求数据包后，它期待着目标主机的回答。目标主机在收到一个ICMP回显请求数据包后，它会交换源、目的主机的地址，然后将收到的ICMP回显请求数据包中的数据部分原封不动地封装在自己的ICMP回显应答数据包中，然后发回给发送ICMP回显请求的一方。如果校验正确，发送者便认为目标主机的回显服务正常，也即物理连接畅通。

4.5 路由协议

本节讨论因特网中路由表中的路由项是如何生成并更新的。

4.5.1 路由协议的相关概念

路由协议的核心是路由选择算法。路由选择算法的目的是:在给定一组路由器及连接路由器的链路的前提下,找到一条从源路由器到目的路由器的最佳路径。

一个理想的路由选择算法应具有以下特点:

1. 最优化

最优化是指路由算法选择最佳路径的能力。

2. 简洁性

算法设计简洁,利用最少的软件和开销,提供最有效的功能。

3. 正确性

路由算法处于非正常或不可预料的环境时,如硬件故障、负载过高或操作失误,都能正确运行。因为路由器分布在网络连接点上,所以在它们出故障时会产生严重后果。最好的路由器算法通常能够经受各种变化情况的考验,并在各种网络环境下被证实是可靠的。

4. 快速收敛

收敛是在最佳路径的判断上所有路由器达到一致的过程。当某个网络事件引起路由可用或不可用时,路由器就发出更新信息。路由更新信息遍及整个网络,引发重新计算最佳路径,最终达到所有路由器一致公认的最佳路径。收敛慢的路由算法会造成路径循环或网络中断。

5. 灵活性

路由算法可以快速、准确地适应各种网络环境。例如,某个网段发生故障,路由算法要能很快发现故障,并为使用该网段的所有路由选择另一条最佳路径。

从路由选择能否随网络通信量或拓扑变化进行自适应调整来看,路由选择算法可以划分为静态路由选择算法与动态路由选择算法两类。静态路由选择算法的路由变化比较缓慢,一般是由人工干预进行调整,如由网络管理员手工编辑各路由表,优点是各路由器不需要交换路由信息,网络的安全性较高,但不适合大型和复杂的网络;动态路由选择算法能够根据网络流量或拓扑变化及时地改变路由,但实现起来较为复杂,也增加了开销(路由器必须与相邻路由器交换路由信息,以便及时感知网络的变化)。

从路由选择算法是全局性的还是分布式的来看,路由选择算法可以划分为全局路由选择算法与分布式路由选择算法两类。全局路由选择算法是用完整的、全局性的网络知识来计算从源到目的的好的路径,该算法要求每个路由器必须知道网络中每条链路的具体费用;

分布式路由选择算法是以迭代、分布式的方法计算出最低费用路径,每个路由器仅需知道与其直接相连链路的费用即可开始工作,通过与相邻路由器交换信息,迭代计算出到达目的节点的最低费用路径。

因特网采用的路由选择协议主要是自适应的、分布式的路由选择协议。整个因特网被划分为许多的自治系统(Autonomous System,AS)。传统定义的AS是在单一技术管理下的一组路由器,这些路由器使用统一的路由策略确定分组在该AS内的路由。现在使用多种路由策略的AS也很常见,但是要强调的是:尽管一个AS内部使用了多种路由策略,但它对其他AS表现出的是一个单一和一致的路由策略。每个AS都有一个AS号,作为与其他AS交换动态路由信息的标识符。

目前的因特网中,一个大的ISP就是一个AS。这样,因特网将路由选择协议分为两大类,即内部网关协议和外部网关协议。

(1)内部网关协议

内部网关协议(Interior Gateway Protocol,IGP)是在一个AS内部使用的路由选择协议。历史上有两个内部网关协议曾被广泛用于因特网AS内部的路由选择:RIP协议和OSPF协议。

(2)外部网关协议

外部网关协议(External Gateway Protocol,EGP)是在两个AS之间传递路由信息所使用的路由选择协议。目前因特网所有AS使用的外部网关协议都是BGP的版本4,即BGP-4。

图4.21是两个AS互连在一起的示意图。每个AS自行决定在本自治系统内部运行哪一个内部网关协议,但每个自治系统都有一台或多台路由器(图4.20中的路由器R1和R2)有另外的任务,除了运行本AS的内部网关协议之外,还要运行外部网关协议,负责向外部的路由器发送分组,这些路由器一般被称为网关路由器。

图4.21 一个互连的AS的例子

下面介绍因特网中3种常用的路由选择协议。

4.5.2 RIP协议

路由信息协议(Routing Information Protocols,RIP)是最先得到广泛使用的距离向量协议,使用一种距离向量算法更新路由表,常用于小型的自治系统。

RIP协议要求使用跳数(Hops Count)作为距离的度量,每经过一台路由器,路径的距离加1,直连网络的路径距离为1。如此一来,跳数越多,路径就越长,RIP算法会优先选择跳数少的路径。RIP支持的最大跳数是15,跳数为16的网络被认为不可达。可见RIP只适用于小型的网络。

RIP协议是分布式的路由选择协议,它们的特点是:每个路由器都需要不断地与相邻的路由器交换自己所知道的全部的路由信息,即到本AS中所有网络的(最短)距离及到每个网络的下一跳路由器地址;RIP支持两种更新方式,一种是定期的更新,如每隔30 s发送更新报文;另外一种是触发式的,只要路由表中有路由发生改变,路由器就立即向相邻的路由器发送触发更新报文,然后其他路由器根据收到的路由信息更新自己的路由表。如果路由器3 min还未收到相邻路由器的路由信息,则将相邻的路由器记为不可达路由器,即距离置为16。

在路由器刚开始工作时,仅知道到直连网络的距离,每个路由器也仅仅和数量有限的相邻路由器交换并更新路由信息。但经过若干次的更新之后,所有的路由器最终都会知道到本AS中任何网络的最短距离和下一跳路由器地址。一般情况下,RIP能够快速收敛。

在使用RIP协议的AS中,假设地址为A的路由器与地址为X的路由器相邻,现在收到路由器X发来的RIP报文,路由器A将根据报文来更新自己的路由表,处理步骤如下:

修改RIP报文的所有项目:将下一跳的路由器地址改为X,把所有的距离字段加1;每个项目的关键字段为⟨目的网络N,距离d,下一跳路由器地址为X⟩;

```
for 每个报文项目 do
    if A的路由表中没有到达目的网络N的路由,则
        直接将该项目添加到A的路由表中;(说明是新发现的目的网络)
    else (A的路由表中已经有到达N的路由)
    if A的路由表到达N的下一跳路由器地址是X,则
        把收到的项目替换路由表A的项目;(说明是最新的消息,不管距离变大或变
        小,均以最新消息为主)
    else (A的路由表到达N的下一跳路由器地址不是X)
        if d<A的路由表中到N的距离,则
        更新路由表;(说明存在一个更短的路径)
        (否则说明路径距离更长或者没变化,什么也不需要做)
for end
return
将数据报交给该表项指明的下一跳路由器;
return;
for end
向数据报的源主机发送一个目的不可达的差错报告(具体见4.4 ICMP协议);
```

下面我们通过一个例子来看一下使用RIP协议的AS中,路由器收到相邻路由器的RIP。报文后,路由表是如何更新的。

【例4.7】 路由器R1与R2相邻,R1在收到R2的RIP报文之前的路由表如表4.11所示。20 s后,R1收到了路由器R2发来的RIP路由更新信息如表4.12所示,请问R1的路由表

该如何更新?

表4.11 R1的路由表		
目的网络	距离	下一跳路由器
Net1	1	直连
Net2	1	直连
Net4	4	R4
Net7	7	R6
Net24	6	R2
Net30	2	R8

表4.12 R2发来的路由更新信息		
目的网络	距离	下一跳路由器
Net30	1	直连
Net24	8	R4
Net5	6	R9

解 将表4.12的距离都加1,并且下一跳路由器均改为R2,得出表4.13。

将表4.13与表4.11逐行进行比较。

表4.13 修改后的表4.12		
目的网络	距离	下一跳路由器
Net30	2	R2
Net24	9	R2
Net5	7	R2

第一行:到Net30的项目,原路由表中也有,但下一跳路由器不同,于是需要比较距离,由于距离同为2,没有变化,则不需修改原路由表项。

第二行:到Net24的项目,原路由表中也有,并且下一跳路由器相同,均为R2,那么该项目需要更新。

第三行:到Net5的项目,原路由表中没有,因此需要在原路由表中增加这一项。

更新后的R1的路由表如表4.14所示。

RIP协议存在两个版本,较新的版本2 (RIP2)支持可变长子网掩码及无分类域间路由选择CIDR,路由信息更新报文包含4元组〈网络地址,网络掩码,下一跳路由器地址,到网络的距离〉。

RIP协议使用传输层的UDP数据报进行传送,使用UDP端口520,但由于它实现的是网络层的路由选择功能,所以尽管RIP是一个运行在UDP上的应用层协议,我们仍然放在网络层进行介绍。

表4.14 更新后的R1的路由表		
目的网络	距离	下一跳路由器
Net1	1	直连
Net2	1	直连
Net4	4	R4
Net7	7	R6
Net24	9	R2
Net30	2	R8
Net5	7	R2

RIP协议的优点是易于实现,但也存在一些限制:第一,当链路出现故障时,相应的路由信息往往需要较长的时间才能传递给其他路由器,导致收敛时间过长;第二,RIP限制了网络的规模,能表示的最大距离为15;第三,不支持负载均衡,RIP协议只会采用跳数较少的路径,哪怕同时存在一条跳数较多但低时延的路径。

计算机网络

4.5.3　OSPF协议

1. 协议概述

开放最短路径优先(Open Shortest Path First,OSPF)协议是为了克服RIP协议的缺点而开发出来的。所谓开放是指协议的规范可以在公开发表的文献中找到;最短路径优先是因为该协议的核心算法使用了一种链路状态算法——Dijkstra提出的最短路径算法SPF。

使用OSPF时,路由器向AS内所有其他的路由器广播路由信息,最终所有的路由器都能建立一个链路状态数据库,这个数据库实际上是本AS的网络拓扑图。如果将AS中的路由器与链路抽象成点与线的集合,那么这个AS的网络拓扑结构就可以用一个无向图来表示,SPF算法就是基于无向图的。每个路由器在本地运行SPF算法,以确定一个以自身为根节点的到所有子网的费用最低的路径,构造出自己的路由表。需要注意的是,各条链路的费用是由网络管理员配置的单个无量纲测度,既可以选择将所有链路的费用都设置为1,实现以最少跳数选择路由;也可以选择将链路的费用与链路的容量成反比设置,使得分组尽量选择高带宽的链路。OSPF提供了负载均衡的功能,如果到达一个目的网络存在若干条费用相同的路径,则把流量均匀地分配给这些路径。

为了使OSPF适用于规模较大的网络,OSPF将一个AS划分为若干个区域(Area)。每个区域的拓扑相对于AS其他部分是隐藏的,每个区域运行自己的OSPF链路状态算法,区域内的路由器仅向该区域的所有其他路由器广播其链路状态,因而大大减少了信息流量。

为了使每个区域都能与同一AS内的其他区域进行通信,每个区域都设置一台或多台区域边界路由器。所有的区域边界路由器都属于一个被称为OSPF主干区域的特殊区域。主干区域的主要作用是为AS内其他区域之间转发路由信息。AS内区域间转发路由信息的步骤如下:分组首先路由到本区域边界路由器以实现区域内路由选择,然后通过主干区域路由到位于目的区域的区域边界路由器,最终到达目的区域。

图4.22显示了一个使用OSPF协议的AS划分的区域图,该AS中的路由器可划分为4种类型。

① 内部路由器,这些路由器直连的网络都属于同一个区域(非主干区域)。

② 区域边界路由器,这些路由器同时属于某区域和主干区域。

③ 主干路由器,有接口连接到主干区域的路由器,可以同时是区域边界路由器。

④ 边界路由器,与其他AS的路由器交换路由信息的路由器。边界路由器不一定是主干路由器。

OSPF路由信息不使用UDP而是直接使用IP数据报传送,数据报长度较短,既减少了路由信息的通信量,又降低了出错率(因为无须分片)。OSPF报文支持鉴别(将在第7章介绍),阻止入侵者修改路由表。此外,OSPF允许灵活地配置子网,支持特定的主机路由、可变长子网路由及无分类编址路由。

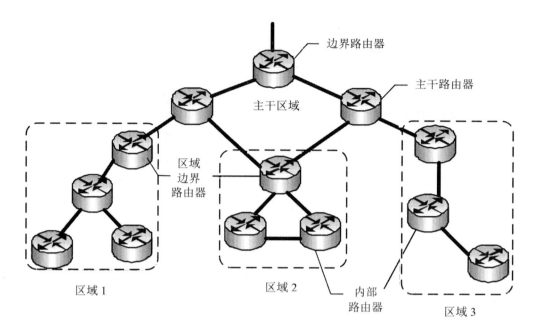

图4.22　OSFP划分两种不同的区域

2. OSPF分组类型

OSPF路由器间交换的信息共有如下5种分组类型(见图4.23):

(1) Hello分组

用于发现和维护相邻路由器的可达性;OSPF规定每两个路由器相隔10 s交换一次Hello分组。若某路由器超过一定的时长(如40 s)未收到来自相邻路由器的Hello分组,而认为相邻路由器不可达,应修改链路状态,重新计算路由表。

(2) 数据库描述分组

向相邻路由器给出自己的链路状态数据库中所有链路状态项目的摘要信息。如果直接广播自己的链路状态数据库中的详细信息,开销太大。摘要信息主要是指出自己链路状态数据库中已有哪些路由器的链路状态信息。

(3) 链路状态请求分组

向对方请求发送某些链路状态的详细信息。经过与相邻路由器交换数据库描述分组后,如果发现自己的数据库缺少某些链路状态项目,则使用链路状态请求分组向对方请求发送这些缺失项的详细信息。

(4) 链路状态更新分组

用洪泛法对全网(可能是本区域也可能是本 AS,与具体的链路状态更新分组类型字段相关)更新链路状态。当某路由器的链路状态数据库发生变化后,向相邻的路由器发送链路状态更新分组,最终洪泛传遍全网。

(5) 链路状态确认分组

用链路状态更新分组的确认。当路由器收到相邻的路由器发送链路状态更新分组后,发送链路状态确认分组,保证可靠性。

由更新后的链路状态数据库,每个路由器最终可以计算出以自己为根到达各子网的最低费用路径,进而产生自己的OSPF路由表。

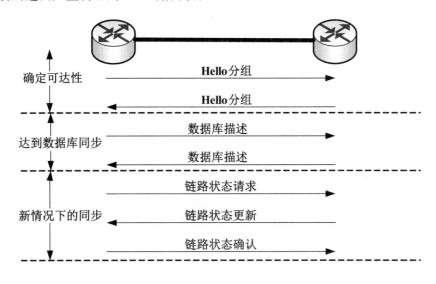

图4.23 两路由器交换OSPF 5种类型分组

4.5.4 BGP协议

边界网关协议(Border Gateway Protocol,BGP)是因特网广泛使用的一种AS间的路由选择协议。目前版本为BGP-4,之前的版本由于不支持CIDR路由选择,因此不适用于当今的因特网。

BGP为每个AS提供手段,可以从相邻的AS处获得子网可达性信息,然后向本AS内所有的路由器传达这些可达性信息,最后基于可达性信息和AS策略,决定到达子网的"好"的路由。与内部网关协议不同,BGP只能是力求寻找一条能够到达目的网络且较好的路由(不能兜圈子),而并非要寻找一条最佳路由。

在配置BGP时,每个AS的网络管理员要选择至少一个路由器作为该自治系统的"BGP发言人"。一般来说,两个BGP发言人都是通过一个共享网络连接在一起的,而BGP发言人往往就是BGP边界路由器。

两个AS的BGP发言人要交换路由信息,就要先建立TCP连接(端口号为179),然后在此连接上交换BGP报文以建立BGP会话(Session),利用BGP会话交换路由信息,如增加了新的路由、撤销过时的路由、报告出差错的情况等。使用TCP连接能提供可靠的服务,也简化了路由选择协议。使用TCP连接交换路由信息的两个BGP发言人,彼此称为对等方(Peer)。

图4.24画出了两个AS中的3个BGP发言人。每个BGP发言人除了必须运行BGP协议外,还必须运行AS的内部网关协议,如RIP或OSPF。

BGP交换的网络可达性信息就是到达某个网络(BGP-4使用CIDR网络前缀)所要经过的一系列AS。BGP-4更新报文中包含以下信息:目的网络/前缀、一些属性值(比较重要的两个属性是AS-Path和下一跳地址)。当一个网络前缀传送到一个AS时,该AS会将它的AS号增加到 AS-Path 属性中。比如 BGP 更新报文可能会说："我可以经由 AS 号为 8、19、2000 和 5 的 AS 到达地址为 1.1.1.0/12 的网络。"关于 BGP 非常重要的一点是，AS-Path 本身采用一种防止产品路由循环的机制，路由器不会导入任何已经在 AS-Path 属性中所包含的路由。

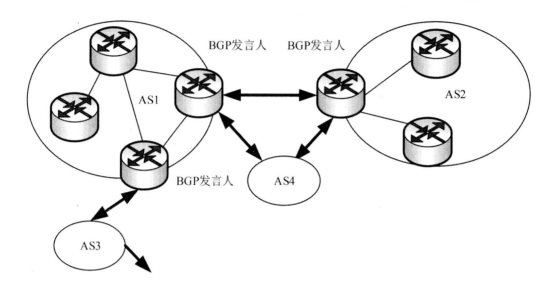

图 4.24　BGP 发言人和 AS 的关系

4.6　多　　播

前面几节介绍了 IP 数据报单播（Unicast）交付机制及相关技术，本节将探讨 IP 多播的基本概念及主要相关技术。

4.6.1　多播的基本概念

单播可以实现单个源节点到单个目的节点交付分组。除单播之外，因特网节点之间的通信方式还有广播（Broadcast）和多播（Multicast）。广播可以实现单个源节点到网络的所有其他节点交付分组；多播可以实现单个源节点到因特网上任何节点的一个子集发送分组。目前 IP 多播成为因特网的一个热门课题，因为它集合了单播和多播的优点，越来越多的应用需要多播技术的支持，如流媒体（如将一个演讲实况的视频传送给一组分布在世界各地的演讲参与者）、软件更新（从软件开发者到需要升级的用户之间升级软件的传送）等。

在因特网进行的多播称为 IP 多播。与单播相比，在一对多的通信中，多播可以大大节约网络资源。单播情况下，一个视频服务器如果要向 100 个主机传送同样的视频节目，需要发送 100 个单播，即同一个视频数据报要发送 100 个副本（目的地址不同）。这种方式的缺点是浪费网络资源，如果该视频服务器经过单一链路与该网络的其他部分相连的话，该数据报的

100个副本都将经过该链路传输。如果使用多播技术,视频服务器仅发送一份视频数据报,如图4.25所示,途中运行多播协议的路由器(多播路由器)在转发数据报时,会根据下游多播路由器的数量拷贝副本,如在R3处复制两份副本,分别交付给R4和R6,然后数据报被转发到有硬件多播功能的局域网,数据报最终交付给多播成员主机。

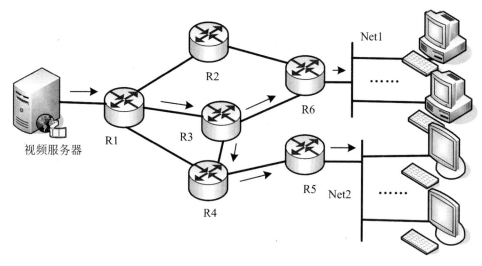

图4.25　多播示例

多播通信中面临的首要问题是如何标识多播数据报的接收方? 单播通信时,承载在每个IP数据报中的目的IP地址标识了单播接收方;广播通信时,所有的节点都需要接收数据报,因此不需要目的IP地址。多播通信时呢? 能否像单播通信一样将接收方的IP地址写入到多播数据报的目的地址呢? 显然不行,因为多播通信的接收方可能是成千上万个主机,如果每个多播数据报都携带所有接收方的IP地址,数据报的传输效率则会大大降低。

基于以上原因,在因特网体系结构中,多播使用一个标识来编址一组接收方。这个标识就是IP地址中的D类地址,D类地址的范围是224.0.0.0～239.255.255.255,一个D类地址标识一个多播组,共可标志2^{28}个多播组,意味着同一时间可支持超过2亿的多播组在因特网运行。需要注意的是,每个多播组的主机仍有一个唯一的单播IP地址,该单播地址完全独立于所参与的多播组地址。

4.6.2　IGMP协议和多播路由选择协议

图4.26是在因特网上传送多播数据报的例子。图中标有IP地址的4台主机都加入了地址为225.30.46.2的多播组。显然多播数据报应传送给路由器R1、R2、R3,而不应当传送给路由器R4,因为与R4相连的LAN上没有该多播组的成员。路由器怎么知道多播组的成员信息呢?答案与因特网组管理协议(Internet Group Management Protocol,IGMP)[RFC 3376]有关。

1. IGMP协议

IGMP运行在一台主机与其直接相连的路由器之间,如图4.25所示。路由器R1、R2、R3均为多播路由器,每一台都通过本地接口与一个LAN相连,且每个LAN都有多台相连的主机。IGMP为一台主机提供了手段,可以让它通知与其相连的路由器,本主机(严格地说是本机上的某个进程)想加入某个多播组。IGMP的交互范围被局限于主机与其直接相连的路由器(本地路由器)之间,IGMP不知道多播组包含的成员数,也不知道这些成员分布在哪些网络上,因此还需要多播路由协议(将在下边讨论)来协调遍布因特网内的多播路由器,以便多播数据报能以最小的代价路由到目的主机。

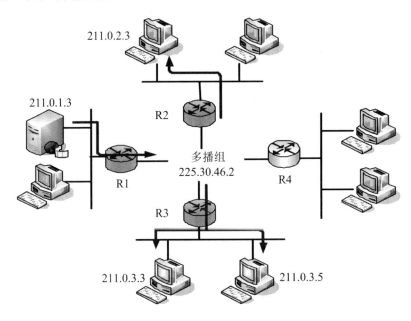

图4.26　多播组例子

IGMP使用IP数据报传送报文,因为它实现的是网络层的功能,所以仍把它看作网络层协议的组成部分。

IGMP的工作分为如下两个阶段:

阶段1:当某个主机想要加入新的多播组时,该主机会向本地的多播路由器发送一个IGMP报文(这个报文携带了欲加入的多播组的多播地址)。本地多播路由器收到该报文后,会利用多播路由选择协议将其转发给因特网上的其他多播路由器。

阶段2:本地多播路由器以广播的形式,周期性地(约2 min一次)探询本地LAN上的主机,以便知道这些主机是否还是某多播组的成员。只要有一个主机对某组响应,多播路由器就认为该组是活跃的。如果经多次探询仍没有一个主机响应,则多播路由器认为本网络上的主机都已经退出了这个组,也就不再将组成员关系转发给其他的多播路由器。

2. 多播路由选择协议

图4.27举例说明了多播路由选择问题。图中H12、H21、H22、H61、H41加入了多播组,因此只有R1、R2、R4、R6需要接收多播组流量,而与R5、R3直连的网络由于无主机加入多播组,因此不需要接收多播组流量。多播路由选择的目的就是发现一棵链路树,该树连接了所有与属于该多播组相连的路由器,那么多播分组就可以沿着这棵树从发送方路由到所有属于该多播组的主机。当然,这棵树也可能包含一些不属于与该多播组主机相连的路由器,如

图4.27所示,如果不经过路由器R5,则不可能连接其他多播组成员的本地路由器。

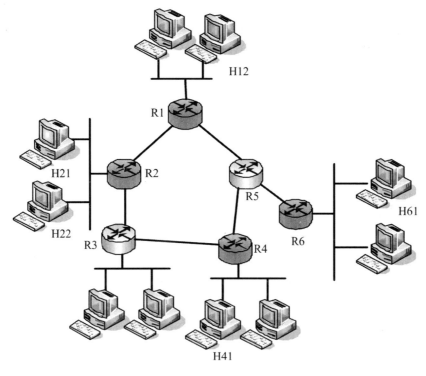

图4.27 多播组路由选择示意图

目前因特网存在5种多播路由选择协议,分别是距离向量多播路由选择协议(Distance Vector Multicast Routing Protocol, DVMRP)、多播开放最短路由优先(Multicast Open Shortest Path First, MOSPF)、协议无关多播–密集模式(Protocol Independent Multicast-Dense Mode, PIM-DM)、协议无关多播–稀疏模式(Protocol Independent Multicast-Sparse Mode, PIM-SM)和基于核心的树(Core Based Trees, CBT)。下面简单介绍一下这几种多播路由协议。

DVMRP是研究者们开发的第一个多播路由选择协议。几乎所有供应商的路由器都支持DVMRP。

MOSPF是对单播路由协议OSPF的扩充。MOSPF使用OSPF作为本地协议,将每一个路由器中的IGMP组成员通告为OSPF区域中的一部分链路状态信息。MOSPF支持多个OSPF区域之间的多播,并使用链路OSPF区域的边界路由器,在OSPF之间转发IGMP组成员信息和多播数据。

PIM-DM适用于组成员的分布非常集中的情况,比如组成员都在一个机构之内。PIM-DM使用网络中现有的单播路由选择协议(比如RIP或OSPF)来确定从源到多播组的最短路径。所谓“协议无关-PIM”,是因为它并不像MOSPF只能使用特定的单播路由选择协议。3Com和Nortel的路由器支持MOSPF。

PIM-SM是另一个PIM协议,但是它适用于组成员分布比较分散的情况。思科(Cisco)是PIM的主要倡导者,它的路由器同时支持两种PIM协议。

CBT与PIM-SM相似,适用于组成员分布比较分散的情况,虽然其理论很有代表性,但目前供应商们还没有广泛实现CBT。

4.7 IPv6

2011年2月,ICANN宣称最后的5组IPv4地址已经分配给了全球区域因特网地址管理机构,以后没有IPv4地址可分配了。IP地址已经耗尽,ISP不能再申请到新的地址块。CIDR技术和NAT技术的使用虽然推迟IP地址耗尽的时间,但解决IP地址耗尽的根本措施是采用具有更大地址空间的新版本的IP,即IPv6[RFC 2460]。

4.7.1 IPv6编址

IPv6的地址长度为128 bit,理论上可以提供2^{128}个地址。按保守方法估算,整个地球每平方米面积上可分配1000多个IPv6地址。在可预见的将来,IPv6提供的地址是可以满足因特网的增长需求的。

1. 地址的表示

IPv6地址有以下3种类型:

① 单播(Unicast),提供传统的点对点通信。

② 多播(Multicast),提供一点对多点的通信,IPv6没有广播的术语,广播被看作多播的一个特例。

③ 任播(Anycast),是IPv6增加的一种类型,任播的终点是一组计算机,但数据报只交付给其中的一个,通常是最近的一个(根据路由选择协议进行距离的度量)。

与IPv4一样,IPv6地址被分配给接口,而不是节点。所有的接口要求拥有一个本地链路的单播地址。

IPv6地址较长,使用IPv4所用的点分十进制记法就不够方便了。为了使地址简洁易记,IPv6使用冒号十六进制记法,将每16位用一个十六进制的数值表示,各值之间用冒号分隔。由于IPv6地址中经常包含长的0比特串,因此允许零压缩,即使用":"表示一个或多个连续的16比特0。另外,IPv6规定一个地址中只能使用一次零压缩,以避免搞不清":"表示几个16比特0。

【例4.8】 将下列地址进行零压缩。

单播地址　3567:A23D:0:0:126:0:C:418A

多播地址　FF56:0:0:0:0:0:0:506

环回测试地址　0:0:0:0:0:0:0:1

未指定地址　0:0:0:0:0:0:0:0

解 上述地址记法进行零压缩后可以写成

3567:A23D::126:0:C:418A　或　3567:A23D:0:0:126::C:418A

FF56::506

::1

::

此外,冒号十六进制记法可以结合使用点分十进制记法的后缀,这种记法常用于表示与IPv4兼容或映射的IPv6地址。例如,下面是一个合法的冒号十六进制记法:0:0:0:0:0:0:127.5.3.6,前96位用冒号十六进制表示,后32位仍使用点分十进制来表示。

CIDR斜线表示法仍可用,表示为IPv6地址/前缀长度。

2. 地址空间的分配

IPv6地址的高位标识IPv6地址类型,如表4.15所示。

表4.15 IPv6地址类型

地址类型	二进制前缀	IPv6记法	描　述
非特指 （Unspecified）	00…0(128 bits)	::/128	不可分配给任何节点接口,仅用作源地址,且IPv6的路由器不转发源地址为非特指地址的数据报
环回测试 （Loopback）	00…1(128 bits)	::1/128	用于环回测试,与IPv4的环回测试地址功能相同,不能分配给任一节点接口
多播	11111111	FF00::/8	一个多播地址可标识一个多播组
本地链路单播	1111111010	FE80::/10	用于单个链路,仅在本地范围有意义,连接在该链路上的主机可以使用这种地址通信,但不能与因特网其他主机通信
全球单播	其他		

任播地址是从单播地址空间分配,可以使用任何已定义的单播地址,因此无法从地址本身区分两者。当单播地址分配给不止一个接口时,就转成了任播地址,被赋予该地址的节点必须被明确的配置,以了解这是一个任播地址。

4.7.2 IPv6数据报格式

IPv6的数据报格式如图4.28(a)所示,包含一个40字节的基本首部、0个或多个扩展首部以及数据部分。图4.28(b)是IPv6的基本首部。

IPv6所引进的主要变化体现在它的数据报格式中。

1. 地址容量的扩展

IPv6把IP地址的长度从32 bit增至128 bit,采用类似CIDR的地址聚类机制层次的地址结构。可以支持更多的地址层次、更多数量的节点以及更简单的地址自动配置。

2. 首部格式的简化

一些IPv4首部字段被删除或者成为可选的扩展首部,减少了一般情况下数据报的处理开销(路由器一般仅处理基本首部,对扩展首部不处理)以及 IPv6首部占用的带宽。

3. 提供更高的服务质量保证

IPv6首部有一个"流"字段,用于给属于特殊"流"的分组加上标签,这些特殊流是发送方要求进行特殊处理的流,比如非默认质量服务或者需要实时服务的流。此外,还有一个"通信量类"的字段,用于区别不同数据报的优先级。

基本首部	扩展首部1	……	扩展首部N	数据区

（a）IPv6数据报的一般格式

扩展首部可选

0 4   12 16   31

版本	通信量类	流标签
有效载荷长度		下一首部	跳数限制
源地址（16字节）			
目的地址（16字节）			

（b）40字节的基本首部

图4.28　IPv6数据报格式

4. 认证和保密的能力

所有的IPv6网络节点必须强制实现IP层安全协议（IPSec）。因此,建立起来的一个IPv6端到端的连接,是有安全保障的,通过对通信端的验证和对数据的加密保护,可以使数据在IPv6网络上安全地传输。

下面介绍基本首部各字段的含义。

① 版本号（Version）。占4 bit,IPv6协议的版本值为6。

② 通信量类（Tracffic Class）。占8 bit,用于区分IPv6数据报的不同类别或优先级。

③ 流标签（Flow Label）。占20 bit,用于标识一个数据报的流。"流"就是互联网络上从特定源点到特定终点的一系列数据报（如实时音频或视频传输）,而这个"流"途径的路由器都要保证指明的服务质量。属于同一个流的数据报都具有同样的流标签。对于不需保证服务质量的传统服务,如电子邮件,这个字段没有用处,置为0即可。

④ 有效载荷长度（Payload Length）。占16 bit,代表IPv6数据报中除基本首部之外其余部分的长度（扩展首部与数据部分组成了IPv6数据报的有效载荷）,这个字段的最大值是64 KB。

⑤ 下一个首部（Next Header）。占8 bit,当IPv6数据报没有扩展首部时,该字段的作用和IPv4的"协议"字段一样;当有扩展首部时,该字段的值标识后面第一个扩展首部的类型（扩展首部共有6种类型,可在RFC 2460查阅）。

⑥ 跳数限制（Hop Limit）。占8 bit,用来防止数据报在网络中无限制地存在。源节点在每个数据报发出时设定跳数限制（最大为255跳）,当被转发的数据报经过一个路由器时,该字段的值将减1,当减到0时,则丢弃该数据报。

⑦ 源地址（Source Address）。占128 bit,数据报发送方的IP地址。

⑧ 目的地址（Destination Address）。占128 bit,数据报接收方的IP地址。

IPv6还保留了IPv4赖以成功的许多特点,如无连接交付、允许发送方选择数据报的大小、要求发送方指明数据报在到达目的地前允许经过的最大跳数等功能。

4.7.3　IPv4 到 IPv6 的过渡

一个现实的问题是,目前因特网上节点大多都是基于IPv4的,如何迁移到IPv6呢? 问题是虽然运行IPv6的节点可以做成向后兼容的,即能发送、转发和接收IPv4的数据报,但已运行IPv4的节点不能直接处理IPv6的数据报。能否宣布一个标志日,届时因特网所有机器都关机并从IPv4升级到IPv6呢? 显然在因特网拥有数十亿台机器和上百万个网络管理员与用户的今天是不可行的。IPv4向IPv6的升级应该是平滑渐进的,这需要相当长的时间才能完成。

在过渡的初期,Internet将由运行IPv4的“海洋”和运行IPv6的“小岛”组成。随着时间的推移,将会过渡到IPv6“海洋”与IPv4“小岛”的情形。在整个过渡阶段,需要解决“小岛”与“海洋”通信以及“小岛”之间如何利用“海洋”通信的问题。

RFC 4213描述了两种向IPv6过渡的策略,即使用双协议栈(Dual Stack)技术和隧道技术(Tunneling)。

1. 双协议栈技术

双协议栈技术是在一部分节点上(如主机或路由器)同时装有IPv4和IPv6协议栈。双协议栈系统能同时支持IPv4和IPv6协议,既拥有IPv4地址,又拥有IPv6地址,因而可以收发IPv4与IPv6两种数据报,它能用IPv4和仅支持IPv4的主机进行通信,用IPv6和仅支持IPv6的主机进行通信,从而实现互通。双协议栈技术是IPv6过渡技术中应用广泛的一种过渡技术。

双协议栈方式要考虑的主要问题是IP地址,它涉及双协议栈节点的IP地址配置和如何通过DNS获取目的主机的IP地址。由于双协议栈节点同时支持IPv6和IPv4协议,因此必须配置IPv4和IPv6地址,节点的IPv4和IPv6地址之间不必有关联。DNS能提供域名与IP地址之间的映射关系。对于双协议栈节点,DNS必须能提供对IPv4的“A”、IPv6的“AAAA”类记录的解释库,并对返回给应用层的地址类型做出决定,确定到底返回哪种地址。如果返回的是IPv4地址,源主机就使用IPv4地址,反之,使用IPv6地址。

图4.29中的源主机H1和目的主机H2均运行IPv6,因此H1向H2发送的是IPv6数据报。途经的路由器R1和R2由于直接连通IPv6和IPv4的网络,因此需要同时运行IPv6和IPv4协议。当数据报到达R1时,R1将IPv6的数据报首部转换成IPv4的数据报首部,然后通过IPv4的网络发送给R2,R2收到数据报后,再恢复成IPv6的数据报首部,最后交付给目的主机H2。注意:使用首部转换的方法不可避免地会导致部分信息的损失,如图4.29所示,IPv6数据报的流标签字段X在到达目的主机后变为空缺。

双协议栈技术互通性好,并且易于理解。其缺点是:第一,只能用于双协议栈节点本身,且每个IPv6节点都需要IPv4地址,它并不能解决IPv4地址短缺的问题;第二,数据报传输过程中可能导致IPv6信息的损失。

2. 隧道技术

隧道是指将一种协议封装到另一种协议中以实现互联目的的机制。现阶段,IPv6发展处于初级阶段,IPv4网络仍占据主导地位,并且绝大部分应用仍是基于IPv4的,IPv6网络只是一些孤岛,因此这些IPv6网络需要通过IPv4骨干网络相连。隧道技术解决了IPv6孤岛之间的通信问题:它将IPv6的数据报在起始节点(隧道的入口处)封装入IPv4数据报中,IPv4数据报的源地址和目的地址分别是隧道入口和出口的IPv4地址,协议字段值为41,表明数据部分是一个IPv6的数据报。利用IPv4的网络传输该数据报,然后在隧道的出口处,再将IPv6数据报取出转发给目的节点,从而实现了利用现有的IPv4路由体系来传递IPv6数据报的方法。

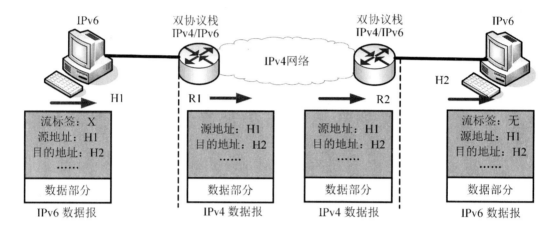

图 4.29   IPv6/IPv4双协议栈原理示意图

图4.30给出了隧道技术的工作原理。图中源主机H1和目的主机H2均运行IPv6,因此H1向H2发送的是IPv6数据报。途经的路由器R1和R2由于直接连通IPv6和IPv4的网络,因此需要同时运行IPv6和IPv4协议。当数据报到达R1时,R1将IPv6的数据报作为数据部分封装到一个新的IPv4数据报中,而首部的源地址和目的地址分别为R1和R2,协议字段为41,表明数据部分是一个IPv6的数据报;R2收到IPv4数据报后,将数据报拆封,最终把数据部分,也就是原始的IPv6数据报交付给目的主机H2。

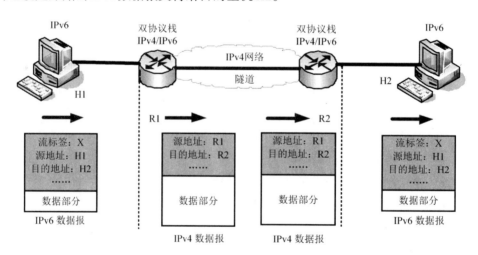

图4.30   使用IPv4隧道传送IPv6分组

要改变网络层的协议是极其困难的。将新的协议引进网络层就好比是改造一座已建好的大楼(这座大楼住满了人)的地基。而引入新的应用层协议就简单多了,这好比是对已建好的大楼进行重新装修。可以预见的是,IPv4到IPv6的过渡将是一个缓慢的过程。

4.8 小 结

本章讨论了TCP/IP体系结构的网络层,网络层负责为因特网上主机和路由器提供通信功能。本章的主要内容包括以下部分:

1. 网络层的服务

网络层可以提供无连接的数据报服务和面向连接的虚电路服务,因特网的网络层采用的是无连接的数据报服务。因为网络层涉及网络中的每台主机和路由器,路由器可能需要在同一时刻处理来自不同源的数以百万计的数据报,所以路由器的任务应该尽可能的简单——只提供尽最大努力的数据报转发服务,不保证服务的质量。

2. 因特网的编址与地址分配

介绍了早期分类的编址方案、为提高地址利用率设计的划分子网的编址方案以及现在广泛使用的可实现路由聚合的无分类编址方案。DHCP可以提供动态IP地址分配,是一种即插即用的协议,被广泛用于主机频繁地加入和离开的LAN及接入网中。NAT技术提供了一种机制将使用专用地址的网络与因特网连通,提高了IP地址的利用率,推迟了IP地址耗尽的时间。

3. 网络层协议的两大功能

网络层协议的两大功能包括数据报的转发、IP差错与控制。IP协议负责数据报的转发,根据数据报的目的地址查找网络节点的路由表决定把数据报发往何处;ICMP差错报文负责向出错数据报的源站报告差错情况,ICMP询问报文负责提供信息或网络测试。

4. 因特网路由建立及刷新机制

介绍了自治系统(AS)的概念、用于AS内部的路由选择协议RIP和OSPF、用于AS之间的路由选择协议BGP-4。RIP使用距离向量算法,适用于中小型的AS。而OSPF使用链路状态算法,支持划分区域,适用于较大的AS。一个AS的BGP发言人与另外的AS对等端通过BGP协议通信,双方通告自己网络的可达性信息,使得不同AS中的主机可以相互通信。

本章还简单讨论了IP多播和下一代网际协议IPv6。

(1) IP多播

IP多播可以将一份从源主机发出的数据报交付给多个目的主机。因特网中使用一个D类地址来标识一个多播组,多播组是动态变化的,主机的应用程序可以随时加入或退出多播组。主机使用IGMP协议与本地多播路由器通信,报告自己的成员关系。多播路由器间通过多播路由选择协议,为多播数据报选择路由,使得多播组的成员最终都能收到每份数据报的副本。

（2）IPv6

IPv6地址长度为128 bit,使用冒号十六进制记法。数据报与IPv4相比有了较大变化,由基本首部、若干扩展首部和数据区域组成。IPv4向IPv6的过渡只能采取逐步演进的方法,可采用双协议栈技术和隧道技术。

习 题 4

一、选择题

1. 早期分类的IP地址中,IP地址190.223.211.1属于（　　　）类。

    A. A   B. B   C. C   D. D

2. 网络层数据报检错方式是（　　　）。

    A. CRC校验   B. 首部反码求和校验

    C. 水平奇偶校验   D. 首部+数据反码求和校验

3. 在TCP/IP参考模型中,网络层的主要功能是（　　　）。

    A. 提供可靠的端-端服务,透明地传送报文

    B. 路由选择与分组转发

    C. 在通信实体之间传送以帧为单位的数据

    D. 数据格式变换、数据加密与解密、数据压缩与恢复

4. 网络156.26.0.0/28的广播地址是（　　　）。

    A. 156.26.0.15   B. 156.26.255.255

    C. 156.26.0.255   D. 156.26.0.16

5. 子网掩码中"1"代表（　　　）。

    A. 主机部分   B. 网络部分   C. 主机个数   D. 无任何意义

6. 网络层中实现IP分组转发的设备是（　　　）。

    A. 中继器   B. 网桥   C. 路由器   D. 网关

7. B类地址的默认子网掩码为（　　　）。

    A. 255.0.0.0   B. 255.255.0.0

    C. 255.255.255.0   D. 255.255.255.255

8. IP地址255.255.255.255称为（　　　）。

    A. 广播地址   B. 有限广播地址

    C. 环回测试地址   D. 网络地址

9. 在AS间实现路由器间自动传播可达信息、进行路由选择的协议是（　　　）。

    A. EGP   B. BGP   C. RIP   D. OSPF

10. 以下关于数据报工作方式的描述中,（　　　）是不正确的。

    A. 在每次数据传输前必须在发送方与接收方之间建立一条逻辑连接

    B. 同一报文的不同分组到达目的节点时可能出现乱序、丢失现象

C. 同一报文的不同分组可以由不同的传输路径通过通信子网

D. 每个分组在传输过程中都必须带有目的地址与源地址

二、填空题

1. 已知 B 类地址 190.168.0.0 及其子网掩码 255.255.224.0,那么可以划分(   )个子网(不支持全 0 和全 1 的子网号)。

2. 常用的内部网关协议包含 OSPF 和 RIP,其中基于距离向量的路由选择协议是(   )。

3. IP 提供的服务是不可靠的。在数据报发送的过程中,如果途经的路由器发现数据报出现差错,需要使用(   )协议向源站发送一个错误报告。

4. 假设一个数据报在网络中的生存时间(TTL)初值为 64,那么该数据报经过 15 个路由器后,TTL 变为(   )。

5. RIP 报文内容通常是到各目的网络的跳数,而 BGP 报文则是到各目的地的(   )。

三、简答题

1. 试简单说明 IP 和 ICMP 协议的作用。

2. 试问路由器有 IP 地址吗? 如果有,有几个?

3. 假设主机 A 向主机 B 发送封装在 IP 数据报中的 TCP 报文段,当主机 B 网络层收到该数据报后,怎样知道应当将报文段交给 TCP 而不是 UDP 或某个其他的进程呢?

4. 一个数据报长度为 4000 字节(固定首部长度)。现经过一个网络传送,次网络能够传送的最大数据长度为 1500 字节。试问应当划分为几个短些的数据报片? 各数据报片的数据字段长度、片偏移字段和 MF 标志应为何值?

5. 因特网分片传送的 IP 数据报在哪儿进行组装? 这样做的优点是什么?

6. 设某路由器建立了如表 4.16 所示的路由表。

表 4.16   路由表

目 的 网 络	子 网 掩 码	下 一 跳
116.96.39.0	255.255.255.128	接口 m0
116.96.39.128	255.255.255.128	接口 m1
116.96.40.0	255.255.255.128	R2
194.4.153.0	255.255.255.192	R3
0.0.0.0	—	R4

现收到 5 个分组,其目的地址分别如下:

(1) 116.96.39.10。

(2) 116.96.40.12。

(3) 116.96.40.151。

(4) 194.4.153.17。

(5) 194.4.153.90。

试分别计算下一跳。

7. 某小型校园网分为3个局域网——教学楼、行政部门和宿舍楼,共有110台设备需要分配IP地址,其中教学楼50台,行政部门20台、宿舍楼40台。

(1)如果学校申请到CIDR地址块为211.163.26.0/24,则该如何分配地址块?

(2)各局域网对应的掩码是多少?

(3)各局域网可用的IP地址范围是多少?

8. 分析划分子网、无分类编址以及NAT是如何推迟IPv4地址空间耗尽时间的。

9. 试简述RIP、OSPF和BGP路由选择协议的主要特点。

10. 假定网络中路由器A的路由表如表4.17所示,现在路由器A收到从路由器B发来的路由信息如表4.18所示。请使用RIP协议更新路由器A的路由表。

表4.17　路由器A的路由表

目的网络	距离	下一跳路由器
Net1	2	B
Net2	2	C
Net3	4	F
Net4	5	G

表4.18　路由器B的路由信息

目的网络	距离
Net1	2
Net3	1
Net4	5
Net5	3

11. 向多个目的地发送数据报时,使用多播与使用单播有什么区别?

12. IPv6地址有几种类型? 从IPv4过渡到IPv6的方法有哪些?

阅读材料

思科卷入棱镜门[①]

上周,美国中央情报局前雇员爱德华·斯诺登的"棱镜泄密门"被称为现实版的美国大片,帅气的特工、美艳的钢管舞女友、尖端的国家机密、背叛与逃亡、特工系统的官僚和谎言、鱼龙混杂的香港、郁闷的黑人总统、个人隐私和国家利益的冲突……各种元素齐备,有人甚至片名都起好了——《泄密者斯诺登》。

这项被称为"棱镜"的项目,秘密利用超级软件监控网络用户和电话记录。现在,有关斯诺登是英雄还是叛徒的争论尚在进行中,斯诺登的去向仍悬而未决。撇开这些纷扰来看牵涉其中的公司和行业,其利益得失却是一幅相对清晰的图景。

在斯诺登的爆料里,谷歌、雅虎、微软、苹果、Facebook、美国在线、PalTalk、Skype、YouTube等九大公司遭到参与间谍行为的指控,这些公司涉嫌向美国国家安全局开放其服务器,使政府能轻而易举地监控全球上百万网民的邮件、即时通话及存取的数据。

随后,这些企业极力否认这一罪名。但到了6月14日,Facebook、微软两公司首次承认,美

---

① 文章来源:中国证券报(2013-06-17),http://news.mydrivers.com/1/266/266510.htm。

国政府确曾向他们索要用户数据,并公布了部分资料数据内容,以期尽早摆脱"棱镜门"泥淖。

与此同时,国内媒体也把视角转向了一些美国通信公司对中国潜在的信息安全威胁,比如对思科公司的指控,因为斯诺登揭露美国国家安全局通过思科路由器监控中国网络和计算机。

据称,思科参与了中国几乎所有大型网络项目的建设,涉及政府、海关、邮政、金融、铁路、民航、医疗、军警等要害部门的网络建设以及中国电信、中国联通等电信运营商的网络基础建设。中国电信163和中国联通169是中国重要的两个骨干网络,两者承载着中国互联网80%以上的流量。但在这两大骨干网络中,思科占据了70%以上的份额,并把持着所有超级核心节点。

然而思科却是美国政府与军方的通信设备和网络技术设备的主力供应商。在2006年美国115个政府部门参与的一场"网络风暴"的网络战演习中,思科是演习的重要设计者之一。因此,安全专家担心一旦战争爆发,美国政府极有可能利用思科在全球部署的产品,发动网络战,对敌国实施致命打击。

我国通信运营商一些细微的举动或许反映了这种担心。2012年10月,中国联通完成了169骨干网江苏无锡节点核心集群路由器的搬迁工程,这是通信业界首个思科集群路由器的搬迁工程。这很可能是一个标志性的事件,表明我国通信企业已经开始正视信息安全问题,并开始着手对现有网络设备进行更替。

就在思科被卷入"棱镜门"事件之时,市场研究公司 Synergy Research Group 发布的数据显示,思科已击败惠普和IBM,成为云计算市场上最大的IT产品提供商。而思科在中国市场的年收入已超过16亿美元,占公司总利润的30%。可以预计,"棱镜门"事件可能使其在华业务遭受重挫。除了思科之外,预计微软、苹果等公司的在华业务也将受到一定影响。

事实上,当美国封杀华为、中兴之时,就不断有安全专家呼吁政府应重视我国的网络安全问题。因此,编者认为,在云计算和大数据崛起、国家已经越来越重视网络信息安全之时,"棱镜门"事件是一个更大的警示,或许接下来我国将会对网络安全立法,对政府、央企、军方等采购的国产化做出明文规定。

从企业技术储备上来看,目前我国的通信技术水平已经达到世界水准,本土企业已经有能力承载网络的全面建设和安全运营。因此,升级的国家信息安全战略将不仅仅对华为、中兴等通信设备商是有利的,还将广泛惠及涉足云计算、大数据的众多公司。

譬如,即将出台的云计算标准将可能更加重视安全问题,这将使本土的软硬件生产、系统集成以及云计算平台提供商迎来更大发展空间。同样,大数据方面的数据中心建设与维护、数据处理、语音识别、IT咨询、信息安全等企业也都将迎来巨大商机。

实验 3　使用 Cisco Packet Tracer 配置路由器

实验目的

① 学习使用 Packet Tracer 进行基本路由器仿真实验。

② 熟悉 Cisco 路由器的命令行管理界面,掌握基本的配置命令。

③ 掌握路由器静态路由配置方法,并了解动态路由配置方法。

实验条件

PC、Windows 7、Cisco Packet Tracer 6.2。

预备知识

1. Packet Tracer 简介

Packet Tracer 是由思科公司发布的一个辅助学习工具,为学习思科网络课程的初学者去设计、配置、排除网络故障提供了网络模拟环境。用户可以在软件的图形用户界面上直接使用拖曳方法建立网络拓扑,并可提供数据包在网络中进行的详细处理过程,观察网络实时运行情况,可以学习 IOS(Internet Operating System)的配置、锻炼故障排查能力。除不能实际接触外,Packet Tracer 提供了和实际实验环境几乎一样的仿真环境,如图 4.31 所示。

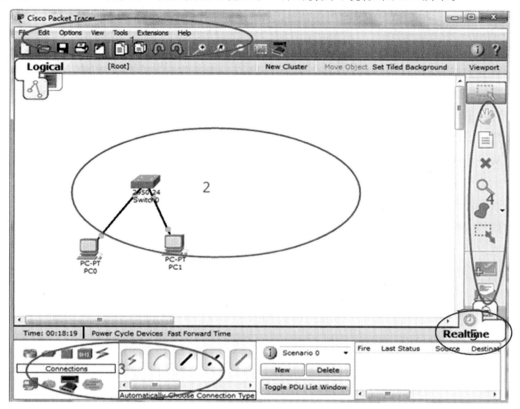

图 4.31　Packet Tracer 6.0 界面

（1）菜单栏和实用工具栏

提供7个菜单，"Options"菜单给出了"Packet Tracer"的一些配置选项，如修改存档的默认路径等；"Help"菜单给出了软件的详细使用说明；工具栏的所有项目都可在菜单栏找到。

（2）工作区

提供逻辑工作区与物理工作区两个选择，逻辑工作区用于设计网络拓扑结构、配置网络、检测端到端连接性能等；物理工作区用于给出城市布局、城市内建筑物布局和建筑物内配线间布局等。

（3）设备类型选择框

用于选择多种不同的Cisco网络设备——路由器、交换机、集线器、无线设备、连接线、终端设备、广域网仿真设备、定制设备等。连接线可由系统自动选择，但最好根据设备类型自行选择。

（4）公共工具栏

查看工具可用于检查网络设备的控制信息，如路由表、交换机转发表等；删除工具可用于删除某个设备；注释工具可用于在工作区任意位置添加注释。

（5）模式选择栏

提供实时操作模式和模拟操作模式两种选择，实时操作模式可验证网络任何两终端间的连通性；模拟操作模式可给出分组端到端传输过程中的每一个步骤及每个步骤设计的报文类型、格式、处理流程等，可模拟协议的实现过程。

2. 路由器的基本配置

路由器的管理方式分为两种，即带内管理和带外管理。带内管理包括Telnet配置、WEB配置、可远程管理路由器；通过Console口管理路由器属于带外管理，不占用路由器的网络接口，其特点是需要使用配置线缆，近距离配置。实际中，第一次配置路由器时必须使用带外管理。使用Cisco Packet Tracer进行虚拟的路由器配置时，可直接双击路由器，通过IOS命令行配置。

路由器的命令行操作模式主要包括用户模式、特权模式、全局配置模式、端口（接口）模式等几种。

（1）用户模式

此模式是进入路由器后得到的第一个操作模式。在该模式下可以简单查看路由器的软、硬件版本信息，并进行简单的测试。用户模式提示符为"router>"。

（2）特权模式

此模式是由用户模式输入"enable"进入下一级模式。在该模式下可以对路由器的配置文件进行管理，查看路由器的配置信息，进行网络的测试和调试等。特权模式提示符为"router#"。

（3）全局配置模式

此模式是由特权模式输入"configure terminal"进入下一级模式。在该模式下可以配置路由器的全局性参数（如主机名、到达某网络的路由信息等），全局模式提示符为"router (config)#"。

（4）端口（接口）模式

此模式是由全局配置模式下输入相应的端口进入下一级模式。在该模式下可以配置路由器端口地址，端口模式提示符为"router(config-if)#"。

① Exit命令可退回到上一级操作模式。

② End命令可使用户从特权模式以下级别直接返回到特权模式。

③ 命令行支持获取帮助、帮助命令的简写、命令的自动补齐、快捷键功能。

④ 支持命令简写（按Tab键将命令补充完整）。

⑤ 在每种操作模式下直接输入"?"显示该模式下所有的命令。

⑥ 命令+空格+"?"显示命令参数并对其解释说明。

⑦ 字符+"?"显示以该字符开头的命令。

实验步骤

1. 路由器的静态路由配置

路由器转发数据报的依据是路由表，生成路由表的方法有两种，即静态路由协议配置和动态路由协议配置。静态路由配置由网络管理员手工配置，简单高效、安全性高。

远距离的路由器相连是通过串口（Serial）的，因为串口适用于远距离通信，比较经济。路由器作为数据终端设备（Data Terminal Equipment，DTE，泛指各种终端设备，如主机、路由器），两两直接连接进行通信时，需要其中一个充当数据电路终接设备（Data Circuit Terminating Equipment，DCE，是指处理网络通信的设备，如Modem），提供时钟频率。Packet Tracer 中也是如此：如果两个路由器使用串口连接，则需要将一个路由器端口配置时钟频率，充当DCE。如图4.32所示，将鼠标放在端口时，有时钟标志的Se0/1/0即为充当DCE的接口，需要对其配置时钟频率。

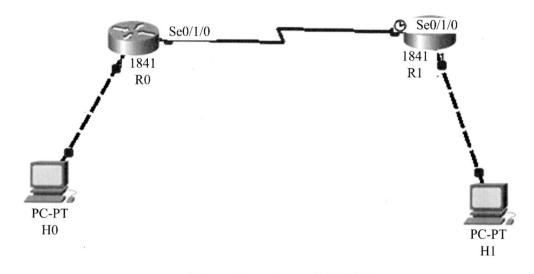

图4.32　Packet Tracer 仿真拓扑图

静态路由配置常用的命令有：

路由器端口地址设置——进入到具体端口

> router(config-if)# ip address〈IP地址〉〈子网掩码〉

静态路由配置——全局配置模式下

> router (config)# ip route〈目标网络地址〉〈目标网络掩码〉〈下一跳地址〉

默认路由配置——全局配置模式下

> router (config)# ip route 0.0.0.0   0.0.0.0 〈下一跳地址〉

删除路由——全局配置模式下

> router (config)# no ip route〈目标网络地址〉〈目标网络掩码〉〈下一跳地址〉

如果想要清除Packet Tracer路由器的所有配置，将路由器背板的电源关闭后重启即可。

网络拓扑图如图4.33所示，请根据图4.33和表4.19、表4.20的要求，使用Packet Tracer仿真完成静态路由配置，并测试主机的连通状态。

图4.33　网络拓扑图

表4.19　主机地址配置表

设 备	IP地址	网 关	掩 码
主机H0	172.16.1.1	172.16.1.254	255.255.0.0
主机H1	192.168.1.1	192.168.1.254	255.255.255.0

表4.20　路由器接口地址配置表

设 备	接口0	掩 码	接口1	掩 码
路由器R0	172.16.1.254	255.255.0.0	10.0.0.1	255.0.0.0
路由器R1	10.0.0.2	255.0.0.0	192.168.1.254	255.255.255.0

步骤1　使用Packet Tracer建立拓扑图如图4.32所示。使用合适的连线(路由器与PC机使用交叉线连接)连接各节点，如果路由器没有串口，则为路由器增加串口模块(增加串口模块前需要关闭路由器电源，增加完毕再开启)。如1840型号的路由器，可添加HWIC-2T模块，如图4.34所示。直接用鼠标拖曳可完成模块的添加。

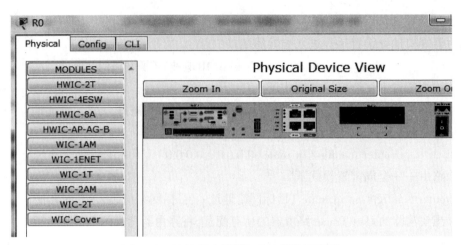

图 4.34 1840 路由器增加串口模块示意图

步骤 2 配置 R0 端口地址及静态路由。

```
Router>enable
Router#configure terminal
Enter configuration commands, one per line. End with CNTL/Z.
Router(config)#hostname R0  //重命名路由器
R0(config)# interface fastEthernet 0/0  //进入端口 F0/0
Rr0(config-if)#ip address 172.16.1.254 255.255.0.0
//配置 F0/0 的 IP 地址
R0(config-if)#no shutdown  //开启端口
%LINK-5-CHANGED: Interface FastEthernet0/0, changed state to up
%LINEPROTO-5-UPDOWN: Line protocol on Interface FastEthernet0/0,
changed state to up
R0(config-if)#exit
R0(config)# interface serial 0/1/0  //进入端口 s0/1/0
R0(config-if)#ip address 10.0.0.1 255.0.0.0
//配置 s0/1/0 的 IP 地址
R0(config-if)# no shutdown
%LINK-5-CHANGED: Interface Serial1/0, changed state to down
R0(config-if)#exit
R0(config)#ip route 192.168.1.0 255.255.255.0 10.0.0.2
//配置到目的网络 192.168.1.0 的静态路由
R0(config)#
%LINK-5-CHANGED: Interface Serial1/0, changed state to up
% LINEPROTO-5-UPDOWN: Line protocol on Interface Serial1/0,
changed state to up
```

步骤3 配置R1端口地址及静态路由(使用简写命令)。

```
Router>enable
Router#conf ter
Enter configuration commands, one per line.  End with CNTL/Z.
Router(config)#host R1
R1(config)#inter f0/0
R1(config-if)#ip add 192.168.1.254 255.255.255.0
R1(config-if)#no shut
%LINK-5-CHANGED: Interface FastEthernet0/0, changed state to up
%LINEPROTO-5-UPDOWN: Line protocol on Interface FastEthernet0/0,
changed state to up
R1(config-if)#exit
R1(config)#inter se0/1/0
R1(config-if)#ip add 10.0.0.2 255.0.0.0
R1(config-if)#no shut
%LINK-5-CHANGED: Interface Serial0/1/0, changed state to up
% LINEPROTO-5-UPDOWN:  Line  protocol  on  Interface  Serial0/1/0,
changed state to up
R1(config-if)#clock rate 9600  //为端口serial0/1/0配置时钟频率
R1(config-if)#exit
R1(config)#ip route 0.0.0.0 0.0.0.0 10.0.0.1  //默认路由
```

步骤4 按照表4.19、表4.20分别设置主机H0、H1的IP地址、子网掩码、网关等信息,双击两主机图标,在弹出的对话框中选择"Desktop"选项卡,双击"IP Configuration"项,在弹出的对话框里进行配置,如图4.35所示。

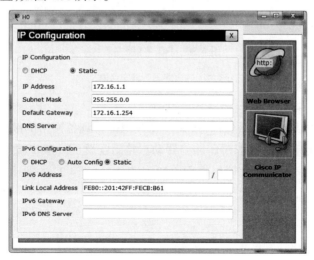

图4.35 配置H0的地址信息

步骤5 在H0侧使用ping命令检查与H1是否连通。如果不通,请分别ping 网关路由器的两个接口、下一跳路由器的接口,检查不通的原因。方法是:双击H0主机图标,在弹出的对话框中选择"Desktop"选项卡,双击"Command Prompt"项,在弹出的DOS命令行的界面输入ping 192.168.1.1 ,根据返回的命令检查连通情况。最后得到R0、R1的路由表如图4.36所示。

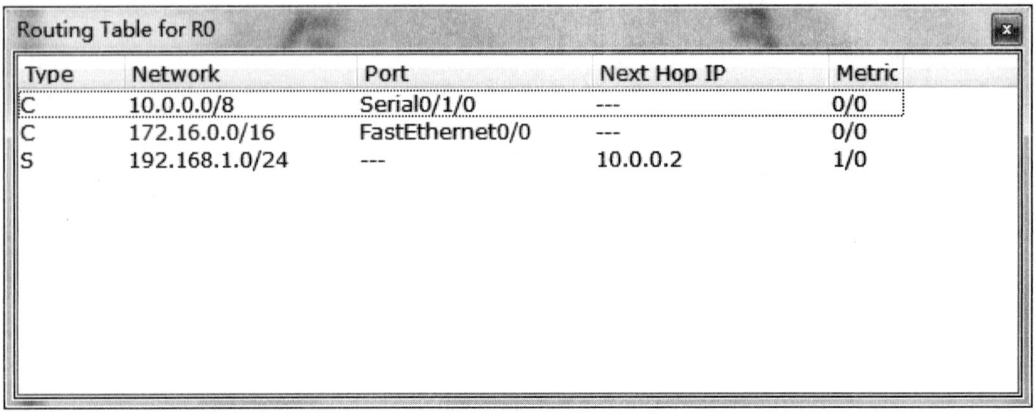

Routing Table for R0

Type	Network	Port	Next Hop IP	Metric
C	10.0.0.0/8	Serial0/1/0	---	0/0
C	172.16.0.0/16	FastEthernet0/0	---	0/0
S	192.168.1.0/24	---	10.0.0.2	1/0

(a) R0路由表

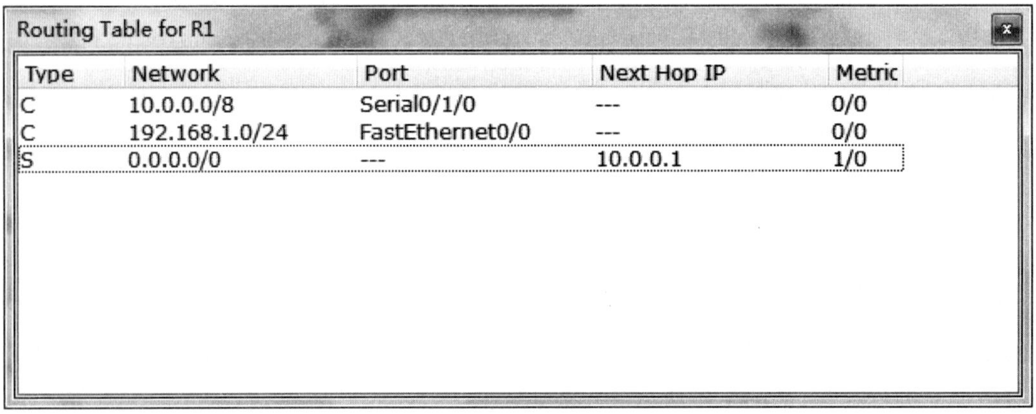

Routing Table for R1

Type	Network	Port	Next Hop IP	Metric
C	10.0.0.0/8	Serial0/1/0	---	0/0
C	192.168.1.0/24	FastEthernet0/0	---	0/0
S	0.0.0.0/0	---	10.0.0.1	1/0

(b) R1路由表

图4.36　R0、R1路由表

类型C为直连,S为静态路由

2. 路由器的动态路由配置——以RIP为例

使用动态路由协议配置路由器,一般无须显式地配置到各网络的路由,只需指明直连的网络即可。下面以RIP协议为例,讲解路由器动态路由配置的一般步骤。

网络拓扑图如图4.37所示,请根据图4.37和表4.21、表4.22的要求,使用Packet Tracer仿真完成RIP动态路由配置,并测试主机的连通状态。

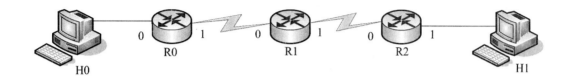

H0   0 R0 1   0 R1 1   0 R2 1   H1

图 4.37　网络拓扑图

表 4.21　主机地址配置表

设　备	IP 地址	网　关	掩　码
主机 H0	10.0.0.2	10.0.0.1	255.0.0.0
主机 H1	40.0.0.2	40.0.0.1	255.0.0.0

表 4.22　路由器接口地址配置表

设　备	接口 0	掩　码	接口 1	掩　码
路由器 R0	10.0.0.1	255.0.0.0	20.0.0.1	255.0.0.0
路由器 R1	20.0.0.2	255.0.0.0	30.1.0.1	255.0.0.0
路由器 R2	30.1.0.2	255.0.0.0	40.0.0.1	255.0.0.0

步骤 1　与静态路由配置类似,得到拓扑图如图 4.38 所示。

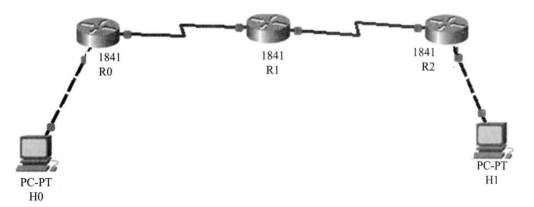

图 4.38　Packet Tracer 仿真拓扑图

步骤 2　在全局模式下配置各路由器,使用 RIP 协议生成动态路由,并指明与路由器直连的网络(以 R2 为例)。

```
R2(config)#route rip
R2(config-router)#version 2
//注意,所有路由器的 RIP 版本需要一致,如省略这条,默认 RIP 版本为 1
R2(config-router)#network 30.0.0.0  //指明与路由器直连的网络
R2(config-router)#network 40.0.0.0  //指明与路由器直连的网络
R2(config-router)#exit
```

步骤3 设置各路由器端口IP地址。需要根据串口的时钟标识，对DCE端配置时钟频率。

```
R1(config)#int s0/1/1 //进入串口
R1(config-if)#ip addr 30.0.0.1 255.0.0.0 //配置串口IP地址
R1(config-if)#no shut //开启端口
%LINK-5-CHANGED: Interface Serial0/1/1, changed state to down
R1(config-if)#clock rate 9600 //配置时钟频率
R1(config-if)#exit
```

步骤4 与静态路由配置类似，为主机配置地址信息。

步骤5 检查路由表并测试连通性。

检查结果如图4.39所示。

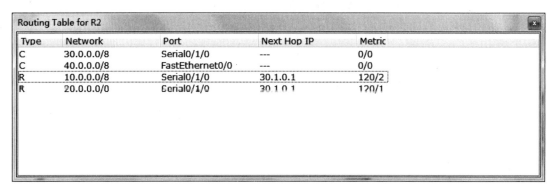

图4.39 R2路由表

类型C为直连网络，R为使用RIP协议生成的路由项

第5章 数据链路层

在上一章中,我们学习了网络层提供的两台主机之间的通信服务。如图5.1所示,该通信路径由一系列通信链路组成,从源主机开始,经过一系列路由器,在目的主机结束。当沿协议栈继续往下,从网络层到达链路层,我们自然而然地想知道分组是如何通过构成端到端通信路径的每段链路的。为了在单段链路上传输,网络层的数据报是怎样被封装进链路层帧的呢?链路层协议能够提供路由器到路由器的可靠数据传输吗?沿此通信路径,不同的链路能够采用不同的链路层协议吗? 我们将在本章回答这些和其他一些重要的问题。

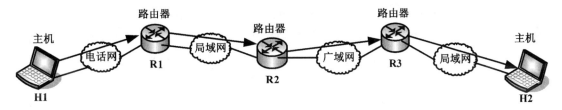

(a) 主机 H1 向 H2 发送数据

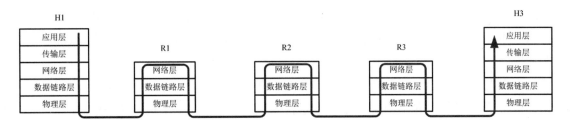

(b) 从层次上看数据的流动

图5.1 数据链路层的地位

数据链路层属于计算机网络的低层。数据链路层使用的信道主要有以下两种类型:

① 点对点信道。这种信道使用一对一的点对点通信方式。

② 广播信道。这种信道使用一对多的广播通信方式,则过程比较复杂。广播信道上连接的主机很多,因此必须使用专用的共享信道协议来协调这些主机的数据发送。

在这一章,我们首先介绍数据链路层的一些基本概念和提供的服务,再用较大的篇幅讨论共享信道的局域网和有关的协议,最后介绍一下点对点信道和在这种信道上常用的点对点协议PPP。

【学习目标】 本章主要介绍数据链路层的基本功能及基本概念,讲述了数据链路层是如何为网络层提供服务的。通过本章的学习,掌握链路、数据链路的概念;理解数据链路层的功能;理解数据链路层是如何进行差错控制的;掌握常见的多路访问协议及其工作原理;理解以太网 MAC 地址及以太网帧格式;理解 CSMA/CD 协议和地址解析协议 ARP;理解数据链路层的常见设备及其工作原理;掌握 PPP 链路协议的工作过程。

5.1　概　　述

本节首先介绍数据链路层中链路的基本概念,然后再说明数据链路向网络层提供的服务。

5.1.1　链路

我们在这里要明确一下,"链路"和"数据链路"并不是一回事。

所谓链路(Link),就是从一个节点到相邻节点的一段物理线路,而中间没有任何其他的交换节点。在进行数据通信时,两台计算机之间的通信路径往往要经过许多段这样的链路。可见链路只是一条路径的组成部分。

数据链路(Data Link)则是另一个概念。这是因为当需要在一条线路上传送数据时,除了必须有一条物理线路外,还必须有一些必要的通信协议来控制这些数据的传输(这将在后面几节讨论)。若把实现这些协议的硬件和软件加到链路上,就构成了数据链路。现在常用的方法是使用网络适配器(如拨号上网使用拨号适配器,以及通过以太网上网使用局域网适配器)来实现这些协议的硬件和软件。一般的适配器都包括了数据链路层和物理层这两层的功能。

也有人采用另外的术语,就是把链路分为物理链路和逻辑链路。物理链路就是上面所说的链路,逻辑链路就是上面所说的数据链路,是物理链路加上必要的通信协议。

5.1.2　数据链路层服务

数据链路层的功能是为网络层提供服务。其主要的服务是将数据从源机器的网络层传输到目标机器的网络层。在源机器的网络层有一个实体(称为进程),它将一些比特构成帧(数据链路层的数据传输单位)交给数据链路层,要求传输到目标机器。数据链路层的任务就是将这些帧传输给目标机器,然后再进一步交付给网络层,如图 5.2(a)所示。实际的传输过程则是沿着图 5.2(b)所示的路径进行的,但很容易将这个过程想象成两个数据链路层的进程使用一个数据链路协议进行通信。

数据链路层可以设计成向上提供各种不同的服务。实际提供的服务因具体协议的不同而有所差异。一般情况下,数据链路层通常会提供以下 3 种可能的服务:

① 无确认的无连接服务。

② 有确认的无连接服务。

③ 有确认的有连接服务。

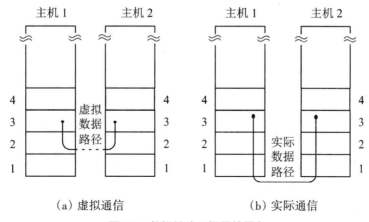

图5.2　数据链路层提供的服务

　　无确认的无连接服务是指源机器向目标机器发送独立的帧,目标机器并不对这些帧进行确认。以太网就是一个提供此类服务的数据链路层的极好实例。采用这种服务,事先不需要建立逻辑连接,事后也不用释放逻辑连接。若线路的噪声造成了某一帧的丢失,数据链路层并不试图去检测这样的丢帧情况,更不会去试图恢复丢失的帧。这类服务适合两种场合,第一种是错误率很低的场合,此时差错恢复过程可以留给上层来完成;第二种是实时通信,比如语音传输,因为在实时通信中数据迟到比数据受损更糟糕。

　　迈向可靠性的下一步是有确认的无连接服务。当向网络层提供这种服务时,数据链路层仍然没有使用逻辑连接,但其发送的每一帧都需要单独确认。这样,发送方可知道一个帧是否已经正确地到达目的地。如果一个帧在指定的时间间隔内还没有到达,则发送方将再次发送该帧。这类服务尤其适用于不可靠的信道,比如无线系统。

　　或许有一点值得强调,那就是在数据链路层提供确认只是一种优化手段,永远不应该成为一种需求。网络层总是可以发送一个数据包,然后等待该数据包被确认。如果在计时器超时之前,该数据包的确认还没有到来,那么发送方只要再次发送整个报文即可。这一策略的麻烦在于它可能导致传输的低效率。链路层对帧通常有严格的长度限制,这是由硬件所决定的;除此之外,还有传播延迟。但网络层并不清楚这些参数。网络层可能发出了一个很大的数据包,该数据包被拆分并封装到(比如说)10个帧中,而且20%的帧在传输中被丢失,那么这个数据包可能需要花很长的时间才能传到接收方。相反地,如果每个帧都单独确认和必要时重传,那么出现的差错就能更直接并且更快地被检测到。在可靠信道上,比如光纤,重量级数据链路协议的开销可能是不必要的。但在无线信道上,由于信道内在的不可靠性,这种开销还是非常值得的。

　　我们再回到有关服务的话题上,数据链路层向网络层提供的最复杂服务是面向连接的服务。采用这种服务,源机器和目标机器在传输任何数据之前要建立一个连接。连接上发送的每一帧都被编号,数据链路层确保发出的每个帧都会真正被接收方收到。它还保证每个帧只被接收一次,并且所有的帧将按正确的顺序被接收。因此,面向连接的服务相当于为网络层进程提供了一个可靠的比特流。它适用于长距离且不可靠的链路,比如卫星信道或者长途电话电路。如果采用有确认的无连接服务,可以想象丢失了确认可能导致一个帧被收发多次,因而将浪费带宽。

当使用面向连接的服务时,数据传输必须经过3个不同的阶段。在第一个阶段,要建立连接,双方初始化各种变量和计数器,这些变量和计数器记录了哪些帧已经接收到,哪些帧还没有收到;在第二个阶段,才真正传输一个或者多个数据帧;在第三个阶段也是最后一个阶段中,连接被释放,所有的变量、缓冲区以及其他用于维护该连接的资源也随之被释放。

OSI的观点是必须把数据链路层做成是可靠传输的。发送端在发送数据以后一定的期限内若没有收到对方的确认,就认为出现了差错,因而就进行重传,直到收到对方的确认为止。这种方法在历史上曾经起到很好的作用。但现在的通信线路的质量已经大大提高了,由通信链路质量不好引起差错的概率已经大大降低。因此,现在因特网就采取了如下区别对待的方法:

① 对于通信质量良好的有线传输链路,数据链路层协议都不使用确认和重传机制,即不要求数据链路层向上提供可靠传输的服务(因为这样付出的代价太高,不合算)。如果在数据链路层传输数据时出现了差错并且需要进行改正,那么改正差错的任务就由上层协议(例如,运输层的TCP协议)来完成。本章后面内容都是基于这种情况。

② 对于通信质量较差的无线传输链路,数据链路层协议使用确认和重传机制,即要求数据链路层向上提供可靠传输的服务。

实践证明,这样做比较符合因特网现在的实际情况,并且可以提高通信效率。

5.2 数据链路控制

数据链路层基本的服务是将源节点的网络层传来的数据交付给相邻节点的网络层。为了达到这一目的,数据链路层必须具备一系列相应的功能,主要有:如何将数据组合成数据块(在数据链路层中将这种数据块称为帧,帧是数据链路层的传送单位);如何控制帧在物理信道上的传输,包括如何处理传输差错;在两个网络实体之间提供数据链路通路的建立、维持和释放管理(如果有的话,采用类似于TCP连接方法管理,本节不再描述)。

5.2.1 封装成帧及帧同步技术

数据链路层把网络层交下来的数据构成帧发送到链路上,取出并上交给网络层。在因特网中,网络层协议数据单元就是IP数据报(或简称为数据报、分组或包)。

为了把主要精力放在点对点信道的数据链路层协议上,可以采用如图5.3(a)所示的三层模型。在这种三层模型中,不管在哪一段链路上的通信(主机和路由器之间或两个路由器之间),我们都看成是节点和节点的通信(如图5.3中的节点A和节点B),而每个节点只考虑下三层——网络层、数据链路层和物理层。

数据链路层在进行通信时的主要步骤如下：

① 节点A的数据链路层把网络层交下来的IP数据报添加首部和尾部封装成帧。

② 节点A把封装好的帧发送给节点B的数据链路层。

③ 若节点B的数据链路层收到的帧无差错,则从收到的帧中提取出IP数据报上交给上面的网络层;否则丢弃这个帧。

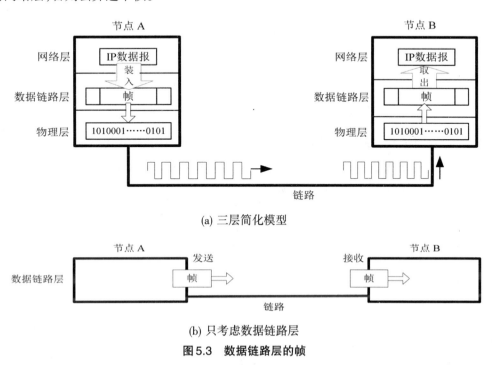

(a) 三层简化模型

(b) 只考虑数据链路层

图5.3　数据链路层的帧

数据链路层不必考虑物理层如何实现比特传输的细节。我们甚至还可以更简单地设想好像是沿着两个数据链路层之间的水平方向把帧直接发送到对方,如图5.3(b)所示。

封装成帧就是在一段数据的前后分别添加首部和尾部,这样就构成了一个帧。接收端在收到物理层上交的比特流后,就能根据首部和尾部的标记,从收到的比特流中识别帧的开始和结束。图5.4表示用帧首部和帧尾部封装成帧的一般概念。我们知道,分组交换的一个重要概念——所有在因特网上传送的数据都是以分组(即IP数据报)为传送单位。网络层的IP数据报传送到数据链路层就成为帧的数据部分。在帧的数据部分的前面和后面分别添加上首部和尾部,构成了一个完整的帧。因此,帧长等于数据部分的长度加上帧首部和帧尾部的长度,而首部和尾部的一个重要作用就是进行帧定界(即确定帧的界限)。此外,首部和尾部还包括许多必要的控制信息。在发送帧时,是从帧首部开始发送。各种数据链路层协议都要对帧首部和帧尾部的格式有明确的规定。显然,为了提高帧的传输效率,应当使帧的数据部分长度尽可能地大于首部和尾部的长度。但是,每一种链路层协议都规定了帧的数据部分的长度上限——最大传送单元(Maximum Transfer Unit,MTU)。图5.4给出了帧的首部和尾部的位置以及帧的数据部分与MTU的关系。

数据链路层以帧为单位来传送数据,可以在出现差错时,对有差错的帧再重传一次,而避免了将全部数据都进行重传。帧的组织结构在设计时必须明确地保证接收方从物理层接收到的比特流中对其进行识别,即能从比特流中区分出帧的起始与终止,这就是帧同步要解决的问题。由于网络传输中很难保证计时的正确和一致,所以不能采用依靠时间间隔关系来确定一帧的起始与终止的方法。下面介绍几种常用的帧同步方法。

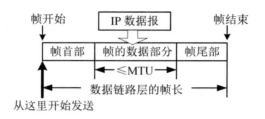

图5.4　封装成帧

1. 字节计数法

这种帧的同步方法以一个特殊字符表征一帧的起始,并以一个专门字段来标明帧内的字节数。接收方可以通过对该特殊字符的识别从比特流中区分出帧的起始,并从字段计数值中获知该帧中随后跟随的数据字节数,从而可确定出帧的终止位置。这种方法的问题在于:计数值可能在传输过程中出现错误,因而无法知道下一帧从哪里开始。在这种情况下,发送方即使重传帧也无法解决该问题,因为接收方不知道应退回多少字节才能到达重传的开始处。由于这个原因,字节计数法现在很少使用了。

2. 使用字符填充的首尾定界符法

该法用一些特定的字符来定界一帧的起始与终止。为了不使数据信息位中出现的与特定字符相同的字符被误判为帧的首尾定界符,可以在这种数据字符前填充一个转义控制字符(Data Link Escape, DLE)以示区别,从而达到数据的透明性。这种方法要求所传输的数据必须是字节的整数倍,但并不是所有的字符编码都采用8位模式,新的技术(如接下来要讲的比特填充法)允许数据帧中包含任意长度的位。

3. 使用比特填充的首尾定界符法

该法以一组特定的比特模式(如01111110)来标志一帧的起始与终止。为了不使信息位中出现的与该特定模式相似的比特串被误判为帧的首尾标志,可以采用比特填充的方法。比如,采用特定模式01111110,则对信息位中的任何连续出现的5个"1",发送方自动在其后插入1个"0",而接收方则做该过程的逆操作,即每收到连续5个"1",则自动删去其后所跟的"0",以此恢复原始信息,实现数据传输的透明性。比特填充很容易由硬件来实现,性能优于字符填充方法。

4. 违法编码法

该法在物理层采用特定的比特编码方法时采用。例如,曼彻斯特编码方法(下一章将详细介绍),是将数据比特"1"编码成"高-低"电平对,将数据比特"0"编码成"低-高"电平对。而"高-高"电平对和"低-低"电平对在数据比特中是违法的。可以借用这些违法编码序列来定界帧的起始与终止。局域网IEEE 802标准中就采用了这种方法。违法编码法不需要任何填充技术,便能实现数据的透明性,但它只适合采用冗余编码的特殊编码环境。

由于字节计数法中计数值字段的脆弱性以及字符填充实现上的复杂性和不兼容性,目前较普遍使用的帧同步法是比特填充法和违法编码法。

5.2.2 差错检测

现实的通信链路都不会是理想的,比特在传输过程中可能会产生差错:1可能会变成0,而0也可能变成1,这就叫作比特差错。比特差错是传输差错中的一种。本小节所说的差错,如无特殊说明,就是指比特差错。在一段时间内,传输错误的比特占所传输比特总数的比率称为误码率(Bit Error Rate,BER)。例如,误码率为10^{-10}时,表示平均每传送10^{10} bit就会出现1 bit的差错。误码率与信噪比有很大的关系,如果设法提高信噪比,就可以使误码率减小。实际的通信链路并非理想的,它不可能使误码率下降到0。因此,为了保证数据传输的可靠性,在计算机网络传输数据时,必须采用各种差错检测措施。目前在数据链路层广泛使用了循环冗余检验(Cyclic Redundancy Check,CRC)的检错技术。CRC是给信息码加上几位校验码,以增加整个编码系统的查错能力。

任何一个由二进制数位串组成的代码,都可以唯一地与一个只含有0和1两个系数的多项式建立一一对应的关系。例如,代码1010111对应的多项式为$X^6+X^4+X^2+X+1$,同样,多项式$X^5+X^3+X^2+X+1$对应的代码为101111。

CRC码在发送端编码和接收端校验时,都可以利用事先约定的生成多项式$G(X)$来进行。生成多项式是接收方和发送方的一个约定,也就是一个二进制数,在整个传输过程中,这个数始终保持不变。在发送方,利用生成多项式对信息多项式做模2除运算,生成校验码。在接收方利用生成多项式对收到的编码多项式做模2除运算,检测和确定错误位置。对于生成多项式来说应满足以下条件:

① 生成多项式的最高位和最低位必须为1。

② 当被传送信息(CRC码)任何一位发生错误时,被生成多项式做模2除后应该使余数不为0。

③ 不同位发生错误时,应该使余数不同。

④ 对余数继续做模2除,应使余数循环。

将这些要求反映为数学关系是比较复杂的,所以生成多项式一般是特定的。

目前广泛使用的生成多项式主要有以下4种:

$$① \quad \text{CRC-12}=X^{12}+X^{11}+X^3+X^2+1$$
$$② \quad \text{CRC-16}=X^{16}+X^{15}+X^2+1(\text{IBM公司})$$
$$③ \quad \text{CRC-CCITT}=X^{16}+X^{12}+X^5+1(\text{CCITT})$$
$$④ \quad \text{CRC-32}=X^{32}+X^{26}+X^{23}+X^{22}+X^{16}+X^{11}+X^{10}+X^8+X^7+X^5+X^4+X^2+X+1$$

对于k位要发送的信息位可对应于一个$(k-1)$次多项式$K(X)$,r位冗余位则对应于一个$(r-1)$次多项式$R(X)$,由k位信息位后面加上r位冗余位组成的$n=k+r$位码字则对应于一个$(n-1)$次多项式$T(X)=X^r \cdot K(X)+R(X)$。例如:

信息位

$$1011001 \rightarrow K(X)=X^6+X^4+X^3+1$$

冗余位

$$1010 \rightarrow R(X)=X^3+X$$

码字

$$10110011010 \rightarrow T(X)=X^4 \cdot K(X)+R(X) = X^{10}+X^8+X^7+X^4+X^3+X$$

由信息位产生冗余位的编码过程,就是已知 $K(X)$ 求 $R(X)$ 的过程。在 CRC 码中可以通过找到一个特定的 r 次多项式 $G(X)$(其最高项 X^r 的系数恒为 1),然后用 $X^r \cdot K(X)$ 去除以 $G(X)$,得到的余式就是 $R(X)$。特别要强调的是,这些多项式中的"+"都是模 2 加(也即异或运算)。此外,这里的除法用的也是模 2 除法。在进行基于模 2 运算的多项式除法时,只要部分余数首位为 1,便可商 1,否则商 0。然后按模 2 减法求得余数,该余数不计最高位。当被除数逐位除完时,最后得到比除数少一位的余数。此余数即为冗余位,将其添加在信息位后便构成 CRC 码字。

仍以上例中 $K(X)=X^6+X^4+X^3+1$ 为例(即信息位为 1011001),若 $G(X)=X^4+X^3+1$(对应代码 11001),取 $r=4$,则 $X^4 \cdot K(X)=X^{10}+X^8+X^7+X^4$(对应代码为 10110010000),由模 2 除法求余式 $R(X)$ 的过程如图 5.5 所示。

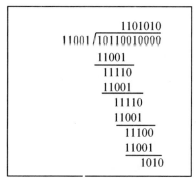

图 5.5　模 2 除法示例

最后得到的余数为 1010,这就是冗余位,对应 $R(X)=X^3+X$。由于 $R(X)$ 是 $X^r \cdot K(X)$ 除以 $G(X)$ 的余式,那么下列关系式必然满足 $X^r \cdot K(X)=G(X)Q(X)+R(X)$,其中 $Q(X)$ 为商式。

由此可见,信道上发送的码字多项式 $T(X)=X^r \cdot K(X)+R(X)$。若传输过程无错,则接收方收到的码字也对应于此多项式,也即接收到的码字多项式能被 $G(X)$ 整除。因而接收端的校验过程就是将接收到的码字多项式除以 $G(X)$ 的过程,若余式为零则认为传输无差错;若余式不为零则传输有差错。

在数据链路层,发送端冗余检验码的生成和接收端的 CRC 检验都是用硬件完成的,处理很迅速,因此并不会延误数据的传输。

从以上的讨论不难看出,如果我们在传送数据时不以帧为单位来传送,那么就无法加入冗余码以进行差错检验。因此,如果要在数据链路层进行差错检验,就必须把数据划分为帧,每一帧都加上冗余码,一帧接一帧地传送,然后在接收方逐帧进行差错检验。

最后再强调一下,在数据链路层若仅仅使用 CRC 差错检测技术,则只能做到对帧的无差错接收,即"凡是接收端数据链路层接收的帧,我们都能以非常接近于 1 的概率认为这些帧在传输过程中没有产生差错"。接收端丢弃的帧虽然曾收到了,但最终还是因为有差错被丢弃,即没有被接收。以上所述的可以近似地表述为(通常都是这样认为):"凡是接收端数据链路层接受的帧均无差错。"

　　注意,我们现在并没有要求数据链路层向网络层提供"可靠传输"的服务。所谓"可靠传输",就是数据链路层的发送端发送什么,在接收端就收到什么。传输差错可分为两大类:一类就是前面所说的基本的比特差错;另一类传输差错则更复杂些,这就是收到的帧并没有出现比特差错,但却出现了帧丢失、帧重复或帧失序。例如,发送方连续传送3个帧,即【#1】-【#2】-【#3】。假定在接收端收到的却有可能出现下面的情况:

　　帧丢失

收到【#1】-【#3】(丢失【#2】)

　　帧重复

收到【#1】-【#2】-【#2】-【#3】(收到两个【#2】)

　　帧失序

收到【#1】-【#3】-【#2】(后发送的帧反而先到达了接收端,这与一般数据链路层的传输概念不一样)

　　以上3种情况都属于"出现传输差错",但都不是这些帧里有"比特差错"。总之,我们应当明确,"无比特差错"与"无传输差错"并不是同样的概念。在数据链路层使用CRC检验,能够实现无比特差错的传输,但这还不是可靠传输。

5.3　多路访问协议

　　在本章的前述部分,我们提到了两种类型的网络链路——点对点链路和广播链路。点对点链路是由链路一端的单个发送方和链路另一端的单个接收方组成。而广播链路能够让多个发送和接收节点都连接到相同的、单一的、共享的广播信道上。这里使用术语"广播"是因为当任何一个节点传输一个帧时,该信道广播该帧,其他每个节点都收到一个拷贝。那么,如何协调多个发送和接收节点对一个共享广播信道的访问,就是多路访问问题,相应的协议就称为多路访问协议。

　　多路访问协议大致分为3种,即信道划分协议、随机接入协议和轮流协议。

5.3.1　信道划分协议

　　信道划分协议也称为多路复用(Multiplexing)技术,就是把多路信号放在同一种传输线路中,用单一的传输设备进行传输的技术。采用多路复用技术能把多路信号组合起来在一条物理电缆上进行传输,在远距离传输时,可大大节省电缆的安装和维护费用。

　　常见的信道划分协议通常有频分复用、时分复用、统计时分复用、波分复用及码分复用5种,下面就对它们一一进行介绍。

1. 频分复用、时分复用、统计时分复用

　　频分复用和时分复用的特点分别如图5.6(a)、图5.6(b)所示。频分复用最简单,用户在

分配到一定的频带后,自始至终都占用这个频带。可见频分复用的所有用户在同样的时间占用不同的带宽资源(注意,这里的"带宽"是频率带宽而不是数据的发送速率)。而时分复用则是将时间划分为一段段等长的时分复用帧(TDM帧),每一个时分复用的用户在每一个TDM帧中占用固定序号的时隙。为了简单起见,在图5.6(b)中只画出了4个用户A、B、C和D。每个用户所占用的时隙是周期性地出现(其周期就是TDM帧的长度)。因此,TDM信号也称为等时信号。可以看出,时分复用的所有用户是在不同的时间占用同样的频带宽度。这两种复用方法的优点是技术比较成熟,缺点是不够灵活。时分复用更有利于数字信号的传输。

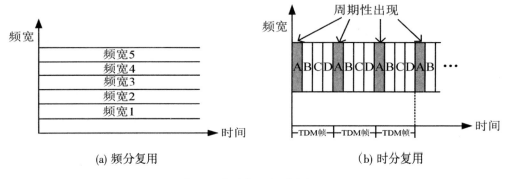

图5.6 频分复用和时分复用

在使用频分复用时,若每一个用户占用的带宽不变,则当复用的用户数增加时,复用后的信道的总带宽就跟着变宽。例如,传统的电话通信每一个标准话路的带宽是4 kHz(即通信用的3.1 kHz加上两边的保护频带),那么,若有1000个用户进行频分复用,则复用后的总带宽就是4 MHz;但在使用时分复用时,每一个时分复用帧的长度是不变的,始终是125 μs。若有1000个用户进行时分复用,则每一个用户分配到的时隙宽度就是125 μs的千分之一,即0.125 μs。时隙宽度变得非常窄。我们应注意到,时隙宽度非常窄的脉冲信号所占的频谱范围也是非常宽的。

在进行通信时,复用器(Multiplexer)总是和分用器(Demultiplexer)成对地使用。在复用器和分用器之间是用户共享的高速信道。分用器的作用正好和复用器的相反,它将高速线路传送过来的数据进行分用,分别送到相应的用户处。

当使用时分复用系统传送计算机数据时,由于计算机数据的突发性质,一个用户对已经分配到的子信道的利用率一般是不高的。当用户在某一段时间暂时无数据传输时(例如用户正在键盘上输入数据或正在浏览屏幕上的信息),那就只能让已经分配到手的子信道空闲着,而其他用户也无法使用这个暂时空闲的线路资源。图5.7说明了这一概念,这里假定有4个用户A、B、C和D进行时分复用,图中只画出了3个时隙。复用器按①→②→③→④的顺序依次扫描用户A、B、C和D的各时隙,然后构成一个个时分复用帧。图5.7中共画出了4个时分复用帧,每个时分复用帧有4个时隙。可以看出,当某用户暂时无数据发送时,时分复用帧分配给该用户的时隙只能是处于空闲状态,其他用户即使一直有数据要发送,也不能使用这些空闲的时隙,这就导致复用后的信道利用率不高。

统计时分复用(Statistic TDM,STDM)是一种改进的时分复用,它能明显地提高信道的利用率。集中器(Concentrator)常使用这种统计时分复用。图5.8是统计时分复用的原理图。一个使用统计时分复用的集中器连接4个低速用户,然后将它们的数据集中起来通过高速线路发送到一个远地计算机。

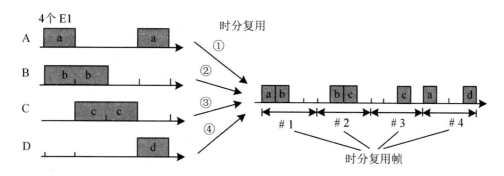

图5.7　时分复用可能会造成线路资源的浪费

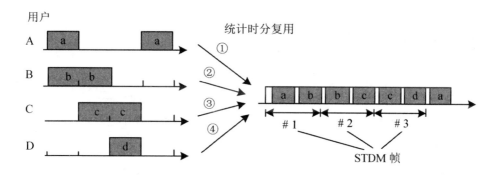

图5.8　统计时分复用的工作原理

统计时分复用使用STDM帧来传送复用的数据,但每一个STDM帧中的时隙数小于连接在集中器上的用户数。各用户有了数据就随时发往集中器的输入缓存,然后集中器按顺序依次扫描输入缓存,将缓存中的输入数据放入STDM帧中,对没有数据的缓存就跳过去。当一个帧的数据放满了,就发送出去,则STDM帧不是固定分配时隙的,而是按需动态地分配时隙。因此,统计时分复用可以提高线路的利用率。我们还可看出,在输出线路上,某一个用户所占用的时隙并不是周期性地出现。故统计复用又称为异步时分复用,且普通的时分复用称为同步时分复用。这里应注意的是,虽然统计时分复用的输出线路上的数据率小于各输入线路数据率的总和,但从平均的角度来看,这二者是平衡的。假定所有的用户都不间断地向集中器发送数据,那么集中器肯定无法应付,其内部设置的缓存都将溢出。所以,集中器能正常工作的前提是:假定各用户都是间歇的工作。

由于STDM帧中的时隙并不是固定地分配给某个用户,因此在每个时隙中还必须有用户的地址信息,这是统计时分复用必须要有的和不可避免的一些开销。在图5.8输出线路上每个时隙之前的白色小时隙就是放入这样的地址信息。使用统计时分复用的集中器也叫作智能复用器,它能提供对整个报文的存储转发能力(但大多数复用器一次只能存储一个字符或一个比特),通过排队方式使各用户更合理地共享信道。此外,许多集中器还可能具有路由选择、数据压缩、前向纠错等功能。

最后要强调一下,TDM帧和STDM帧都是在传送的比特流中所划分的帧。这种"帧"和我们刚刚讨论的数据链路层的"帧"是完全不同的概念,不可弄混。

2. 波分复用

波分复用就是光的频分复用。光纤技术的应用使得数据的传输速率空前提高。目前一根单模光纤的传输速率可达到 2.5 Gbit/s,再提高传输速率就比较困难了。如果设法对光纤传输中的色散(Dispersion)问题加以解决,如采用色散补偿技术,则一根单模光纤的传输速率可达到 10 Gbit/s。这几乎已到了单个光载波信号传输的极限值。

但是,人们借用传统的载波电话的频分复用的概念,就能做到使用一根光纤来同时传输多个频率很接近的光载波信号,使得光纤的传输能力成倍地提高。由于光载波的频率很高,因此习惯上用波长而不用频率来表示所使用的光载波,这样就得出了"波分复用"这一名词。最初,人们只能在一根光纤上复用两路光载波信号,这种复用方式称为波分复用 WDM。随着技术的发展,在一根光纤上复用的路数越来越多。现在已能做到在一根光纤上复用 80 路或更多路数的光载波信号。于是就使用了"密集波分复用"(Dense Wavelength Division Multiplexing,DWDM)这一名词。图 5.9 说明了波分复用的概念。

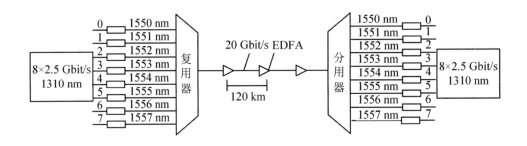

图 5.9　波分复用

图 5.9 表示 8 路传输速率均为 2.5 Gbit/s 的光载波(其波长均为 1310 nm),经光的调制后,分别将波长变换为 1550～1557 nm,每个光载波相隔 1 nm(这里只是为了说明问题的方便,实际上光载波的间隔一般是 0.8 nm 或 1.6 nm)。这 8 路光载波(它们的波长是很接近的)经过复用器后,就在一根光纤中传输。因此在一根光纤上数据传输的总速率就达到了 8×2.5 Gbit/s=20 Gbit/s。但光信号传输了一段距离后就会衰减,因此对衰减了的光信号必须进行放大才能继续传输。现在已经有了很好的掺铒光纤放大器(Erbium Doped Fiber Amplifier,EDFA)。它是一种光放大器,不需要进行光电转换而直接对光信号进行放大,并且在 1550 nm 波长附近有 35 nm(即 4.2 THz)频带范围提供较均匀的、最高可达 40～50 dB 的增益。两个光纤放大器之间的线路长度可达 120 km,而光复用器和光分用器之间的无光电转换的距离可达 600 km(只需放入 4 个光纤放大器)。在使用波分复用技术和光纤放大器之前,要在 600 km 的距离传输 20 Gbit/s,需要铺设 8 根速率为 2.5 Gbit/s 的光纤,而且每隔 35 km 要用一个再生中继器进行光电转换后的放大,并再转换为光信号(这样的中继器总共需要有128 个)。

在地下铺设光缆是耗资很大的工程,因此现在人们总是在一根光缆中放入尽可能多的光纤(例如,放入100根以上的光纤),然后对每一根光纤再使用密集波分复用技术。对于具有100根速率为2.5 Gbit/s的光纤,采用16倍的密集波分复用,得到的总数据率即达4 Tbit/s。这里的T为10^{12},中文名词是"太",即"兆兆"。

3. 码分复用

最后再简单提一下码分多路复用(Code Division Multiplexing,CDM),通常被称为码分多址(Code Division Multiple Access,CDMA),又译为码分多路访问。它由于具有很强的抗干扰能力且隐蔽性好,最早用于军事通信,但现在随着技术的发展已成为第三代民用移动通信的首选原型技术。CDMA的原理是给每个用户分配一种经过特殊挑选的编码序列,称为码片序列(Chip Sequence),也可看成是给每个用户分配了一个特定的地址码,用它来对通信的信号进行编码调制。特殊挑选是指这些地址码应相互具有正交性,从而使得不同的用户可以在同一时间、同一频带的公共信道上传输不同的信息,但知道某一用户的码片序列的接收器仍可以从所有收到的信号中检测到该用户信息,并将其分离出来,以便接收。关于CDMA更详细的内容可进一步参阅有关资料。

5.3.2 随机接入协议

在随机接入协议中,一个传输节点总是以信道的全部速率进行发送。当有碰撞时,涉及碰撞的每个节点反复地重发它的帧,直到该帧无碰撞地通过为止。但是当一个节点经受一次碰撞时,它不必立刻重发该帧,而是在重发该帧之前等待一个随机时延。这里介绍常用随机接入协议,即载波侦听多路访问/冲突检测协议(Carrier Sense Multiple Access with Collision Detection,CSMA/CD)。

5.3.3 轮流协议

常见的轮流协议有两种,一种是轮询协议,另一种是令牌传递协议。

轮询协议要求共享节点之一要被指定为主节点。主节点以循环的方式轮询每个节点。特别是,主节点首先向节点1发送一个报文,告诉它(节点1)能够传输的最大帧数。在节点1传输了某些帧后,主节点告诉节点2能够传输的最大帧数,依此类推,主节点以循环的方式轮询每个节点。主节点能够通过观察在信道上是否缺乏信号,来决定一个节点何时完成了帧的发送。

轮询协议消除了困扰随机接入协议的碰撞和空时隙,这使得轮询取得高得多的效率。但是它也有一些缺点,即第一个缺点是该协议引入了轮询时延,即通知一个节点它可以传输所需的时间;第二个缺点可能更为严重,就是如果主节点有故障,整个信道都变得不可操作。

令牌传递协议中没有主节点,一个小的称为令牌(Token)的特殊目的帧在节点之间以某种固定的次序进行交换。例如,节点1可能总是把令牌发送给节点2,节点2可能总是把令牌发送给节点3,而节点N可能总是把令牌发送给节点1。当一个节点收到令牌时,仅当它有帧要发送时,它才持有这个令牌;否则,它立即向下一个节点转发该令牌。令牌传递是分散的,并有很高的效率。但是它也存在一些问题,例如,一个节点的故障可能会使整个信道崩溃;或者如果一个节点偶然忘记了释放令牌,必须调用某些恢复步骤使令牌返回到循环中来。

5.4 以 太 网

局域网技术经过多年的发展,最终形成了3种类型的局域网,即以太网、令牌总线和令牌环。但到目前为止,以太网仍然是使用最为广泛的局域网。因此,我们将通过对以太网的深入学习来进一步掌握局域网的相关知识。

5.4.1 以太网MAC地址

在局域网中,MAC地址又称为物理地址或硬件地址。大家知道,在所有计算机系统的设计中,标识系统(Identification System)都是一个核心问题。在标识系统中,地址就是识别某个系统的一个非常重要的标识符。在讨论地址问题时,很多人常常引用定义:名字指出我们所要寻找的那个资源,地址指出那个资源在何处,路由告诉我们如何到达该处。

这个非形式的定义固然很简单,但有时却不够准确。严格地讲,名字应当与系统的所在地无关。这就像我们每一个人的名字一样,不随我们所处的地点而改变。但是IEEE 802标准为局域网规定了一种48位的全球地址(一般都简称为"地址"),是指局域网上的每一台计算机中固化在适配器的ROM中的地址。从而有:

① 假定连接在局域网上的一台计算机的适配器坏了而我们更换了一个新的适配器,那么这台计算机的局域网的"地址"也就改变了,虽然这台计算机的地理位置一点也没有变化,所接入的局域网也没有任何改变。

② 假定我们把位于南京的某局域网上的一台笔记本计算机携带到北京,并连接在北京的某局域网上。虽然这台计算机的地理位置改变了,但只要计算机中的适配器不变,那么该计算机在北京的局域网中的"地址"仍然和它在南京的局域网中的"地址"一样。

由此可见,局域网上的某个主机的"地址"根本不能告诉我们这台主机位于什么地方。因此,严格地讲,局域网的"地址"应当是每一个站的"名字"或标识符。不过计算机的名字通常都是比较适合人记忆的不太长的字符串,而这种48位二进制的"地址"却很不像一般计算机的名字。现在人们还是习惯于把这种48位的"名字"称为"地址"。我们也采用这种习惯用法,尽管这种说法并不太严格。

注意,如果连接在局域网上的主机或路由器安装有多个适配器,那么这样的主机或路由器就有多个"地址"。更准确地说,这种48位"地址"应当是某个接口的标识符。

在制定局域网的地址标准时,首先遇到的问题就是应当用多少位来表示一个网络的地址字段。为了减少不必要的开销，地址字段的长度应当尽可能短些。起初人们觉得用2字节(共16位)表示地址就够了，因为这一共可表示6万多个地址。但是，由于局域网的迅速发展，而处在不同地点的局域网之间又经常需要交换信息，这就希望在各地的局域网中的站具有互不相同的物理地址。为了使用户在买到适配器并把机器连到局域网后马上就能工作，而不需要等待网络管理员给他先分配一个地址，IEEE 802标准规定MAC地址字段可采用6字节(48位)或2字节(16位)这两种中的一种。6字节地址字段对局部范围内使用的局域网而言的确是太长了，但是由于6字节的地址字段可使全世界所有的局域网适配器都具有不相同的地址，因此现在的局域网适配器实际上使用的都是6字节MAC地址。

现在IEEE的注册管理机构(Registration Authority, RA)是局域网全球地址的法定管理机构，它负责分配地址字段的6字节中的前3字节(即高位24位)。世界上凡要生产局域网适配器的厂家都必须向IEEE购买由这3字节构成的这个号(即地址块)，这个号的正式名称是组织唯一标识符(Organizationally Unique Identifier, OUI)，通常也叫作公司标识符(Company_Id)。例如，3Com公司生产的适配器的MAC地址的前3字节是02-60-8C。地址字段中的后3字节(即低位24位)则是由厂家自行指派，称为扩展标识符(Extended Identifier)，只要保证生产出的适配器没有重复地址即可，可见用一个地址块可以生成2^{24}个不同的地址。用这种方式得到的48位地址称为MAC-48，它的通用名称是EUI-48，这里EUI表示扩展的唯一标识符(Extended Unique Identifier)。EUI-48的使用范围并不局限于局域网的硬件地址，还可以用于软件接口。但应注意，24位的OUI不能够单独用来标志一个公司，因为一个公司可能有几个OUI，也可能有几个小公司合起来购买一个OUI。在生产适配器时，这种6字节的MAC地址已被固化在适配器的ROM中。因此，MAC地址也叫作硬件地址(Hardware Address)或物理地址。可见"MAC地址"实际上就是适配器地址或适配器标识符EUI-48。当这块适配器插入(或嵌入)到某台计算机后，适配器上的标识符EUI-48就成为这台计算机的MAC地址。

当路由器通过适配器连接到局域网时，适配器上的硬件地址就用来标志路由器的某个接口。路由器如果同时连接到两个网络上，那么它就需要两个适配器和两个硬件地址。

适配器有过滤功能。适配器从网络上每收到一个MAC帧就先用硬件检查MAC帧中的目的地址。如果是发往本站的帧则收下，然后再进行其他的处理。否则就将此帧丢弃，不再进行其他的处理。这样做就不浪费主机的处理机和内存资源。这里"发往本站的帧"包括以下3种帧：

① 单播(Unicast)帧(一对一)，即收到的帧的MAC地址与本站的硬件地址相同。

② 广播(Broadcast)帧(一对全体)，即发送给本局域网上所有站点的帧(全1地址)。

③ 多播(Multicast)帧(一对多)，即发送给本局域网上一部分站点的帧。

所有的适配器都能够识别至少前两种帧，即能够识别单播地址和广播地址。有的适配器可用编程方法识别多播地址。当操作系统启动时，它就把适配器初始化，使适配器能够识别某些多播地址。显然，只有目的地址才能使用广播地址和多播地址。

以太网适配器还可设置为一种特殊的工作方式，即混杂方式(Promiscuous Mode)。工作在混杂方式的适配器只要"听到"有帧在以太网上传输就都悄悄地接收下来，而不管这些帧是发往哪个站的。注意,这样做实际上是"窃听"其他站点的通信而并不中断其他站点的通信。网络上的黑客(Hacker或Cracker)常利用这种方法非法获取网上用户的口令。因此,以太网上的用户不愿意网络上有工作在混杂方式的适配器。

但混杂方式有时却非常有用。例如,网络维护和管理人员需要用这种方式来监视和分析以太网上的流量,以便找出提高网络性能的具体措施。有一种很有用的网络工具叫作嗅探器(Sniffer)就使用了设置为混杂方式的网络适配器。此外,这种嗅探器还可帮助学习网络的人员更好地理解各种网络协议的工作原理。因此,混杂方式就像一把双刃剑,是利是弊要看用户怎样使用它。

5.4.2 CSMA/CD协议

CSMA/CD协议实质上是在载波侦听多路访问(CSMA)协议的基础上改进而来的,因此我们先来介绍CSMA协议。

1. CSMA协议

"载波侦听"的含义是指在使用传输介质发送信息之前,先要侦听(检测)介质上有无信号传送,即侦听传输介质是否空闲。"多路访问"的含义是指多个有独立标识符的节点共享一条传输介质,因此CSMA方法又称为"先听后说"(Listen Before Talk,LBT)方法。

在CSMA技术中,所有的节点共享一条传输介质(即总线)。当一台计算机发送数据时,总线上的所有计算机都能检测到这个数据,这种通信方式是广播通信。在数据帧的首部写明了目标计算机的地址,仅当数据帧中的目标地址与自己的地址一致时,该计算机才能接收这个数据帧。计算机对不是发送给自己的数据帧,则一律不接收(即丢弃)。当然,现在的计算机中的网卡可以被配置成混杂模式。在这种特殊的模式下,该计算机可以接收总线上传输的所有数据帧,不管数据帧中的目的地址是否与自己一致,从而可以实现对网络上数据的监听和分析。

CSMA协议中,任何一个节点要向总线发送信息,先要侦听总线上是否有其他节点正在传送信息。如果总线忙,则它必须等待;如果总线空闲,则可传输。即便如此,两个或多个节点还是有可能同时开始传输,这时就会产生冲突,从而造成数据不能被正确接收。考虑到这种情况,发送方在发送完数据后,要等待一段时间(要把来回传输的最大时间和发送确认的节点竞争信道的时间考虑在内)以等待确认。若没有收到确认,发送节点认为发生了冲突,就重发该帧。CSMA技术要求信号在总线上能双向传送。根据侦听的时间不同以及遇忙后采用的策略不同,CSMA有多种工作方式,下面分别进行说明。

(1)非坚持CSMA

欲传输的站点监听总线并遵循以下规则:

① 若总线空闲就传输;否则,转到步骤②。

② 若总线忙,等待一段随机的重传延迟时间,重复步骤①。

等待一段随机的重传延迟时间,可使得多个同时准备传输的站点减少冲突发生的可能性。这种方法的缺点是浪费部分信道容量。因为即便有一个或多个站点有帧要发送,这些站点发现总线忙后会等待一段时间;在等待的这段时间内,总线虽然空闲了,但也不能立即访问总线;这些站点必须等到等待时间结束后,才能检测总线,所以信道被大大浪费了。

（2）1 坚持 CSMA

为了避免信道浪费,可以采用1坚持CSMA协议。在该协议中,欲传输的站点监听总线并遵循以下规则:

① 若总线空闲就传输;否则,转到步骤②。

② 若总线忙则继续监听,直至检测到信道空闲,然后立即传输。

③ 如果有冲突,则等待一段随机的时间后重复步骤①。

非坚持CSMA协议中的站点是尊重别人的,而1坚持方式是自私的。如果有两个或多个站点等待传输,采用1坚持算法肯定会发生冲突。

（3）P 坚持 CSMA

P坚持协议是一种折中方案,既能如非坚持算法那样减少冲突,又像1坚持算法那样减少空闲时间。其规则如下:

① 若总线空闲,以概率 P 传输,以概率 $(1-P)$ 延迟——时间单位。该时间单位通常等于最大传播延迟的两倍。

② 若总线忙,继续监听直到信道空闲,并重复步骤①。

③ 若传输延迟了一个时间单位,则重复步骤①。

在该协议中,问题主要集中在到底 P 应该取怎样的值比较合适。一般情况下,在网络负载较轻的时候,P 必须取得较大值,以提高信道的利用率。但 P 取得太大,又容易引起更多的冲突,从而造成信道利用率的下降。在网络负载较重的时候,P 必须取得较小,以减少站点之间冲突的概率。但 P 取得太小,会让试图传输的站点等待更长的时间,这样也会造成信道利用率的下降。

2. CSMA/CD 协议

在CSMA中,一旦有两个帧发生冲突,由于CSMA算法没有冲突检测功能,站点仍然将已破坏的帧发送完,如图5.10所示。如果帧较长,则相对于传播时间来说被浪费掉的时间是相当可观的,从而使数据的有效传输率大大降低。如果站点在传输的时候继续监听,这种浪费可以减少。这就是CSMA/CD协议对CSMA的改进之处。因此,CSMA/CD又称为边说边听（Listen While Talk,LWT）。

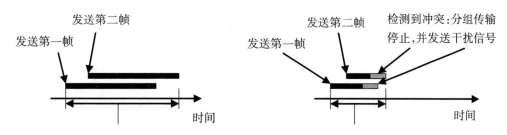

（a）CSMA 中因冲突而浪费的时间　　　（b）CSMA/CD 中因冲突而浪费的时间

图 5.10　CSMA 和 CSMA/CD 在发生冲突时所浪费的时间

在CSMA/CD协议中,欲传输的站点监听总线并遵循以下规则:

① 若总线空闲,就传输;否则,转到步骤②。

② 若总线忙则继续监听,直到检测到信道空闲,然后立即传输。

③ 如果在传输的过程中监听到冲突,它就发送一个短小的人为干扰信号(Jamming),这个信号使得冲突的时间足够长,让其他的节点都能发现。

④ 所有节点收到干扰信号后,都停止传输,并等待一个随机产生的时间间隙(回退时间,Backoff Time)后重发。

图 5.10 说明了 CSMA 和 CSMA/CD 两种协议在发生冲突时所浪费的时间情况。图 5.10 中黑色阴影表示传输的数据帧部分,浅色阴影表示传输的干扰信号部分。

在 CSMA/CD 协议中,发生冲突时所浪费的时间减少为检测冲突所花费的时间。该段时间是多长呢?让我们考虑相距尽可能远的两个站点的这种最坏情况。对于基带系统,站点此时用于检测一个冲突的时间为从信道的一端到另一端的传播时延(假设为 τ)的两倍。图 5.11 说明了 CSMA/CD 中一个站点用于检测冲突所需要的最大时间。在 0 时刻,位于电缆一端的站点 A 发出一帧,当该帧在即将到达电缆最远另一端的站点 B 之前的某一时刻(即 $\tau-\varepsilon$ 时刻),由于 B 检测到此时总线空闲,也开始传输帧,这个帧将会和站点 A 的帧发生冲突,并且马上被 B 检测到,于是 B 放弃自己的传送任务,并发送一个人为干扰信号以警告所有其他的站点。也就是说,它阻塞了以太,以便保证发送方不会漏掉这次冲突。该干扰信号要再经过 τ 时间才能到达 A,此时 A 也将检测到该干扰信号,从而放弃此次传输任务,退回等待一段随机的时间并重传刚才的帧。显然,在这种情况下,发送站点 A 在发出帧后经过了大约 2τ 的时间才检测到发生了冲突。

A 在 $t=0$ 时刻向 B 发送帧

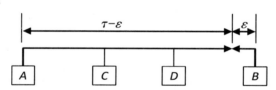

A 在大约 $t=2\tau$ 时刻收到,   B 在 $t=\tau-\varepsilon$ 时刻向 A 发送帧,
B 向全网发送的干扰帧   立即检测到冲突,并发送干扰帧

图 5.11 检测冲突需要 2τ 的时间

对宽带系统来讲,延迟还会更长,最坏的情况发生在与头端离得最远的两个相邻站点间,此时用于检测冲突的时间等于从头端到电缆尾部的传播时延的 4 倍。

在 CSMA/CD 协议中,冲突检测的实际方法依赖于所采用的介质系统。在同轴电缆介质上,收发器通过监视电缆上的平均 DC 信号幅度来检测冲突。当两个或多个站点同时进行传送时,同轴电缆上的平均 DC 电压达到一个能触发收发器冲突检测电路的幅值。双绞线以太网或光纤以太网之类的连接段具有独立的发送和接收数据路径,连接段收发器通过在发送和接收数据通道中同时出现活动检测到冲突。

在实际的以太网标准中,还采用一个帧间间隔(Inter Frame Gap,IFG)来控制站点对媒体的访问。其长度为 96 位时间,对于 10 M 以太网为 9.6 μs,对于 100 M 以太网为 0.96 μs。站点并不是在检测到媒体空闲马上传输数据,它还必须继续监听媒体直到该空闲时间达到帧间间隔以后才能发送数据。帧间间隔的目的是允许最近传输的站点能够将其收发器硬件从传输模式转为接收模式。如果没有帧间间隔,有可能由于最近传输过数据的站点尚未完全转为接收模式,那些发送给该站点的帧将会丢失。随着技术的发展,目前大多数以太网硬件转为接收模式的时间要远小于96位时间,因此,有些厂商在设计网卡时采用较小的帧间间隔,因而比其他网卡可以获得更高的吞吐率,但是带来的问题是有些帧可能会丢失。

3. 二进制指数退避算法

在以太网中,当碰撞发生时,如果两个站点退避相同的时间后再次发送,这将会带来另一次碰撞。为了避免这种情况,每一站点的退避时间应是一个服从均匀分布的随机量。另外,考虑到当总线较忙时,重要的是不应使网络因重传而造成堵塞,从而引起更多的碰撞,导致更多的重传,如此循环,就会造成网络拥塞。因此,当一个站点经历重复碰撞时,它应退避一个更长的时间以补偿网络的额外负载。这就是二进制指数退避算法的思想。该算法的具体做法如下:

在一次冲突发生后,时间被分割成离散的时槽。时槽长度等于最差情况下信号在以太网介质上来回传输所需要的时间。为了达到以太网所允许的最长路径,时槽的长度被设置为512位时间,对于10 M以太网为51.2 μs。

在第一次冲突产生后,每个站点随机等待0或1个时槽后重新发送。若有多个站点在冲突后又选择了同一个等待时槽数,则它们将再次冲突。在第二次冲突产生后,它们会从0、1、2、3中随机挑选一个数作为等待的时槽数。若又产生第三次冲突(发生的概率为0.25),则它们将从0~7(2^3-1)中随机挑选一个等待的时槽数。

一般而言,n次冲突后,等待的时槽数从0~2^n-1中随机选出。但在达到10次冲突后,等待的最大时槽数固定为1023,以后不再增加。在16次冲突后,站点放弃传输,并报告一个错误。

二进制指数退避算法可以动态地适应试图发送数据的站点数的变动,使随机等待时间随着冲突产生的次数指数递增,不仅可以确保在少数站点冲突时的时延较小,而且可以保证当很多站点冲突时能够在较合理的时间内解决冲突。但这种退避算法带来一个不良后果:没有遇到过或遇到冲突次数少的站点比等待时间更长的站点更有机会得到总线的访问权。例如,有两个站点A和B,它们都有大量的数据需要发送。如果它们在第一次传送时发生冲突,并且选择了0或1的回退等待时槽数。假设站点A选择回退时槽数为0,站点B选择1。这样,A马上就可以开始重传,而B则要等待。在A的帧传送结束时,A又可以接着发送第二帧数据。假设这次A和B又发生了冲突,对于A的这次帧传送来说是第一次冲突,所以A将选择0或1的回退等待时槽数;而对于B来说,至少是它的第二次冲突,在此我们假设这就是B的第二次冲突,则B将从0到3之间选择一个回退等待时槽数。这样,A获得数据帧发送权的概率就比B大。假定A又先获得了发送权,以后假定A再次和B发生冲突;A仍然是在0和1之间随机选择一个等待时槽数,而B将在更大的范围内选择等待的时槽数。这种不公平现象一直继续下去,直到A传送完所有的数据,或B的重传送计数器达到16,B丢弃这个帧并重新开始传送,此时A与B又回到平等的状态,竞争又是平等的了。

为解决这一问题,IEEE的802.3W工作组在1994年提出了一个新的退避算法,即二进制对数仲裁方法(Binary Logarithm Arbitration Method,BLAM)。虽然BLAM在公平性上有所改进,但由于现在人们已将兴趣转移到全双工以太网,因此BLAM方法并没有被纳入以太网标准中。

注意,站点每次只传送一个帧,并且每个站点在传送每个帧时,都必须使用这一规则来访问共享的以太网信道。

5.4.3 以太网帧格式

常用的以太网MAC帧格式有两种标准,一种是DIX Ethernet V2标准(即以太网V2标准),另一种是IEEE的802.3标准。这里只介绍使用得最多的以太网V2的MAC帧格式,如图5.12所示。图中假定网络层使用的是IP协议,实际上使用其他协议也是可以的。

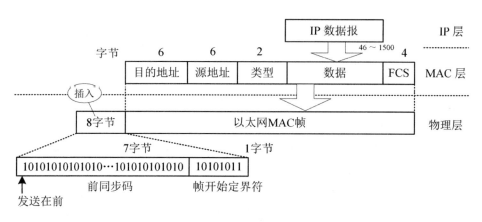

图5.12 以太网V2的MAC帧格式

以太网V2的MAC帧比较简单,由5个字段组成。前2个字段分别为6字节长的目的地址和源地址字段。第3个字段是2字节的类型字段,用来标志上一层使用的是什么协议,以便把收到的MAC帧的数据上交给上一层的这个协议。例如,当类型字段的值是0x0800时,就表示上层使用的是IP数据报。若类型字段的值为0x8137,则表示该帧是由Novell IPX发过来的。第4个字段是数据字段,其长度在46~1500字节之间(46字节是这样得出的: 最小长度64字节减去18字节的首部和尾部就得出数据字段的最小长度)。最后1个字段是4字节的帧检验序列FCS(使用CRC检验)。当传输媒体的误码率为1×10^{-8}时,MAC子层可使未检测到的差错小于1×10^{-14}。

这里我们要指出,在以太网V2的MAC帧格式中,其首部并没有一个帧长度(或数据长度)字段。那么,MAC子层又怎样知道从接收到的以太网帧中取出多少字节的数据交付给上一层协议呢?MAC子层的码元其实采用曼彻斯特编码(下一章将介绍),这种曼彻斯特编码的一个重要特点就是:在曼彻斯特编码的每一个码元(不管码元是1或0)的正中间一定有一次电压的转换(从高到低或从低到高)。当发送方把一个以太网帧发送完毕后,就不再发送其他码元(既不发送1,也不发送0)。因此,发送方网络适配器的接口上的电压也就不再变化。这样,接收方就可以很容易地找到以太网帧的结束位置。在这个位置往前数4字节

（FCS字段长度是4字节），就能确定数据字段的结束位置。

从图5.12可看出，在传输媒体上实际传送的要比MAC帧还多8字节。这是因为当一个站在刚开始接收MAC帧时，由于适配器的时钟尚未与到达的比特流达成同步，因此MAC帧的最前面的若干位就无法接收，结果使整个的MAC成为无用的帧。为了接收端迅速实现位同步，从MAC子层向下传到物理层时还要在帧的前面插入8字节（由硬件生成），它由两个字段构成。第1个字段是7字节的前同步码（1和0交替码），它的作用是使接收端的适配器在接收MAC帧时能够迅速调整其时钟频率，使它和发送端的时钟同步，也就是"实现位同步"（位同步就是比特同步的意思）；第2个字段是帧开始定界符，定义为10101011。它的前6位的作用和前同步码一样，最后两个连续的1就是告诉接收端适配器："MAC帧的信息马上就要来了，请适配器注意接收。"MAC帧的FCS字段的检验范围不包括前同步码和帧开始定界符。

顺便指出，在以太网上传送数据时是以帧为单位传送的。以太网在传送帧时，各帧之间还必须有一定的间隙。因此，接收端只要找到帧开始定界符，其后面的连续到达的比特流就都属于同一个MAC帧。可见，以太网不需要使用帧结束定界符，也不需要使用字节插入来保证透明传输。

5.4.4　地址解析协议ARP

IP地址是用在网络层寻址的，数据链路层寻址用的是物理地址。当目的节点与源节点在同一个物理网络上，或者数据报到达目的路由器时，源节点或目的路由器需要用直接交付方式将数据报发送给目的节点。方法是将数据报封装在一个数据链路层帧中发送，帧的目的地址为目的节点的MAC地址，目的节点的网卡识别出该帧，取出其中的数据报交给目的节点的网络层。

在这里，MAC地址是与网卡联系在一起的物理地址，而IP地址是与节点所在网络相关的逻辑地址，源节点或目的路由器已知目的节点的IP地址，它们如何知道目的节点的MAC地址呢？这就是ARP需要解决的问题。

ARP的基本思想是：当主机A想要知道与IP地址 I_B 对应的MAC地址时，它广播一个ARP请求分组，请求IP地址为 I_B 的主机用物理地址 P_B 做出响应，包括B在内的所有主机都会收到这个请求，但只有主机B识别出它的IP地址，并发出一个包含其物理地址的ARP应答分组，ARP应答是封装在单播帧中发送的。

为降低通信开销，使用ARP的计算机维护着一个高速缓存，存放最近获得的IP地址到物理地址的绑定。也就是说，当一台计算机发送一个ARP请求并接收到一个ARP应答时，就在高速缓存中保存IP地址及对应的物理地址，便于以后查询。当发送分组时，计算机首先在缓存中寻找所需的绑定，如果没有再广播ARP请求。若高速缓存中的绑定超过20 min没有更新，就自动删除。

ARP协议还有以下改进：

① A在向B发送的ARP请求中也包含了A的IP地址与物理地址，以便B从请求中提取

A的地址绑定,便于过后向A发送应答。

② 当A广播它的请求时,网上所有机器都接收到了该请求,它们可以从中取出A的地址绑定更新自己的ARP缓存。

③ 每台计算机启动时主动广播自己的地址绑定,通常以ARP查找自己的IP地址的形式完成,这样不会有应答,但网上其他主机都会在它们的ARP缓存中加进这个地址绑定。如果真收到了应答,表明两台机器分配了相同的IP地址,新机器会通知系统管理员,并停止启动。

当发出ARP请求时,发送方用目标IP地址字段提供目标IP地址。目标主机填入所缺的目标硬件地址,然后交换目标和发送方地址中数据的位置,并把操作改成应答,就变成了ARP应答。

5.5 数据链路层的设备

数据链路层设备的典型代表就是网桥和交换机,特别是交换机,在局域网互联中得到了广泛的运用。

5.5.1 网桥

网桥、交换机是对以太网数据帧进行操作,因此是第二层设备。实际上,它们根据数据帧的目的MAC地址转发和过滤数据帧。当帧到达网桥的端口时,网桥不是像集线器那样将该帧复制到所有的其他端口,而是检查帧的目的MAC地址,并试图将该帧转发到通向目的地址的一个端口。这一点与集线器的工作过程截然不同。

集线器是在物理层上互联网络,将多个冲突域互联在一起,形成更大的冲突域。网桥在数据链路层连接网络,但由于网桥的工作方式不同,与集线器相反,网桥所连接的每一个网段形成独立的冲突域,即分割冲突域。

网桥解决了许多困扰集线器的问题。首先,网桥允许互联网络间的通信,同时为每个网络保留独立的冲突域;其次,网桥可以互联不同的LAN技术。

网桥转发数据帧的过程,实质上也是帧的路由选择过程,经过路由选择后,网桥将帧发往适当的端口。目前,常用的路由选择方法有两种,对应也有两种网桥,即透明网桥和源路由网桥。

1. 透明网桥

目前,使用最多的网桥便是透明网桥(Transparent Bridge)。"透明"是指局域网上的站点并不知道所发送的帧将经过哪几个网桥,因为网桥对各站来说是看不见的。透明网桥是一种即插即用设备,其标准是IEEE 802.1D。

透明网桥的路由选择过程包括以下3个。一是,通过数据帧源地址学习建立MAC地址表。二是,通过数据帧目的MAC地址转发数据帧。三是,对于MAC地址表中还不存在的

MAC项,网桥通过泛洪的方法转发数据。由于透明网桥的工作过程类似于交换机,而目前交换机在局域网中的应用最为广泛。

2. 源路由网桥

透明网桥的最大优点就是即插即用,一接上就能工作,但是网络资源的利用不充分。因此,另一种由发送帧的源站负责路由选择的网桥就问世了,这就是源路由(Source Route)网桥。

为了发现合适的路由,发送方以广播方式向接收方发送一个发现帧(Discovery Frame),其主要作用是发现最佳路径。多个发现帧将在整个网络中沿着所有可能的路由向接收方发送。在传送过程中,每个发现帧都记录所经过的路由。当这些发现帧到达接收方时,就沿着各自的路由返回发送方。发送方在了解这些路由后,从所有可能的路由中选择出一个最佳路由。

发现帧的另一个作用,就是帮助发送方确定整个网络可以通过帧的最大长度。与透明网桥不同,源路由网桥对主机不是透明的,主机必须知道网桥的标识以及连接在哪一个网段上。

5.5.2 交换机

1. 交换机与网桥的比较

目前,在局域网互联设备中,交换机是应用最广泛的设备。交换机工作在OSI的数据链路层,也称二层交换机,用于数据帧的转发。相对于网桥来说,交换机还是有非常多的优势,所以当交换机出现后网桥就被迅速取代。

首先,网桥是基于软件的,通过软件执行网桥的功能和管理,数据转发速度相对较低;而交换机是基于硬件来实现数据帧的转发,速度快。

其次,传统网桥只有两个端口,即只能连接两个网段,形成两个独立的冲突域;而交换机可以看成是多端口的网桥,它的每个端口都是一个冲突域。

当连接在交换机上的主机需要通信时,交换机能同时连通多对端口,使每一对相互通信的主机都能像独占通信介质那样,进行无冲突的数据传输。

2. 交换机工作过程

当一个数据帧到达交换机端口时,交换机如何处理这个数据帧,才能够使其传输至正确的端口呢? 我们先从一个正常数据帧的转发过程入手。

(1) 数据帧转发/过滤

在交换机的缓存中有一个MAC地址表,在数据转发的过程中起着至关重要的作用。MAC地址表的设置原则是:如果一个主机连接在交换机的某一端口上,那么当交换机收到一个发给该主机的数据帧时,就可以通过该端口发送给主机。如图5.13所示,主机D连接在交换机的以太网E3(Ethernet 3)端口,如果主机A发送了一个数据帧给D,则交换机在收到该帧后,只要把数据从E3端口发出,主机D就可以接收到了。那么交换机是如何知道自己的E3端口连接着主机D呢? 为了能够对应主机与其所连接的端口,需要在交换机中建立一个主机MAC地址与其所连端口的映射关系。交换机所有端口的映射关系就称为MAC地址表。

这样,当帧到达交换机的端口时,交换机就将该帧的目的MAC地址与MAC地址表中的地址进行比较。如果目的MAC地址是已知的且已列在MAC表中,帧就只被发送到正确的端口中。具体的过程如下:

① 主机A向主机D发送一个数据帧。数据帧中源MAC地址是主机A的MAC地址00-00-00-00-00-00,目的MAC地址是主机D的MAC地址33-33-33-33-33-33。

② 交换机在E0端口收到帧,发现该数据帧的目的MAC地址是33-33-33-33-33-33。

③ 交换机查找自己缓存中的MAC地址表,发现MAC地址是33-33-33-33-33-33的主机连接在E3端口,于是交换机从E3端口发送出数据帧。

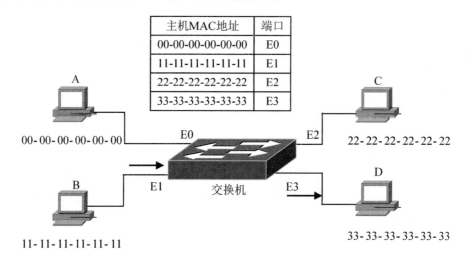

图5.13 交换机转发数据帧

④ D主机接收到了数据帧。

在通信过程中,主机B和主机C将不会看到该帧,并且在主机A、D通信的过程中B、C之间也可以相互通信,不会产生冲突。仔细想一想,集线器是如何工作的?

在图5.13中,主机A、D分别连接在交换机的不同端口上,交换机将数据帧转发给主机D。如果交换机接收到的数据帧其源和目的MAC地址,在同一个端口上,即发送方和接收方连接在同一个端口上,交换机是如何处理的呢?对于这种情况,交换机将丢弃该数据帧,我们称之为过滤。当多台交换机级联时,同一个级联端口会出现多个MAC地址的映射,也就是在MAC地址表中,出现同一个端口有多个MAC地址的表项。

(2)MAC地址表的建立

考虑一下这样的情况,由于MAC地址表存在于交换机的缓存中,当交换机刚开机或重新启动后,MAC地址表是空的,交换机转发数据帧时就无法利用MAC地址表来确定发出端口。那么交换机是如何建立起自己的MAC地址表呢?在MAC地址表没有被完全建立起来的时候,如果出现帧目的地址在MAC地址表中找不到映射端口的情况又该如何呢?下面我们就来看看这两种情况。

交换机是通过学习数据帧的源MAC地址建立MAC地址表的映射关系的,交换机能够记住在一个端口上所收到的每个帧的源MAC地址,而且它会将这个MAC地址信息以及端口号记录到MAC地址表中。如图5.14所示,假设交换机的MAC地址表初始为空,具体的建立过程如下:

① 设主机A需要向主机B发送一个帧。该数据帧的源地址是主机A的MAC地址00-00-00-00-00-00,目标地址是主机B的MAC地址11-11-11-11-11-11。

② 交换机在E0端口收到A发给它的数据帧,它会从帧中抽取源地址和目的MAC地址。通过比对MAC地址表发现,表中并没有源地址00-00-00-00-00-00项,那么交换机就将该源地址及数据帧进入的端口号E0放入MAC地址表中,这样MAC表就产生了一个映射关系。

需要注意的是,虽然交换机也取得了B的MAC地址,但交换机是不会通过目的地址建立MAC地址表项的,此时,B的MAC地址与端口E1的映射关系还没有建立。

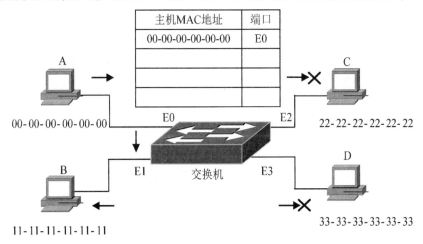

图5.14　交换机的地址学习过程

③ 由于目的地址11-11-11-11-11-11不在MAC地址表中,帧就被转发到所有端口上(数据帧的进入端口E0除外),这个过程称为泛洪(Flooding)。

对于所有目的地址不在MAC地址表中的帧,交换机都采取泛洪的方式发送。在泛洪过程中除了B接收到数据帧外,主机C、D也收到了相同的数据帧,虽然这个帧不是发送给它们的。C、D在接收到这样的数据帧时往往会丢弃该帧,但C、D为了处理这样的无用帧也浪费了一定的时间。

大家可能注意到了,交换机的泛洪过程与集线器转发数据的过程类似,都是除了源端口外,将数据向所有端口转发。其实,这里有明显的区别。其一,转发的数据对象不同。交换机的数据单位是数据帧,而集线器转发的是比特。其二,交换机在MAC表中找不到帧的目的MAC地址项时才泛洪数据帧(还有另一种泛洪的情况,将在下面的内容中说明),一旦MAC地址项建立就不再泛洪,而集线器对于每一个比特均采用这样的转发方式。相比之下,集线器的工作效率要低得多。

④ 主机B的MAC地址与其端口E1的映射关系要到什么时候才能够建立呢? 主机B收

到 A 的数据帧后,会给主机 A 发出响应帧,该数据帧的源地址是主机 B 的 MAC 地址 11-11-11-11-11-11,目标地址是主机 A 的 MAC 地址 00-00-00-00-00-00。

当交换机在端口 E1 上收到此帧时,由于 MAC 表中没有 B 的映射项,就会将源 MAC 地址,即 B 的 MAC 地址 11-11-11-11-11-11 与端口 E1 的映射放入 MAC 地址表中。同样,主机 C 和主机 D 的 MAC 表项也是在它们第一次把数据帧发给其他主机时,通过源地址学习而进入交换机的。

除了在 MAC 表中找不到帧的目的 MAC 地址项时交换机泛洪数据帧外,当交换机接收到一个广播帧或组播帧时,也会泛洪该数据帧。因为交换机虽然分割冲突域,但并不分割广播域。广播和组播会穿透交换机继续传播。很显然,当交换机中出现了过多的广播后会影响其他主机的正常通信,降低网络利用率。

还存在一种情况,如果在网络通信过程中,主机 A 由于某种原因宕机了,由于主机 A 的表项还在交换机的 MAC 地址表中,那么其他主机向 A 主机发送的信息仍然会被交换机处理并转发给 E0 端口,而此时主机 A 已经不在网络中。为了避免这种情况,在 MAC 地址表中通常会设置一个时间戳来记录每个 MAC 地址表项的更新时间,如果主机 A 的 MAC 地址项在特定的时间内没有得到更新,为了保证 MAC 地址表的准确性,交换机将删除其表项。

通过上面的描述,我们总结一下交换机的工作过程。当接收到数据帧时,交换机可以根据情况采取以下 3 种方式操作:

① 如果收到的数据帧,其目的地址在 MAC 地址表中找到,且映射的目的端口和源端口不相同,则转发帧到相应的目的端口(Forwarding)。

② 如果收到的帧目的地址在 MAC 地址表中找到,但映射的目的主机端口和源主机端口相同,表示两台通信主机接在同一个交换机的端口上,那么帧被丢弃(Filtering)。

③ 如果收到的帧目的地址在 MAC 地址表中未找到,将该帧转发给除源端口外的所有端口,即泛洪。

3. 二层环路避免

交换机之间的冗余链路是一件好事,这是因为如果某个链路出现故障,冗余链路就可以用来防止整个网络的失效。如图 5.14 所示,主机 A、B 之间有两条通信路径,一条路径是通过交换机 X 到达主机 B,另一条路径是经过交换机 Y 到达主机 B。在通信过程中,如果交换机 Y 出现故障或者连接交换机 Y 的链路出现故障,那么就可以使用经过交换机 X 的冗余路径来转发到达主机 B 的数据。网络互联时,网段间的多条冗余路径可以大大提高网络的可靠性。

这听起来很不错。尽管冗余链路可能非常有帮助,但它们所引起的问题却常常比它们能够解决的问题要多。这是因为数据帧可以同时被广播到所有冗余链路上,从而导致网络环路和其他严重的问题。网络中的二层环路可能会带来如广播风暴、重复帧和 MAC 地址表不稳定的问题,严重的时候可以导致整个网络瘫痪。

4. 数据帧转发方式

交换机在转发数据帧时有一个"火车站效应"。在一个小火车站上,每天通过它的列车被分为 3 种:第 1 种是特快列车,为了节省时间,特快列车在小站上并不停留,而是根据目的地在变换轨道后快速通过;第 2 种是快车,在小站上做短暂的停留,经过简单检修后通过;

第3种是慢车,需要在小站上停留很长的时间,经过全面的检修和资源补充后,变换轨道缓慢通过。相应于这3种情况,交换机也存在3种数据帧的转发方式:

（1）存储转发方式

正如进站的慢车一样,数据帧在进入使用存储转发方式（Store and Forward）的交换机后会停留一段时间。在这段时间内进行全面的差错检测。如果接收到的帧是正确的,则根据帧的目的地址确定发出的端口号也就是变换轨道,最后转发出去。这种交换方式的优点是具有帧差错检测的能力,增加了数据通信的可靠性,并能支持不同速率的端口之间的帧转发;缺点是数据帧在交换机中停留和延迟的时间较长。

（2）直通方式

正如特快列车,在小站上不做任何检测,快速通过一样。在直通方式（Cut Through）中,数据帧进入交换机后,只要被交换机检测出目的地址字段,就立即被转发出相应端口,不做任何检错也不管这一数据帧是否出错。这种交换方式的优点是交换延迟时间短,但缺乏差错检测能力,数据通信的可靠性较差。

（3）无碎片转发方式

无碎片转发方式（Fragment Free）就如进站的快车,数据帧进入使用该种方式的交换机后,稍作停留。在交换机对帧的前64字节检错后,如果前64字节正确则转发出去。这种方法对于短的帧来说,交换延迟时间与直通交换方式比较接近,而对于长数据帧来说,由于它只对帧的地址字段与控制字段进行了差错检测,因此延迟时间与存储转发方式相比将会减少。3种转发方式如图5.15所示。

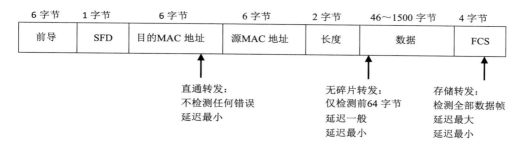

图5.15　3种转发方式

5.6　点对点协议

用户接入Internet的一般方法有两种:一种是用户使用拨号电话线接入Internet,另一种使用专线接入。不管用哪一种方法,在传送数据时都需要有数据链路层的协议。

Internet服务提供商（ISP）是一个能够提供用户拨号入网的经营机构。ISP拥有路由器,一般都用专线与Internet相连。用户在某一个 ISP缴费注册后,即可用家中的电话线通过调制解调器接入该ISP。ISP分配给该用户一个临时的IP地址,因而用户就可以像Internet上的主机一样使用网上所提供的服务。当用户结束通信时,ISP将其用过的IP地址收回,以便下次再分配给新拨号入网的其他用户。

当用户拨通ISP时,用户PC中使用TCP/IP的客户进程就和ISP的路由器中的选路进程建立了一个TCP/IP连接。用户正是通过这个连接与 Internet 通信。在用户与ISP之间的链路上使用最多的协议就是PPP。

点对点协议(Point-to-Point Protocol,PPP),它包括如下3个部分:

① 一个将IP数据报封装到串行链路的方法。PPP既支持异步链路（无奇偶校验的8 bit数据）,也支持面向比特的同步链路。

② 一个用来建立、配置和测试数据链路连接的链路控制协议(Link Control Protocol,LCP),通信的双方可协商一些选项。

③ 一套网络控制协议(Network Control Protocol,NCP),支持不同的网络层协议,如IP、OSI的网络层、DECnet及AppleTalk等。

为了建立点对点链路通信,PPP链路的每一端必须首先发送LCP包,以便设定和测试数据链路。在链路建立LCP所需的可选功能被选定之后,PPP必须发送NCP包以便选择和设定一个或更多的网络层协议。一旦每个被选择的网络层协议都被设定好,来自每个网络层协议的数据报就能在链路上发送。

PPP的帧格式如图5.16所示。标志字段 F 为0x7E,但地址字段 A 和控制字段 C 都是固定不变的,分别为0xFF和0x03。PPP不是面向比特的,因而所有的PPP帧的长度都是整数字节。链路将保持通信设定不变,直到有LCP和NCP数据包关闭链路,或者发生一些外部事件的时候(如休止状态的定时器期满,或者网络管理员干涉)。

图5.16 PPP的帧格式

- Flag:标志字段,表示帧的起始或结束,编码为二进制序列“01111110”。
- Address:地址字段,编码为二进制序列“11111111”,是标准广播地址,使所有站都可以接收该帧。在PPP中,地址字段没有真正被使用。
- Control:控制字段,编码为二进制序列“00000011”,要求用户数据传输采用无序帧,即PPP没有使用序号机制保证数据的有序传输。
- Protocol:协议字段,标识帧中Information字段封装的协议。
- Information:信息字段,任意长度,包含Protocol字段中指定的协议数据报。
- FCS:帧校验序列字段,通常为16位(2字节长)。PPP的执行可以通过预先协议采用32位FCS来增强差错检测效果。

当信息字段中出现和标志字段一样的比特 0x7E 时,就必须采取一些措施。因为 PPP 协议是面向字符的,所以它不能采用零比特插入法,而是使用一种特殊的字符填充。具体的做法是将信息字段中出现的每一个 0x7E 字节转变成 2 字节序列(0x7D,0x5E);若信息字段中出现一个 0x7D 的字节,则将其转变成 2 字节序列(0x7D,0x5D);若信息字段中出现 ASCII 码的控制字符,则在该字符前面要加入一个 0x7D 字节。

PPP 不使用序号和确认,因此 PPP 不提供可靠传输的服务。PPP 协议之所以不使用序号和确认机制是出于以下几点考虑:

① 若使用可靠的数据链路层协议(如 HDLC),开销就要增大。在数据链路层出现差错不大时,使用简单的 PPP 是比较合理的。

② 在因特网环境下,PPP 的信息字段放入的数据是 IP 数据报。假定我们采用能实现可靠传输但十分复杂的数据链路层协议,然而当数据帧在路由器中从数据链路层上升到网络层后,仍有可能因网络拥塞而被丢弃(IP 层提供的是"尽最大努力"的交付)。因此,数据链路层的可靠传输并不能够保证网络层的传输也是可靠的。

③ PPP 在帧格式中有帧检验序列 FCS 字段。对每一个收到的帧,PPP 都要使用硬件进行 CRC 检验。若发现有差错,则丢弃该帧(一定不能把有差错的帧交付给上一层)。端到端的差错检测最后由高层协议负责。

由于在发送方进行了字节填充,在链路上传送的信息字节数就超过了原来的信息字节数,但接收方在收到数据后再进行与发送方字节填充相反的逆变换,因而可以正确地恢复出原来的信息。

5.7 小　结

本章讨论了 TCP/IP 体系结构的数据链路层,数据链路层负责为上一层网络层提供服务。本章的主要内容包括以下部分:

(1) 数据链路层的服务

数据链路层主要的服务是将数据从源机器的网络层传输到目标机器的网络层。实际提供的服务因具体协议的不同而有所差异。一般情况下,数据链路层通常会提供以下 3 种可能的服务:无确认的无连接服务、有确认的无连接服务、有确认的有连接服务。我们重点介绍无确认的无连接服务。

(2) 数据链路控制

封装成帧就是网络层传来的 IP 数据报的前后分别添加首部和尾部,这样就构成了一个帧;为了快速从比特流中区分出帧的起始与终止,介绍了几种常用的帧同步方法;接收端需要对所收到的数据帧进行差错检测,介绍了在数据链路层广泛使用的循环冗余检验 CRC 检错技术。

(3) 多路访问协议

广播链路的多路访问协议大致分为 3 种,即信道划分协议、随机接入协议和轮流协议。

其中重点介绍了信道划分协议和以太网的CSMA/CD协议。

（4）以太网技术

介绍了以太网MAC地址、以太网帧格式以及地址解析协议ARP。以太网MAC地址其实就是适配器接口48位标识符,地址解析协议ARP根据目的主机的IP地址来获取对应接口的硬件地址。

本章还讨论了数据链路层的设备和点对点协议。

习　题　5

一、选择题(可多选)

1. 在局域网IEEE 802标准中采用(　　　　)进行帧同步。

    A. 字节计数法　　　　　　　　　　　　B. 字符填充首尾定界法

    C. 违法编码法　　　　　　　　　　　　D. 比特填充首尾定界法

2. 透明性传输是数据链路层的基本功能。所谓数据透明性,是指(　　　　)。

    A. 传输数据的内容,格式及编码有限制

    B. 传输数据的内容,格式及编码没有限制

    C. 传输数据的方式

    D. 传输数据的传输方向

3. 当CSMA/CD总线网的总线长度超过数公里后,会使(　　　　)。

    A. 冲突加剧　　　　　　　　　　　　　B. 信号能量衰减为0

    C. 网络死锁　　　　　　　　　　　　　D. 文件服务器负担太重

4. 交换机通过数据帧(　　　　)来转发数据帧。

    A. 源IP地址　　　　　　　　　　　　　B. 目的IP地址

    C. 源MAC地址　　　　　　　　　　　　D. 目的MAC地址

5. 交换机工作在OSI模型的(　　　　)层。

    A. 一　　　　　　　　　　　　　　　　B. 二

    C. 三　　　　　　　　　　　　　　　　D. 四

6. MAC地址的位数为(　　　　)位。

    A. 32　　　　　　　　　　　　　　　　B. 48

    C. 128　　　　　　　　　　　　　　　　D. 64

7. TCP/IP协议集的ARP协议的功能是(　　　　)。

    A. 用于传输IP数据报　　　　　　　　　B. 实现物理地址到IP地址的映射

    C. 实现IP地址到物理地址的映射　　　　D. 用于该层上控制信息产生

8. 数据链路层的数据单位是(　　　　)。

　　A. 比特　　　　　　　　　　　　　　B. 字节

　　C. 帧　　　　　　　　　　　　　　　D. 分组

9. 要发送的数据为101110,采用CRC的生成多项式是 $P(X)=X^3+1$,则应添加在数据后面的余数为(　　　　)。

　　A. 011　　　　　　　　　　　　　　B. 101

　　C. 110　　　　　　　　　　　　　　D. 111

10. 下列不是以太网特点的是(　　　　)。

　　A. 地理范围有限　　　　　　　　　　B. 设立网络层

　　C. 用户个数有限　　　　　　　　　　D. 共享传输信道

二、填空题

1. 数据链路层的服务包括(　　　)、(　　　)和(　　　)3种类型,其中(　　　)包括(　　　)、(　　　)和(　　　)3个主要阶段,(　　　)主要应用于无线通信系统中,在(　　　)中,目的主机的数据链路层不对接收帧进行确认。

2. 字节计数法帧同步方法是以一个(　　　)表征一帧的起始,并以一个(　　　)来标明帧内的字符数。接收方可以通过对(　　　)的识别从比特流中区分出帧的起始,并从(　　　)中获知该帧中随后跟随的数据字符数,从而可确定出帧的终止位置。

3. 在"字符填充的首尾定界符法"中,是用(　　　)定界一帧的起始与终止。在这种帧同步方式中,为了不使数据信息位中与特定字符相同的字符被误判为帧的首尾定界符,可以在这种数据帧的帧头填充一个(　　　),在帧的结尾则以(　　　)结束,以示区别,从而达到数据的透明性。若帧的数据中出现(　　　)字符,发送方则插入一个(　　　)字符。

4. 目前主要信道复用方式有(　　　)、(　　　)、(　　　)和(　　　)4种,其中(　　　)是用于光纤通信中的。

5. 交换机通过(　　　)建立MAC地址表,通过(　　　)转发数据帧。

三、简答题

1. 简述数据链路层的主要作用。

2. 简述CRC检验码的校验步骤。

3. 简述载波侦听多路访问/冲突检测(CSMA/CD)的工作原理。

4. 描述二进制指数退避算法的过程。

5. 以太网数据帧的长度为什么不能小于64字节?

6. 简述交换机的工作过程。交换机是以目的MAC地址转发数据帧的,考虑一下,交换机在工作过程中需要配置MAC地址么?

7. PPP的主要特点是什么? 为什么PPP不使用帧的编号? PPP适用于什么情况? 为什么PPP不能使数据链路层实现可靠传输?

8. 要发送的数据为1101011011,采用CRC的生成多项式是 $P(X)=X^4+X+1$ 。试求应添加在数据后面的余数。若数据在传输过程中最后一个1变成0,问接收端能否发现?若数据在传输过程中最后两个1都变成0,问接收端能否发现?

9. 假定1 km长的 CSMA/CD 网络的数据率为1 Gb/s。设信号在网络上的传播速率为200000 km/s，求能够使用此协议的最短帧长。

10. 以太网上只有两个站，它们同时发送数据，产生了碰撞。于是按截断二进制指数退避算法进行重传，重传次数记为 $i(i=1,2,3,\cdots)$。试计算第1次重传失败的概率、第2次重传失败的概率、第3次重传失败的概率。

11. 网桥中的转发表是用自学习算法建立的。如果有的站点总是不发送数据而仅仅接收数据，那么在转发表中是否就没有与这样的站点相对应的项目？如果要向这个站点发送数据帧，那么网桥能够把数据帧正确转发到目的地址吗？

阅读材料

以太网技术

以太网的核心思想起源于一种分组无线交换网——ALOHA。20世纪60年代末，夏威夷大学的 Norman Abramson 及其同事们研制了一个名为 ALOHA 系统的无线电网络。这个地面无线电广播系统是为了把该校位于 Oahu 岛上的校园内的 IBM 360 主机与分布在其他岛上及海洋船舶上的读卡机和终端连接起来开发的。

ALOHA 协议相当简单，只要一个站点想要传输信息帧，它就把信息帧传输出去，然后它听一段时间，如果在一段特定的时间内收到了确认，它就认为数据传输成功；否则，传输站点等待一段随机的时间后重发信息帧。由于两个站点等待的时间是随机的，所以它们再次冲突的可能性较小。若又发生了第二次冲突，站点还是采用相同的规则重传信息。如果在发生了好几次重传后仍得不到确认，就只好放弃此次信息的传输。

ALOHA 协议实在太简单了，所以它也为此付出了代价。当负载增加时发生冲突的次数迅速上升，而信道的利用率最多只有18.4%。为了提高效率，1972年 Robert 提出了一种改进方法，即时隙 ALOHA。时隙 ALOHA 不允许各站点完全随机地传送数据。它把信道的利用时间分为许多等长的时间段(即时隙,Slot)，每一个时隙等于一个帧的传输时间，所有站点都配有同步时钟。不论帧何时产生，它只能在每个时隙开始的时间才能发送出去。这样，只有在同一个时隙开始进行传输的帧才有可能冲突，从而使信道利用率大大提高。其信道的最大利用率可达到36.8%。

1. 基本以太网

今天，我们知道的以太网是在1972年创建的，当时一位刚从麻省理工学院(MIT)毕业的 Bob Metcalfe 来到 Xerox Palo A1to 研究中心(PARC)的计算机科学实验室工作。PARC 是世界上有名的研究机构，坐落在旧金山南部靠近斯坦福大学的地方。当时 Metcalfe 已被 Xerox 雇用为 PARC 的网络专家，他的第一件工作是把 Xerox ALTO 计算机连到 ARPAnet 网络上。1972年秋，Metcalfe 去访问住在华盛顿特区的 ARPAnet 计划的管理员，并偶然发现了

Abramson 的关于 ALOHA 系统的早期研究成果。在阅读 Abramson 的有名的关于 ALOHA 模型的论文时,Metcalfe 认识到,虽然 Abramson 已经作了某些有疑问的假设,但通过优化后可以把 ALOHA 系统的效率提高到近 100%。

1972 年底,Metcalfe 和 David Boggs 设计了一套网络,将不同的 ALTO 计算机连接起来。在研制过程中,Metcalfe 把他的网络命名为 ALTO ALOHA 网络,因为该网络是以 ALOHA 系统为基础的,且又连接了众多的 ALTO 计算机。这个世界上第一个个人计算机局域网络——ALTO ALOHA 网络在 1973 年 5 月 22 日开始运转。这天,Metcalfe 写了一段备忘录,宣称他已将该网络改名为以太网(Ethernet),其灵感来自于"电磁辐射是可以通过发光的以太来传播的这一想法"。(在 19 世纪,英国物理学家麦克斯韦发现,可以用波动方程来描述电磁波辐射,于是科学家们认为空间中一定充满了某种以太介质使辐射能够在上面传播。直到 1887 年著名的迈克耳孙-莫雷实验后,物理学家们才发现电磁辐射在真空中也能传播。)

最初的实验型 PARC 以太网以 2.94 Mbps 的速度运行。到 1976 年时,在 PARC 的实验型以太网中已经发展到 100 个节点,已在长 1000 m 的粗同轴电缆上运行。1976 年 6 月,Metcalfe 和 Boggs 发表了题为"以太网:局域网的分布型信息包交换"的著名论文;1977 年 12 月 13 日,Metcalfe 和 Boggs 等人因其"具有冲突检测的多点数据通信系统"而获得美国专利,从此,以太网就正式诞生了。

1980 年,DEC、Intel 与 Xerox 三家公司宣布了一个 10 Mbps 以太网标准,这标志着基于以太网技术的开放式计算机通信时代正式开始。该标准的名称由这三家公司的英文首字母组合起来,即 DIX 以太网标准。

DIX 以太网标准有两个版本,即 1980 年 9 月发布的 1.0 版本和 1982 年 11 月发布的 2.0 版本。其后,以太网成为 IEEE 发起的 802 系列标准中第一个标准化的局域网技术标准。这一努力产生了 1985 年的"IEEE 802.3 CSMA/CD"标准,它描述了一种基于原始 DIX 以太网系统的局域网系统。从那以后,IEEE 802.3 以太网标准还被国际标准化组织(ISO)接收为国际化标准,这也意味着以太网技术已成为一种世界性的标准,全球的销售商都可以生产适用于以太网系统的设备。

2. 快速以太网

为了提高传统以太网系统的带宽,IEEE 委员会在 1995 年采纳了 802 委员会的建议,接受 IEEE 802.3u 标准作为对 IEEE 802.3 标准的追加。符合 IEEE 802.3u 标准的以太网被称为快速以太网(Fast Ethernet)。

快速以太网是基于传统以太网技术发展起来的数据传输速率达到 100 Mbps 的局域网,其基本思想很简单:保留 IEEE 802.3 标准中有关拓扑结构、传输介质、MAC 帧结构、CSMA/CD 介质访问控制方法等方面的所有规定,只是将数据传输速率提高到 100 Mbps。

由于速率的提高,新标准对传统以太网的一些参数做了修改。例如,传统以太网中电线长度最长为 2.5 km 时其最小帧长为 64 字节。当数据传输速率提高时,帧的发送时间按比例缩短,但电磁波在电缆上传播的时间并没有变化。这样,在电缆另一端的站点还没来得及检测到冲突,发送端就已经把数据帧发送完毕。所以,当发送数据的速率提高时,若保持电缆长度不变就应增大最小帧长,或者保持最小帧长不变但缩短最大电缆长度。快速以太网中采用的方法是保持最小帧长不变,但将最大电缆长度减小到100 m。帧间时隙从9.6 μs改为0.96 μs。

3. 千兆以太网

千兆以太网的传输速率是快速以太网的10倍,数据传输速率达到1000 Mbps。千兆以太网保留着传统的10 Mbps以太网的几乎所有的特征(相同的帧格式、相同的介质访问控制方法、相同的组网方法),只是将传统的以太网每个比特的发送时间由100 ns减少到1 ns。另外,为了适应1000 Mbps传输速率的需要,在物理层做了必要的改变。

4. 万兆以太网

1999年底成立了IEEE 802.3ae工作组,其进行万兆以太网技术(10 Gbps)的研究,并于2002年正式发布802.3ae 10GE标准。万兆以太网不仅再度扩展以太网的带宽和传输距离,更重要的是使得以太网从局域网领域向城域网领域渗透。

实验 4　交换机的基本配置

实验目的

① 熟悉Cisco IOS的基本配置方式。
② 掌握交换机的基本配置命令。

预备知识

Cisco网络操作系统(Internetworking Operating System-Cisco,IOS),大多数Cisco设备中安装有此操作系统。若要配置好Cisco设备,则必须要熟悉IOS命令及相关的知识。本实验以交换机为对象,进行交换机的基本配置。

1. 交换机的初始配置

为了配置或检查交换机,需要将一台计算机连接到交换机上,并建立双方之间的通信。使用一根反接线(专用的console电缆)连接交换机背面的"console port"和计算机背面的串口"com port",如图5.17所示。

所谓交换机的初始配置,是指第一次进行交换机的配置。第一次配置主要包括交换机的主机名、密码和管理IP地址的配置。启动计算机的"超级终端(HyperTerminal)"程序,会显示一个如图5.18所示的对话窗口。

第一次建立交换机和超级终端的"连接"时,首先要为这一连接命名。在下拉菜单中选择连接交换机所使用的COM端口,点击"确定"按钮,如图5.19所示。

第二个对话窗口出现,点击"还原为默认值"按钮后,点击"确定"按钮。

在交换机完成启动与超级终端建立连接之后,会出现关于系统配置对话的提示。此时就可以对交换机进行手工配置。

注:交换机启动时,首先运行ROM中的程序,进行系统自检及引导,然后加载FLASH中

的IOS到RAM中运行,并在NVRAM中寻找交换机的配置文件,将其装入RAM中。

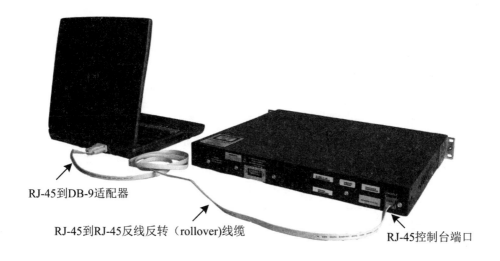

RJ-45到DB-9适配器

RJ-45到RJ-45反线反转（rollover)线缆

RJ-45控制台端口

图5.17　计算机与交换机的console口连接

图5.18　连接端口　　　　**图5.19　COM属性设置**

2. 几种常见配置命令模式

交换机各种配置必须在不同的配置方式下才能完成,Cisco交换机提供了6种主要配置模式,如表5.1所示。

（1）普通用户模式

交换机初始化完成后,首先要进入一般用户模式。在一般用户模式下,用户只能运行少数的命令,而且不能对交换机进行配置。在没有进行任何配置的情况下,默认的交换机提示符为Switch > 。

在用户配置模式下输入"?"则可以查看该模式下所提供的所有命令集及其功能,出现的"--More—"表示屏幕命令还未显示完,此时可按回车键(Enter)或者空格键显示余下的命令。

输入回车键,表示屏幕向下显示一行,输入空格键,表示屏幕向下显示一屏。

表5.1　6种主要配置模式

模式的名称	提示符
用户模式	Switch>
特权模式	Switch#
VLAN 配置模式	Switch(vlan)#
全局配置模式	Switch(config)#
接口配置模式	Switch(config-if)#
线路配置模式	Switch(config-line)#

（2）特权模式

在用户模式Switch>下输入enable命令可以进入特权配置模式,特权模式的默认提示符为Switch#。

在特权模式下可以查看当前设备的大多数配置信息及其状态。若要进行命令参数配置,还需接着进入其他工作模式下。

（3）几种模式配置命令的练习

模式间的切换命令如下:

在第一次使用交换机进行配置的时,需要了解几种配置模式的命令及其之间的转换。下面是实际的配置命令的使用,并附加有注释说明。

```
Switch>              //执行用户模式提示符
Switch>enable        //由用户模式进入特权模式
Switch#              //特权模式提示符
Switch#configure terminal    //进入全局配置模式
Switch(config)#          //全局配置模式提示符
Switch(config)#line console 0  //进入线路配置模式
Switch(config-line)#        //线路配置模式提示符
Switch>enable          //由用户模式进入特权模式
Switch(config-line)#exit      //返回到上一级模式
Switch(config)#          //全局配置模式提示符
Switch(config)#interface f0/1
//进入接口配置模式,f0/1用于识别交换机的端口,其表示形式为端口类型 模块/端口
Switch(config-if)#        //接口配置模式提示符
Switch(config-if)# ctrl+z  //直接返回到特权模式
Switch #       //特权模式提示符
```

```
Switch#vlan database      // 进入VLAN配置模式
Switch(VLAN)#             //VLAN配置模式提示符
```

3. 密码设置命令

Cisco交换机、路由器中有很多密码,设置好这些密码可以有效地提高设备的安全性。

```
switch(config)#enable password jkx
//设置进入特权模式的普通密码为jkx
Switch(config)#enable secret xgu
//设置进入特权模式的加密密码为xgu
Switch (config)#line console 0          //进入line子模式
Switch (config-line)#password jkx1
//设置console口登录密码为jkx1
Switch (config-line)#login             //密码使能命令
Switch (config-line)#exit        //回到上一级模式
Switch (config)#line vty 0 15           //配置VTY0到VTY15的密码
Switch (config-line)#password network
//设置远程登录密码为network
Switch (config-line)#login             //密码使能命令
Switch (config-line)#exit           //回到上一级模式
Switch (config)#                  //全局配置模式提示符
```

4. 配置交换机名称、IP地址及默认网关

```
Switch>enable        //进入特权模式
Switch#            //特权模式提示符
Switch#configure terminal          //进入全局配置模式
Switch(config)#     //全局配置模式提示符
Switch(config)#hostname jkx    //配置交换机的名称为jkx
jkx(config)#interface vlan 1
//进入交换机的管理VLAN,即VLAN1的接口模式
jkx(config-if)#ip address  192.168.1.1  255.255.255.0
//配置交换机的IP为192.168.1.1/24
jkx(config-if)#no shutdown        //激活当前端口
jkx(config-if)#exit
jkx(config)#ip default-gateway 192.168.1.254   //配置默认网关
```

5. 保存配置参数

```
Switch#copy running-config startup-config
//将RAM中运行的配置参数保存到NVRAM中
Destination filename [startup-config]?
Building configuration...
[OK]
Switch#copy running-config tftp:
//将运行的配置参数保存到tftp服务器192.168.1.11上
Address or name of remote host []? 192.168.1.11
Destination filename [Switch-confg]?
!!! [OK - 938 bytes]
938 bytes copied in 0.078 secs (12000 bytes/sec)
Switch#copy startup-config running-config
//将NVRAM中的配置参数恢复到RAM中
Destination filename [running-config]?
938 bytes copied in 0.416 secs (2254 bytes/sec)
Switch#
```

实验内容

（1）配置拓扑图（见图5.20）中交换机1的名字为SW1。

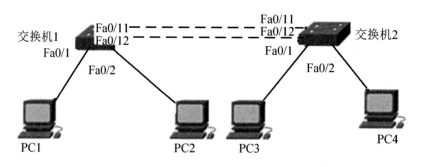

图5.20　拓扑图

```
Switch>enable
Switch#configure terminal
Switch(config)#hostname SW1
SW1(config)#
```

（2）对交换机1配置口令。

① 分别设置进入特权模式的普通口令与加密口令。

```
SW1(config)#enable password jkx
SW1(config)#enable secret xgu
SW1(config)#
```

---

② 分别设置进入控制台0的口令与远程登录的口令。

```
SW1(config)#line console 0
SW1(config-line)#password jk1
SW1(config-line)#login
SW1(config-line)#exit
SW1(config)#line vty 0 15
SW1(config-line)#password jk2
SW1(config-line)#login
SW1(config-line)#exit
SW1(config)#
```

---

③ 以上4个口令分别用在什么环节？

- enable设置的两个口令用于限制从用户模式进入特权模式。
- line console 设置的口令用于限制从CONSOLE口登录此设备。
- line vty 设置的口令用于限制从网络登录此设备。

（3）对交换机1配置管理IP地址：192.168.1.254/24。

```
SW1(config)#interface vlan 1
SW1(config-if)#ip address 192.168.1.254 255.255.255.0
SW1(config-if)#
SW1#
```

（4）查看两个交换机的端口，哪些处于转发状态？哪些处于阻塞状态？为什么？

在两个交换机的特权模式下使用show spanning-tree brief(PT中去掉brief参数)命令可以发现：交换机1上的端口f0/1、f0/2、f0/11、f0/12都处于转发状态，这是因为在STP协议下SW1是根桥的原因；交换机2上的端口f0/1、f0/2、f0/11都处于转发状态，f0/12处于阻塞状态，这是因为交换机2是非根桥。为了防止出现环路，STP协议根据优先级将f0/12阻塞了。

（5）设4个PC的E0口速率为全双工10 Mbps，请设置交换机的相关端口速率与PC一致。

```
SW1(config)#interface fastEthernet 0/1
SW1(config-if)#speed 10
SW1(config-if)#duplex full
SW1(config-if)#exit
SW1(config)#interface fastEthernet 0/2
SW1(config-if)#speed 10
SW1(config-if)#duplex full
SW1(config-if)#exit
```

交换机2上可做类似配置。

（6）查看这两个交换机上有哪些端口UP？哪些端口DOWN？为什么？

在特权模式下使用show ip interface brief可发现：交换机1与2上f0/1-2,f0/11-12端口状态都是UP，其他端口DOWN，这是因为这4个端口均连接有对端设备，且对端设备正常工作，而其他端口未连接对端设备。

第6章 物 理 层

本章首先讲述物理层的基本概念,分别介绍数据与信号、数字传输、模拟传输和信道极限容量等相关重要的概念;接着对网络传输介质进行详细介绍;最后对常用的宽带接入技术进行了详细的阐述。

【学习目标】 通过本章学习,了解数据与信号的基本概念与常用的宽带接入技术,理解数字传输和模拟传输的基础知识,掌握物理层的特性与协议、数字数据信号编码方法、信道极限容量传输原理以及网络传输介质类型与特点。

6.1　物理层的基本概念

物理层位于计算机网络 OSI 模型中最低的一层,它的主要任务是:为传输数据创建、维持、拆除所需要的物理链路,提供具有机械的、电子的、功能的和规范的特性。简单地说,物理层确保原始数据可在各种物理媒体上传输,为设备之间的数据通信提供传输媒体及互联设备,为数据传输提供可靠的环境。

6.1.1　物理层的功能、特性与协议

1. 物理层的功能

物理层为数据端设备提供传送数据通路和传输数据,其主要功能如下:

(1) 为数据端设备提供传送数据的通路

数据通路可以是一个物理媒体,也可以是多个物理媒体连接而成的。一次完整的数据传输,包括激活物理连接、传送数据、终止物理连接。所谓激活,就是不管有多少物理媒体参与,都要在通信的两个数据终端设备间连接起来,形成一条通路。

(2) 传输数据

物理层要形成适合数据传输需要的实体,为数据传送服务。一是要保证数据能在其上正确通过;二是要提供足够的带宽,以减少信道上的拥塞。传输数据的方式能满足点到点、一点到多点、串行或并行、半双工或全双工、同步或异步传输的需要。

(3) 制定协议

根据所使用传输介质的不同,制定相应的物理层协议,规定数据信号编码方式、传输速

率和相关的通信参数。

2. 物理层的特性

物理层特性实现了物理层在传输数据时,对于信号、接口和传输介质的规定,主要有以下4种特性:

（1）机械特性

机械特性也叫物理特性,指明通信实体间硬件连接接口的机械特点,如接口所用接线器的形状和尺寸、引线数目和排列、固定和锁定装置等。这很像平时常见的各种规格的电源插头,其尺寸都有严格的规定。

（2）电气特性

电气特性规定了在物理连接上,导线的电气连接及有关电路的特性,一般包括接收器和发送器电路特性的说明、信号的识别、最大传输速率的说明、与互联电缆相关的规则、发送器的输出阻抗、接收器的输入阻抗等电气参数等。

（3）功能特性

功能特性是指明物理接口各条信号线的用途（用法）,包括接口线功能的规定方法,接口信号线的功能分类——数据信号线、控制信号线、定时信号线和接地线4类。

（4）规程特性

规程特性是指明利用接口传输比特流的全过程及各项用于传输的事件发生的合法顺序,包括事件的执行顺序和数据传输方式,即在物理连接建立、维持和交换信息时,DTE/DCE双方在各自电路上的动作序列。数据终端设备（Data Terminal Equipment,DTE）,用于发送和接收数据的设备,例如用户的计算机。数据电路终接设备（Data Circuit-Terminating Equipment,DCE）,用来连接DTE与数据通信网络的设备,例如调制解调器（Modem）。

3. 物理层的协议

OSI采纳了各种现成的协议或标准,其中有RS-232C、RS-449、X.21、V.35、ISDN以及FDDI、IEEE 802.3、IEEE 802.4、IEEE 802.5、IEEE 802.11、IEEE 802.15.4和IEEE 802.16的物理层协议或标准。以下对几个具有代表性的物理层协议或标准进行重点介绍。

（1）RS-232C标准

RS-232C标准（协议）的全称是EIA-RS-232C标准,其中EIA（Electronic Industry Association）代表美国电子工业协会,RS（Recommended Standard）代表推荐标准,232是标识号,C代表RS-232的最新一次修改（1969）。在这之前,有RS-232B、RS-232A。它规定连接电缆和机械、电气特性、信号功能及传送过程,例如计算机上的COM1、COM2接口,就是RS-232C接口。

（2）X.21标准

X.21是对公用数据网中的DTE与DCE间接口的规定。其主要是对两个功能进行了规定:一是与其他接口一样,对电气特性、连接器形状、相互连接电路的功能特性等的物理层进行了规定;二是为控制网络交换功能的网控制步骤定义了网络层的功能。

（3）ISDN

综合业务数字网（Integrated Services Digital Network,ISDN）是一个数字电话网络国际标准,

一种典型的电路交换网络系统。ISDN由IDN发展演变而成,提供端到端的数字连接,以支持一系列的业务(包括语音和非语音业务),为用户提供多用途的标准接口以接入网络。通信业务的综合化是利用一条用户线就可以提供电话、传真、可视图文及数据通信等多种业务。

(4) IEEE 802.3协议

IEEE 802.3描述物理层和数据链路层的MAC子层的实现方法,在多种物理媒体上以多种速率采用CSMA/CD访问方式,对于快速以太网该标准说明的实现方法有所扩展。早期的IEEE 802.3描述的物理媒体类型包括10Base2、10Base5、10BaseF、10BaseT和10Broad36等;快速以太网的物理媒体类型包括100BaseT、100BaseT4和100BaseX等。

6.1.2　数据与信号

1. 数据、信号与信息的基本概念

(1) 数据

数据(Data)是信息的表现形式和载体,可以是符号、文字、数字、语音、图像、视频等。数据和信息是不可分离的,数据是信息的表达,信息是数据的内涵。数据可以是连续的值,比如声音、图像,称为模拟数据。也可以是离散的,如符号、文字,称为数字数据。在计算机系统中,数据以二进制信息单元0,1的形式表示。

(2) 信号

信号(Signal)是数据的电气或电磁表现。和数据一样,信号也分为模拟信号和数字信号。模拟信号是指电信号的参量是连续取值的,其特点是幅度连续。常见的模拟信号有电话、传真和电视信号等。数字信号是离散的,从一个值到另一个值的改变是瞬时的,就像开启和关闭电源一样。数字信号的特点是幅度被限制在有限个数值之内。常见的数字信号有电报符号、数字数据等。信号是运载消息的工具,是消息的载体。从广义上讲,它包含光信号、声信号和电信号等。

(3) 信息

传统的信息(Information)主要是指文本或数字类的信息,但随着网络语音、网络视频技术的发展,计算机网络传送的信息从最初的文本或数字信息,逐步发展到包含语音、图形、图像与视频等多种类型的多媒体(Multimedia)信息。

2. 数据、信号与信息的关系

在计算机网络中,一般情况下数据是数据链路层的概念,表示在介质上传输的信息的准确性。信息是应用层的概念,表示要表达的意思。信号是物理层的概念,表示电平的高低、线路的通断等。 例如,一个打电话情景,电话线要有"信号",交换机交换语音"数据",打电话双方交换的是"信息"。

数据、信号和信息三者之间的关系是:信息可以表示与存储为数据形式,而从数据中可以解译出信息,数据是通过信号传输的。信息通过各种数据采集输入设备转变为某种形式的数据,数据通过各种信息的输出传播设备转变为某种形式的信息,数据通过各种形式的编码调制技术转变为某种形式的信号,信号通过相反的解码解调技术转变成为数据。

6.1.3 数字传输

数字传输(Digital Transmission),即将信息在传输介质中以数字信号传输的传输方式。音频、视频、数据和其他"信息",可以被编码成二进制数值,就可以被有效地传输,并且这些数值是以电脉冲的形式进行传输的。线缆中的电压是在高低状态之间进行变化的,通常规定,二进制"1"是通过产生一个正电压来传输的,而二进制"0"是通过产生一个负电压来传输的。

6.1.3.1 数字数据信号编码方法

数字信号在传输时,需要将数字信号进行编码。在发送端,需将二进制的比特序列经过编码器转换为某一编码信号,如曼彻斯特编码或差分曼彻斯特编码信号。而在接收端,由解码器还原成与发送端相同的二进制的比特序列。数字数据信号编码常用有非归零码、曼彻斯特编码和差分曼彻斯特编码,具体编码方法如图6.1所示。

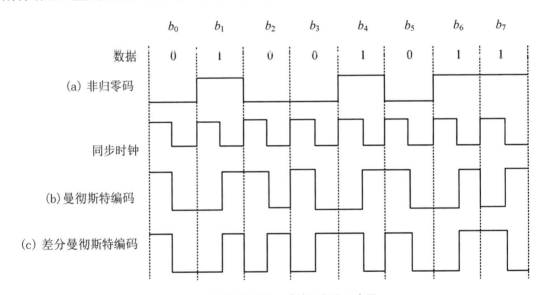

图6.1 数字数据信号3种编码方法示意图

1. 非归零码

图6.1(a)给出了非归零码(Non Return to Zero,NRZ)的波形。NRZ码可以用低电平表示数字"0",用高电平表示数字"1",也可以有其他的表示方法。

NRZ码的缺点是无法判断一位的开始与结束,收发双方不能保持同步。为了保证收发双方的同步,必须在发送NRZ码的同时,用另一个信道同时传送同步信号。

2. 曼彻斯特编码

曼彻斯特(Manchester)编码是目前应用广泛的编码方法之一。图6.1(b)给出了典型的曼彻斯特编码的波形示意图。

曼彻斯特编码规则是每比特的周期T分为前$T/2$与后$T/2$两个部分。前$T/2$传送该比特的反码,后$T/2$传送该比特的原码,即位周期中心的向上跳变代表0,位周期中心的向下跳变代表1。

曼彻斯特编码的主要特点是每个比特的中间有一次电平跳变,两次电平跳变的时间间隔可以是 $T/2$ 或 T,利用电平跳变可以产生收发双方的同步信号。曼彻斯特编码信号称为"自含时钟编码"信号,发送曼彻斯特编码信号时无须另发同步信号。

曼彻斯特编码的缺点是效率较低。如果信号传输速率是 100 Mbps,则发送时钟信号频率应为 200 Mbps,这将给电路实现技术带来困难。

3. 差分曼彻斯特编码

典型差分曼彻斯特(Difference Manchester)编码的波形如图6.1(c)所示。

差分曼彻斯特编码规则是每比特的中间跳变仅做同步使用;每比特的值根据其开始边界是否跳变来决定;每比特开始处如果发生电平跳变,则表示传输二进制"0",不发生跳变表示传输二进制"1"。

差分曼彻斯特编码与曼彻斯特编码的区别是 b_0 之后的 b_1 为1,在两个比特波形的交接处不发生电平跳变;当 b_2=0 时,在 b_1 和 b_2 交接处要发生电平跳变;当 b_3=0 时,在 b_2 与 b_3 交接处仍然要发生电平跳变。

差分曼彻斯特编码的优点是从电路的角度看,差分曼彻斯特解码要比曼彻斯特解码更容易实现。

6.1.3.2 模拟数据数字化方法

在计算机网络中,除计算机直接产生的数字信号外,将模拟语音、图形图像和视频等信息数字化是一种必然趋势,脉冲编码调制(Pulse Code Modulation, PCM)是模拟数据数字化的主要方法。PCM的优点是编码精度高,失真较小;缺点是占用存储空间较大。

1. PCM的工作原理

PCM是一种对模拟信号数字化的取样技术,将模拟信号变换为数字信号的编码方式。PCM的工作原理是把一个时间连续、取值连续的模拟信号变换成时间离散,取值离散的数字信号后在信道中传输。概括来说,即对模拟信号先抽样,再对样值幅度量化编码的过程。图6.2给出了PCM的工作原理示意图。

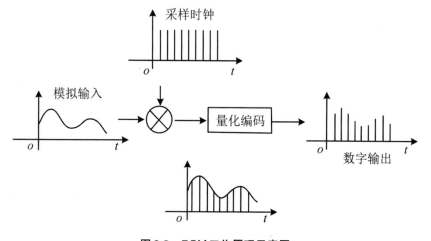

图6.2 PCM工作原理示意图

2. PCM的主要工作过程

PCM的主要工作过程包括采样、量化和编码三步骤。

（1）采样

采样是将时间连续的模拟信号转换成时间离散的和幅度离散的取样信号。图6.3是一个采样概念示意图，假设一个模拟信号发 $f(t)$ 通过一个开关，则开关的输出与开关的状态有关，当开关处于闭合状态，开关的输出就是输入，即 $y(t)=f(t)$；当开关处在断开位置，输出就为零。可见，如果让开关受一个窄脉冲串（序列）的控制，则脉冲出现时开关闭合，脉冲消失时开关断开，此输出就是一个幅值变化的脉冲串（序列），每个脉冲的幅值就是该脉冲出现时刻输入信号的瞬时值。因此，就是对采样后的信号或称样值信号。

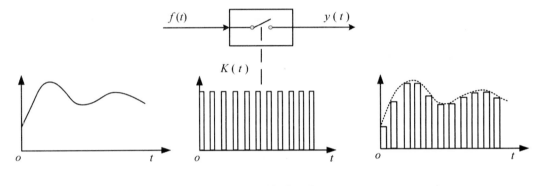

图6.3　采样概念示意图

采样应注意事项：采样矩形脉冲要尽量窄，尽可能接近瞬时采样过程。为了保证在接收端能重构原模拟信号的所有信息，采样频率必须大于或等于2倍的模拟信道带宽。

（2）量化

量化是将时间按离散、幅度连续的信号转换成时间和幅度均离散的信号。由于模拟信号包含无穷多个样值，从这样的模拟信号采样而来的样值脉冲的振幅值，也是有无穷多个可能的样值，所以不能直接传输，必须要对样值进行量化处理。量化的方法有多种，按量化级划分，有均匀量化和非均匀量化。

均匀量化，其量阶是常数，根据这种量化进行的编码叫作"线性编码"，相应的译码叫作"线性译码"。至于量阶的取值，则需根据具体情况来看，原则是保证通信的质量要求。

非均匀量化就是对信号的不同部分用不同的量化时间间隔，具体地说，对小信号部分采用较小的量化时间间隔，而对大信号部分就用较大的量化时间间隔。

（3）编码

编码是将量化的信号编码形成一个二进制的码组。从理论上看，任何一个可逆的二进制码组均可用于PCM。目前，常见的二进制码组有3类，即自然二进制码（Natural Binary Code, NBC）、折叠二进制码（Folded Binary Code, FBC）和格雷二进制码（Gray Binary Code, GBC）。表6.1列出3种码的编码规律，把16个量化级分成两部分，即0～7的8个量化级对应于负极性样值，8～15的8个量化级对应于正极性样值。

在折叠二进制码中,左边第一位表示正负号(信号极性),第二位开始至最后一位表示信号幅度。第一位用1表示正,用0表示负。绝对值相同的折叠码,其码组除第一位外都相同,并且相对于零电平(第7电平和第8电平之间)呈对称折叠关系,故这种码组形象地称为折叠二进制码。

表6.1 二进制码型

电平序号	自然二进制码	折叠二进制码	格雷二进制码
0	0 0 0 0	0 1 1 1	0 0 0 0
1	0 0 0 1	0 1 1 0	0 0 0 1
2	0 0 1 0	0 1 0 1	0 0 1 1
3	0 0 1 1	0 1 0 0	0 0 1 0
4	0 1 0 0	0 0 1 1	0 1 1 0
5	0 1 0 1	0 0 1 0	0 1 1 1
6	0 1 1 0	0 0 0 1	0 1 0 1
7	0 1 1 1	0 0 0 0	0 1 0 0
8	1 0 0 0	1 0 0 0	1 1 0 0
9	1 0 0 1	1 0 0 1	1 1 0 1
10	1 0 1 0	1 0 1 0	1 1 1 1
11	1 0 1 1	1 0 1 1	1 1 1 0
12	1 1 0 0	1 1 0 0	1 0 1 0
13	1 1 0 1	1 1 0 1	1 0 1 1
14	1 1 1 0	1 1 1 0	1 0 0 1
15	1 1 1 1	1 1 1 1	1 0 0 0

格雷二进制码的特点是任何相邻电平的码组,只有一位码发生变化。

在信道传输中有误码时,各种码组在解码时产生的结果是不同的。如果第一位码发生变化,自然二进制码解码后,引起的幅度误差是信号最大幅度的一半,这样会使恢复出的模拟电话信号出现明显的误码噪声,在小信号时这种噪声尤为突出。而折叠二进制码在传输中出现误码时,对小信号的影响要小得多,对大信号的影响较大。

6.1.4 模拟传输

模拟传输(Analog Transmission),即将信息在传输介质中以模拟信号传输的传输方式。当数字数据信号要在电话语音线路传输时,则必须先将数字数据信号在发送端转换成模拟信号,再进行传输。模拟传输核心技术是模拟数据信号的编码,以下进行具体介绍。

6.1.4.1 比特率与波特率的概念

1. 比特率

在计算机通信中,单位时间内传输的二进制代码的有效位数称为比特率,单位为 bps。比特率是用来描述数字数据的传输速率。

2. 波特率

波特率是指在模拟线路传输模拟数据信号的过程中,从调制解调器输出的调制信号每秒载波调制状态改变的数值,单位是 1/s,称为波特(Baud)。波特率是用来描述码元传输的速率,调制速率也称为波特率。

3. 比特率与波特率关系

在无调制的传输过程中,如果数据不压缩,波特率等于每秒钟传输的数据位数;如果数据进行压缩,那么每秒钟传输的数据位数通常大于调制速率。

比特率 S 与波特率 B 之间的关系为

$$S = B \log_2 K \tag{6.1}$$

式中,K 为多相调制的相数。

在二进制中,脉冲的有或无就表示这个码元状态的"1"或"0",即码元只有 2 个状态,式中 $K=2$,$S=B$。即在二进制的情况下,波特率与比特率数值相等,此时也称为两相调制。如果用 4 种不同的电压幅值 0 V、2 V、4 V 和 6 V 分别表示两位的二进制数 00、01、10 和 11,则码元有 4 种状态,称为四相调制,式(6.1)中 $K=4$,$S=2B$。用这种信号传输数据时,每改变一次信号值就可用来传送 2 bit 数据。在这种情况下,比特率和波特率就不相等。此外,还有八相调制、十六相调制等。

6.1.4.2 模拟数据信号编码方法

1. 调制解调器实现远程通信

要利用廉价的公共电话交换网实现计算机之间的远程通信,则必须先将发送端的数字信号变换成能够在公共电话网上传输的音频模拟信号,经传输后,再在接收端将音频模拟信号逆变换成对应的数字信号。将发送端的数字信号变换成模拟信号的过程称为调制(Modulate),将接收端的模拟信号逆变换成对应数字信号的过程称为解调(Demodulate)。同时具备调制和解调功能的设备称为调制解调器。

图 6.4 给出了使用调制解调器进行远程通信的系统示意图。这里,与调制解调器相连的工作站可以是计算机、远程终端、外部设备甚至局域网。

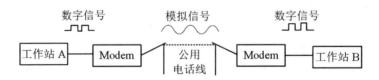

图 6.4 远程系统中的调制解调器

（1）振幅键控

在振幅键控（Amplitude Shift Keying, ASK）方法下，用载波的两种不同幅度来表示二进制值的两种状态。例如，用某恒定的载波幅度表示1，而用载波幅度表示0，图6.5(a)给出了ASK的信号波形。ASK信号实现容易、技术简单，但是抗干扰能力较差。

（2）移频键控

移频键控（Frequency Shift Keying, FSK）方法是通过改变载波信号角频率来表示数字信号0或1。图6.5(b)给出了FSK的信号波形，较高角频率表示1，较低角频率表示0。FSK的主要优点是实现起来较容易，抗噪声与抗衰减的性能较好，是目前常用的调制方法之一。

（3）移相键控

移相键控（Phase Shift Keying, PSK）方法是通过改变载波信号的相位值来表示数字信号0或1。如果用相位的绝对值表示数字信号0或1，则称为"绝对调相"，如图6.5(c)所示；如果用相位的相对偏移值表示数字信号0或1，则称为"相对调相"，如图6.5(d)所示。

在实际应用中，PSK方法可以方便地采用多相调制方法达到调整传输的目的。PSK的优点是抗干扰能力强，但是实现技术比较复杂。

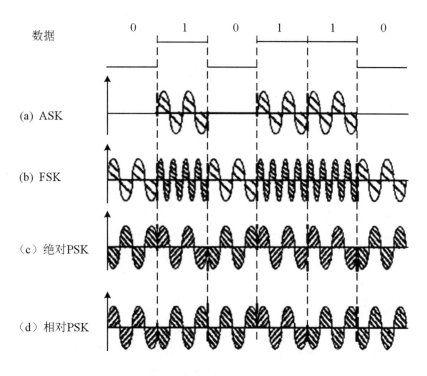

图6.5　模拟数据信号的编码方法

6.1.5 信道极限容量

1. 信道的概念

信道是信号的传输媒质,可分为有线信道(引导型)和无线信道(非引导型)两类。有线信道包括电缆、同轴电缆及光缆等;无线信道包括无线电波、微波、红外以及卫星等。信道和电路并不等同,一条通信电路往往包含一条发送信道和一条接收信道。下面先介绍基带信号以及基带调制方法,以便更好地理解信道极限容量的含义。

基带信号是指信源发出的没有经过调制的原始电信号,根据原始电信号的特征,基带信号可分为数字基带信号和模拟基带信号。例如,计算机输出的代表各种文字或图像文件的数据信号都属于基带信号。基带信号往往包含较多的低频成分,甚至有直流成分,而许多信息并不能传输这种低频分量或直流分量。为解决此问题,就必须对基带信号进行调制。

调制一般分为两大类。一类是基带调制,它仅仅对基带信号的波形进行变换,使它能够与信道特性相适应,变换后的信号仍然是基带信号;另一类是称为带通调制,即使用载波的调制,带通信号即经过载波调制后信号。它需要使用载波进行调制,把基带信号的频率范围搬移到较高的频段以便在信道中传输。

最基本的带通调制方法如下:

① 调幅(Amplitude Modulation, AM),即载波的振幅随基带数字信号而变化。例如,0或1对应于无载波或有载波输出。

② 调频(Frequency Modulation, FM),即载波的频率随基带数字信号而变化。例如,0或1分别对应于频率f_1或f_2。

③ 调相(Phase Modulation, PM),即载波的初始相位随基带数字信号而变化。例如,0或1分别对应于相位0°或180°。

为了达到更高的信息传输速率,必须采用技术上更为复杂的多元制的振幅相位混合调制方法。例如,正交振幅调制(Quadrature Amplitude Modulation, QAM)。

2. 信道的极限容量

任何实际的信道都不是理想的,信号在通过实际信道时会受到带宽、噪声和干扰而会产生各种失真。从概念上来说,限制码元在信道上的传输速率的因素有以下两个:

(1)信道能够通过的频率范围

具体特定的信道所能通过的频率范围总是有限的,信号中的许多高频分量往往不能通过信道。如果信号中的高频分量在传输时受到衰减,那么在接收端收到的波形就会产生失真现象,每一个码元所占的时间界限也不再是很明确的,这种现象叫作码间串扰。当码间串扰严重时,会使得本来区分清楚的一串码元变得模糊而无法识别。早在1924年,奈奎斯特(Nyquist)就推导出著名的奈氏准则,在理想低通信道下的最高码元传输速率C(单位为bps)的公式为

$$C = 2W \log_2 K \tag{6.2}$$

式中,W是理想低通信道的带宽,单位为Hz;K是多相调制的相数。

奈氏准则的另一种表达方法是：每赫兹带宽的理想低通信道的最高码元传输速率是每秒 2 个码元。若码元的传输速率超过了奈氏准则所给出的数值，则将出现码元之间的互相干扰，以致在接收端就无法正确判定码元是 1 还是 0。对于具有理想带通矩形特性的信道，奈氏准则就变为理想带通信道的最高码元传输速率为每秒 1 个码元。奈氏准则是在理想条件下推导出的，在实际条件下，最高码元传输速率要比理想条件下得出的数值还要小些。

根据奈氏准则可以推断出如下结论：

① 给定了信道的带宽，则该信道的极限波特率就确定了，不可能超过这个极限波特率传输码元，除非改善该信道的带宽。

② 要想增加信道的比特传送率有两条途径，一是可以增加该信道的带宽，二是可以选择更高效的编码方式。

（2）信噪比

噪声存在于所有的电子设备和通信信道中。由于噪声是随机产生的，它的瞬时值有时会很大。因此，噪声会使接收端对码元的判决产生错误，但噪声的影响是相对的。如果信号相对较强，那么噪声的影响就相对较小。因此，信噪比就很重要。所谓信噪比就是信号的平均功率（S）和噪声的平均功率（N）之比，常记为 S/N，并用分贝（dB）作为度量单位，即

$$\frac{S}{N} = 10 \lg\left(\frac{S}{N}\right) \tag{6.3}$$

例如，当 $\frac{S}{N} = 10$ 时，信噪比为 10 dB，而当 $\frac{S}{N} = 1000$ 时，信噪比为 30 dB。

在 1948 年，信息论的创始人香农（Shannon）推导出著名的香农公式。香农公式指出信道的极限信息传输速率 C 是

$$C = W \log_2\left(1 + \frac{S}{N}\right) \tag{6.4}$$

式中，W 是信道的带宽，单位为 Hz；$\frac{S}{N}$ 是信噪比，单位为 dB。

香农公式指出信息传输速率的上限，信道的带宽或信道中的信噪比越大，信息的极限传输速率就越高。香农公式的意义在于：只要信息传输速率低于信道的极限信息传输速率，就一定可以找到某种办法来实现无差错的传输。

通过以上介绍，对于频带宽度已确定的信道，如果信噪比不能再提高，并且码元传输速率也达到上限值，那么有没有别的什么方法来提高信息的传输速率？答案是肯定的，就是利用数据编码的方法让每一个码元携带更多比特的信息量。通过以下简单的例子来说明该问题。

假定基带信号是

1010110001101110110…

如果直接传送，则每一个码元所携带的信息量是 1 bit。现将信号中的每 3 比特编为一个组，即 101,011,000,110,111,010,…。3 比特共有 8 种不同的排列，我们可以不同的调制方法来表示这样的信号。例如，用 8 种不同的振幅，或 8 种不同的频率，或 8 种不同的相位进行调制。假定我们采用频率调制，f_0 表示 000，f_1 表示 001，f_3 表示 010，…，f_7 表示 111。这样，原来的 18 个码元的信号就转换为由 6 个码元组成的信号，即

$$1010110001101110110\cdots = f_5 f_3 f_0 f_6 f_7 f_2 \cdots$$

也就是说,若以同样的速率发送码元,则同样时间所传送的信息量就提高到3倍。

自从香农公式发表后,各种新的信号处理和调制方法不断出现,其目的都是为了尽可能地接近香农公式给出的传输速率极限。在实际信道中,信号还要受到其他一些损耗,如各种脉冲干扰和在传输过程中产生的失真等,能够达到的信息传输速率要比香农极限传输速率低不少。

6.2 传 输 介 质

传输介质是指在网络中传输信息的载体。常用的传输介质分为导向型传输介质和非导向型传输介质两大类。不同的传输介质,其特性也各不相同,它们不同的特性对网络中数据通信质量和通信速度有较大影响。

6.2.1 导向型传输介质

导向型传输介质是指在两个通信设备之间实现的物理连接部分,它能将信号从一方传输到另一方。导向型传输介质主要有双绞线、同轴电缆和光纤。双绞线和同轴电缆传输电信号,光纤传输光信号。

6.2.1.1 双绞线

双绞线(Twisted Pair, TP)是由两根具有绝缘保护层的铜导线组成,一般由两根22~26号绝缘铜导线相互缠绕而成,"双绞线"的名字也是由此而来。实际使用时,双绞线是由一对或多对双绞线一起包在一个绝缘电缆套管里,也就是双绞线电缆,通常把"双绞线电缆"直接称为"双绞线"。由于双绞线是由两根绝缘的铜导线按一定密度互相绞在一起,每一根导线在传输中辐射出来的电磁波会被另一根线上发出的电磁波所抵消,有效降低信号干扰的程度。

根据有无屏蔽层,双绞线分为屏蔽双绞线(Shielded Twisted Pair,STP)和非屏蔽双绞线(Unshielded Twisted Pair,UTP)。屏蔽双绞线由外部保护层、屏蔽层与多对双绞线组成,如图6.6(a)所示。非屏蔽双绞线由外部保护层与多对双绞线组成,如图6.6(b)所示。按电气性能划分的话,双绞线通常分为3类、4类、5类、超5类、6类、7类双绞线等类型,数字越大,版本越新、技术越先进、带宽也越宽,当然价格也越贵。一般局域网中,常用的是非屏蔽双绞线,有3类线和5类线;而超5类线、6类与7类线高带宽双绞线则出现在千兆以太网GE等高速局域网组建中。

EIA/TIA的布线标准中规定了双绞线的线序有两种,分别是T568A和T568B。T568A线序为绿白、绿、橙白、蓝、蓝白、橙、棕白、棕。T568B线序为橙白、橙、绿白、蓝、蓝白、绿、棕白、棕。建议同一局域网组建时用同一线序(推荐T568B),当施工过程中线缆出现差错时,有利于排查。

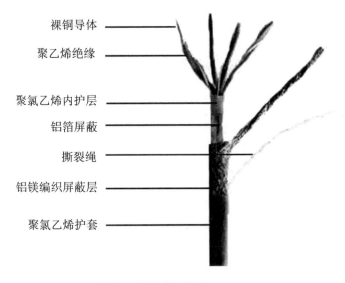

裸铜导体

聚乙烯绝缘

聚氯乙烯内护层

铝箔屏蔽

撕裂绳

铝镁编织屏蔽层

聚氯乙烯护套

（a）超5类屏蔽双绞线

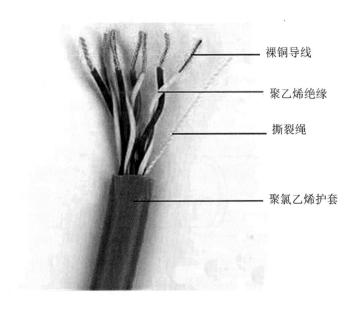

裸铜导线

聚乙烯绝缘

撕裂绳

聚氯乙烯护套

（b）5类非屏蔽双绞线

图6.6　屏蔽和非屏蔽双绞线基本结构图

6.2.1.2　同轴电缆

同轴电缆（Coaxial Cable）是指有两个同心导体，而导体和屏蔽层又共用同一轴心的电缆。常见的同轴电缆由绝缘材料隔离的铜线导体组成，在里层绝缘材料的外部是另一层环形导体及其绝缘体，然后整个电缆由聚氯乙烯或特氟纶材料的护套包住，如图6.7所示。

同轴电缆通常有细缆和粗缆两种，细缆的阻抗是50 Ω，粗缆的阻抗是75 Ω。早期以太网常用同轴电缆作为组网传输介质，现在多用于有线电视信号传输介质。同轴电缆的主要优点是抗干扰能力强。

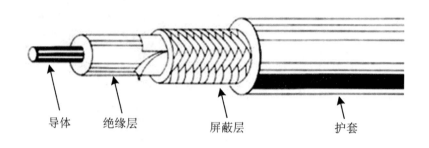

图6.7　同轴电缆结构示意图

6.2.1.3　光纤

光纤(Optical Fiber),光导纤维的简写,是一种利用光在玻璃或塑料制成的纤维中的全反射原理而达成的光传导介质。光纤由纤芯、包层和涂覆层构成,一般是直径为8~100 μm的柔软且能传导光波的玻璃或塑料。纤芯外面用折射率较低的包层包裹起来,外部再包裹涂覆层,如图6.8所示。多条光纤组成一束构成光缆。

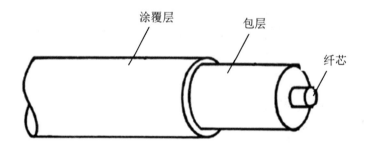

图6.8　光纤结构示意图

1. 单模光纤与多模光纤

根据光纤的传输模式,可分为单模光纤和多模光纤。

单模光纤(Single Mode Fiber, SMF)是指在工作波长中只能传输一种模式的光纤。单模光纤的纤芯直径较小,为4~10 μm。通常,纤芯的折射率分布认为是均匀分布的。由于单模光纤只传输基模,从而完全避免了模式色散,使传输带宽大大加宽。单模光纤适用于大容量、长距离的光纤通信。图6.9(a)给出了光信号在单模光纤中的传输轨迹。

多模光纤(Multi Mode Fiber,MMF)是指在工作波长中传输多个模式的光纤。早期的多模光纤采用阶跃折射率分布,为了减小色散,采用渐变折射率分布。多模光纤的纤芯直径约为50 μm,由于模色散的存在使多模光纤的带宽变窄,但是制造、耦合和连接均比单模光纤容易。图6.9(b)给出了光信号在多模光纤中的传输轨迹。

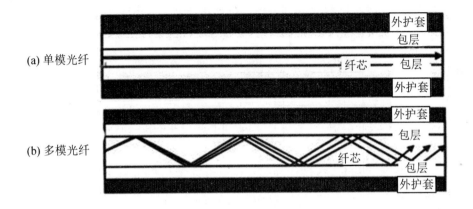

图6.9 光信号在光纤中的传输轨迹

2. 光缆

光缆是一定数量的光纤按照一定方式组成缆芯,外包有护套,有的还包覆外护层,用以实现光信号传输的一种通信线路。光缆的基本结构一般是由缆芯、加强钢丝、填充物和护套等部分组成,另外根据需要还有防水层、缓冲层、绝缘金属导线等构件。其结构如图6.10所示。

图6.10 光缆结构示意图

按照铺设方式不同,光缆可分为管道光缆、直埋光缆、架空光缆和水底光缆。目前,光缆在广域网、城域网、局域网、电信传输网和广播电视传输网中都得到了广泛的应用。

3. 光纤传输的基本原理

（1）光纤传输系统的基本构成

光纤传输系统基本构成设备有光发信机、光收信机、光纤或光缆、中继器、光纤连接器、光纤耦合器等。图6.11为光纤传输系统结构示意图。

其中,光发信机的功能是将来自于电端机的电信号对光源发出的光波进行调制,成为已调光波,再将已调的光信号耦合到光纤或光缆中去传输。光收信机的功能是将光纤或光缆传输来的光信号,经光检测器转变为电信号,然后将这微弱的电信号经放大电路放大到足够的电平,送到接收端的电端汲去。中继器的作用主要是补偿光信号在光纤中传输时受到的衰减和对波形失真的脉冲进行整形。此外,光纤间的连接、光纤与光端机的连接及耦合,对光纤连接器、耦合器等无源器件的使用是必不可少的。

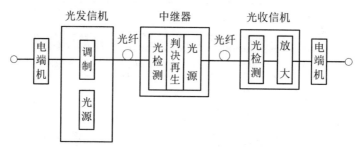

图6.11 光纤传输系统结构示意图

（2）光纤传输的基本原理

光纤传输的基本原理是在发送端首先要把传送的信息(如语音)变成电信号,然后调制到激光器发出的激光束上,使光的强度随电信号的幅度(频率)变化而变化,并通过光纤发送出去。在接收端,检测器收到光信号后把它变换成电信号,经解调后恢复原信息。

（3）光纤物理层标准

随着光纤应用范围的不断扩大,出现了多种以光纤为传输介质的物理层标准。例如,调整以太网的物理层就制定了多个关于光纤的物理层标准,这些标准涉及光纤的传输速率、传输距离等性能参数。对于光纤物理层标准的理解,需要注意以下问题:

由于光纤只能单方向传输光信号,因此需要使用两根光纤来实现计算机与交换机的双向传输。

在物理层协议中,用于从计算机向交换机传送信号的光纤称为上行光纤,用于从交换机向计算机传送信号的光纤称为下行光纤。上行光纤和下行光纤需要使用不同的载波频率。

物理层协议规定的物理参数主要包括传输模式、上行光纤与下行光纤光载波的频率、光纤的尺寸、光接口以及最大光纤传输距离。

6.2.2 非导向型传输介质

非导向型传输介质是指利用无线电波在自由空间的传播可以实现多种无线通信。在自由空间传输的电磁波根据频谱可将其分为无线电波、微波、红外线、激光等,信息被加载在电磁波上进行传输。非导向型传输介质有无线电波、微波、红外线、激光等。在局域网中,通常只使用无线电波和红外线作为传输介质。无线传输介质通常用于广域互联网的广域链路的连接。

无线传输的优点在于安装、移动以及变更都较容易,不会受到环境的限制。但是,信号在无线传输过程中容易受到干扰和被窃取,且初期的安装费用较高。

1. 无线电波

无线电波(Airwave)是指在所有自由空间(包括空气和真空)传播的电磁波,是其中的一个有限频带,上限频率在300 GHz,下限频率较不统一,在各种射频规范书中,常见的有 3×10⁻⁶～300 GHz(ITU 规定),9×10⁻⁶～300 GHz,10⁻⁵～300 GHz。

（1）无线电技术的原理

无线电技术的原理是导体中电流强弱的改变会产生无线电波。利用这一现象,通过调制可将信息加载于无线电波之上。当电波通过空间传播到达收信端时,电波引起的电磁场变化又会在导体中产生电流。通过解调将信息从电流变化中提取出来,就达到了信息传递的目的。

（2）无线电波波段的划分

无线电波的频谱,根据其特点可以划分为如表6.2所示的几个波段。根据频谱和需要,可以进行通信、广播、电视、导航和探测等,但不同波段电波的传播特性有很大差别。不同波段的无线电波的传播方式也不尽相同,主要传播方式有地表传播、天波传播、视距传播、散射传播及波导模传播等。其中,长波和中波通过地表传播,而天波传播适用于短波。

表6.2　无线电波波段划分

波段名称		波长范围(m)	频段名称	频率范围
超长波		10000～1000000	甚低频	3～30 kHz
长波		1000～10000	低频	30～300 kHz
中波		100～1000	中频	300～3000 kHz
短波		10～100	高频	3～30 MHz
超短波	米波	1～10	甚高频	30～300 MHz
	分米波	0.1～1	特高频	300～3000 MHz
	厘米波	0.01～0.1	超高频	3～30 GHz
	毫米波	0.001～0.01	极高频	30～300 GHz

2. 微波

微波(Microwave)是频率在 10^8～10^{10} Hz 之间的电磁波。在 100 MHz 以上,微波就可以沿直线传播,因此可以集中于一点。通过抛物线状天线把所有的能量集中于一小束,便可以防止他人窃取信号和减少其他信号对它的干扰,但是发射天线和接收天线必须精确地对准。因为微波沿直线传播,所以如果微波塔相距太远,地表就会挡住去路。因此,隔一段距离就需要一个中继站,微波塔越高,传的距离越远。微波通信被广泛用于长途电话通信、监察电话、电视传播和其他方面的应用。

3. 红外线

红外线(Infrared)是频率在 10^{12}～10^{14} Hz 之间的电磁波,被广泛用于短距离通信,如电视、录像机使用的遥控装置都利用了红外线装置。红外线主要的缺点是不能穿透坚实的物体,由于此原因,一间房屋里的红外系统不会对其他房间里的系统产生串扰,所以红外系统防窃听的安全性要比无线电系统好。正因为于此,应用红外系统不需要得到政府的许可。

4. 激光

激光(Laser)是一种电磁波,具有很好的相干性、单色性和方向性。用它作为载波传递信息,容量大、距离远、保密性高、抗干扰性强。

激光作为传输介质,其通信的优点有通信容量大、保密性强、设备结构轻便经济。但激光通信也存在一些显著的弱点,主要是通信距离限于视距(数公里至数十公里范围),易受气候影响,在恶劣气候条件下甚至会造成通信中断,不同波长的激光在大气中有不同的衰减。激光束有极高的方向性,这给发射点和接收点之间的瞄准带来不少困难。为保证发射点和接收点之间瞄准,不仅对设备的稳定性和精度提出很高的要求,而且操作也复杂。

6.3 常用的宽带接入技术

宽带接入是相对于窄带接入而言的,一般把速率超过 1 Mbps 的接入称为宽带接入。宽带接入技术主要包括铜线宽带接入技术、HFC接入技术、光纤接入技术和无线接入技术等。

6.3.1 xDSL 技术

xDSL 是各种类型数字用户线路(Digital Subscriber Line, DSL)的总称,包括 ADSL、RADSL、VDSL、SDSL、IDSL 和 HDSL 等。xDSL 中"x"表示任意字符或字符串,根据采取不同的调制方式,获得的信号传输速率和距离不同以及上行信道和下行信道的对称性不同。

xDSL 是一种新的传输技术,在现有的铜质电话线路上采用较高的频率及相应调制技术,即利用在模拟线路中加入或获取更多的数字数据的信号处理技术,从而来获得高传输速率(理论值可达到52 Mbps)。各种 DSL 技术最大的区别体现在信号传输速率和距离的不同,以及上行信道和下行信道的对称性不同两个方面。

6.3.1.1 ADSL 技术

非对称数字用户线路(Asymmetric Digital Subscriber Line, ADSL)属于DSL技术的一种,是一种新的数据传输方式。ADSL技术提供的上行带宽和下行带宽不对称,因此称为非对称数字用户线路。

1. ADSL 基本原理

传统的电话线系统使用的是铜线的低频部分(4 kHz以下频段),而ADSL采用离散多音频(Discrete Multi Tone, DMT)技术,将原来的电话线路4 kHz到1.1 MHz频段划分成256个频宽为4.3125 kHz的子频带。其中,4 kHz以下频段仍用于传送POTS(传统电话业务),20 kHz到138 kHz的频段用来传送上行信号,138 kHz到1.1 MHz的频段用来传送下行信号。DMT技术可以根据线路的情况调整在每个信道上所调制的比特数,以便充分地利用线路。

一般来说,子信道的信噪比越大,在该信道上调制的比特数越多,如果某个子信道信噪比很差,则弃之不用。ADSL可达到上行640 kbps、下行8 Mbps的数据传输率。

由上可以看到,对于原先的电话信号而言,仍使用原先的频带,而基于ADSL的业务,使用的是语音以外的频带。所以,原先的电话业务不受任何影响。ADSL采用频分多路复用技术,在一条线路上可以同时存在3个信道。当使用HFC方式时,通过Cable Modem可以使用永久连接。

2. ADSL接入方法

ADSL接入Internet主要有虚拟拨号和专线接入两种方式。采用虚拟拨号方式的用户采用类似Modem和ISDN的拨号程序,在使用习惯上与原来的方式没什么不同,而采用专线接入的用户只要开机即可接入Internet。ADSL根据它接入互联网方式的不同,它所使用的协议也略有不同。当然,不管ADSL使用怎样的协议,它都是基于TCP/IP这个最基本的协议,并且支持所有TCP/IP程序应用。简单的ADSL接入方法如图6.12所示。

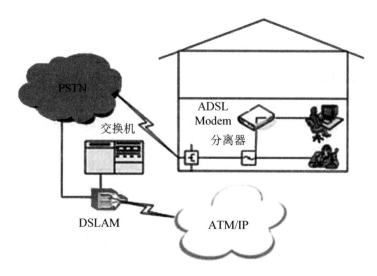

图6.12　ADSL接入方法示意图

（1）虚拟拨号

在ADSL的数字专线上进行拨号,不同于模拟电话线上用调制解调器的拨号,而采用专门的协议(Point to Point Protocol over Ethernet,PPPoE),拨号后直接由验证服务器进行检验,用户需输入用户名与密码,检验通过后就建立起一条高速并且是"虚拟"的用户数字专线,并分配相应的动态IP地址。虚拟拨号用户需要通过一个用户账号和密码来验证身份,该账号需要用户向互联网供应商申请。由于频带不同,该账号只能用于ADSL Modem虚拟拨号,而不能用于普通Modem拨号。

（2）专线接入

ADSL专线接入是ADSL接入方式中的另一种,不同于虚拟拨号方式,而是采用一种类似于专线的接入方式。用户连接和配置好ADSL Modem后,在自己的PC的网络设置里设置好相应的TCP/IP协议及网络参数(IP和掩码、网关等都由局端事先分配好),开机后,用户端和局端会自动建立起一条链路。所以,ADSL的专线接入方式是以有固定IP、自动连接等特点的类似专线的方式,当然,它的速率比某些低速专线还快得多。

3. ADSL 标准

1994 年 TIE1.4 工作组通过了第一个 ADSL 草案标准,决定采用离散多音频(Discrete Multi-Tone,DMT)作为标准接口(即 G.DMT),关键是能支持 6.144 Mbps 甚至更高的速率并能传较远的距离。G.DMT 是全速率的 ADSL 标准,支持 8 Mbps/1.5 Mbps 的高速下行/上行速率,但是,G.DMT 要求用户端安装分离器,比较复杂且价格昂贵。

1997 年,一些 ADSL 的厂商和运营商开始认识到,也许牺牲 ADSL 的一些速率可能会加快 ADSL 的商业化进程,因为速率下降的同时也就意味着技术复杂度的降低。全速率 ADSL 的下行速率是 8 Mbps,但是在用户端必须安装一个分离器。如果把 ADSL 的下行速率降到 1.5 Mbps(下行速率为 1.5 Mbps,上行速率为 384 kbps),那么用户端的分离器就可以取消。这意味着,用户可以像以往安装普通模拟 Modem 一样安装 ADSL Modem,没有任何区别,省略了服务商的现场服务,这对 ADSL 的推广至关重要。

于是,ADSL 的一个新版本诞生了,称作通用 ADSL。1998 年 1 月,世界上一些知名厂商、运营商和服务商组织起来,成立了通用 ADSL 工作小组,致力于该版本的标准化工作。1998 年 10 月,ITU 开始进行通用 ADSL 标准的讨论,并将之命名为 G.Lite,经过半年多的等待,1999 年 6 月 22 日 ITU 最终批准通过 G.Lite(即 G.992.2)标准,从而为 ADSL 的商业化进程扫清了障碍。

2002 年 7 月,ITU-T 公布了 ADSL 的两个新标准(G.992.3 和 G.992.4),也就是所谓的 ADSL2。到 2003 年 3 月,在第一代 ADSL 标准的基础上,ITU-T 又制定了 G.992.5,也就是 ADSL2plus,又称 ADSL2+。

6.3.1.2　VDSL 技术

超高速数字用户线路(Very High Speed Digital Subscriber Line,VDSL)是一种非对称 DSL 技术,和 ADSL 技术一样,VDSL 也使用双绞线进行语音和数据的传输。VDSL 是利用现有电话线上安装 VDSL,只需在用户侧安装一台 VDSL Modem。最重要的是,无须为宽带上网而重新布设或变动线路。

1. VDSL 技术原理

VDSL 技术采用频分复用原理,数据信号和电语音频信号使用不同的频段,互不干扰,上网的同时可以拨打或接听电话。

从技术角度而言,VDSL 实际上可视作 ADSL 的下一代技术,其平均传输速率可比 ADSL 高出 5～10 倍。VDSL 能提供更高的数据传输速率,可以满足更多的业务需求,包括传送高保真音乐和高清晰度电视,是真正的全业务接入手段。由于 VDSL 传输距离缩短(传输距离通常为 300～1000 m),码间干扰小,对数字信号处理要求大为简化,所以设备成本比 ADSL 低。另外,根据市场或用户的实际需求,VDSL 上、下行速率可以设置成对称的,也可以设置成不对称的。

2. VDSL 技术特点

(1) 高速传输

短距离内的最大下传速率可达 55 Mbps,上传速率可达 19.2 Mbps,甚至更高。目前可提供 10 Mbps 上、下行对称速率。

（2）互不干扰

VDSL数据信号和电话音频信号以频分复用原理调制于各自频段互不干扰。用户上网的同时可以拨打或接听电话,避免了拨号上网时不能使用电话的烦恼。

（3）独享带宽

VDSL利用中国电信深入千家万户的电话网络,先天形成星形结构的网络拓扑构造,骨干网络采用中国电信遍布全城全国的光纤传输,用户独享10 Mbps带宽,信息传递快速、可靠、安全。

（4）价格实惠

VDSL业务上网资费构成为基本月租费+信息费,不需要再支付上网通信费。

6.3.2　HFC接入技术

光纤同轴电缆混合网（Hybrid Fiber Coaxial,HFC）采用光纤到服务区,"最后一公里"采用同轴电缆。HFC网络能够传输的带宽为750～860 MHz,少数达到1 GHz,是一种经济实用的综合数字服务宽带网接入技术。

HFC网的主要特点是传输容量大,易实现双向传输。从理论上讲,一对光纤可同时传送150万路电话或2000套电视节目。频率特性好,在有线电视传输带宽内无须均衡。传输损耗小,可延长有线电视的传输距离,25 km内无须中继放大。光纤间不会有串音现象,不怕电磁干扰,能确保信号的传输质量。

1. HFC网络结构的组成

HFC网络通常主要由光纤干线、同轴电缆支线和用户配线网络三部分组成,如图6.13所示。从有线电视台出来的节目信号先变成光信号在干线上传输,到用户区域后把光信号转换成电信号,经分配器分配后通过同轴电缆送到用户。HFC与早期社区公共电视天线系统（Community Antenna Television,CATV）同轴电缆网络的不同之处主要在于,在干线上用光纤传输光信号,在前端需完成电—光转换,进入用户区后要完成光—电转换。

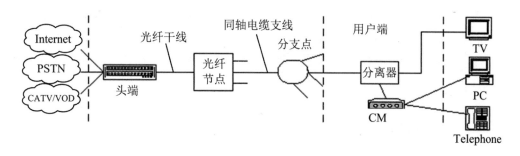

图6.13　HFC网络结构的组成示意图

（1）光纤干线

光纤干线是指前端至服务区的光纤节点之间的部分,从前端至每一服务区的光纤节点都有一专用的直接的无源光连接,即用一根单模光纤代替传统的同轴电缆和一连串有源干线放大器,从结构上则相当用星形结构代替了传统的树形分支结构。

（2）同轴电缆支线

同轴电缆支线是指服务区光纤节点与分支节点之间的部分,采用树形分支同轴电缆网,其覆盖范围可达5～10 km。

（3）用户配线网络

用户配线网络是指分支点至用户之间的部分,分支点的分支器是同轴电缆支线与用户配线网络的分界点。分支器是信号分路器和方向耦合器结合的无源器件,负责将同轴电缆支线送来的信号分配给每一用户。用户配线网络电缆一般采用灵活的软电缆,以便适应住宅用户的线缆铺设条件及作为电视、机顶盒之间的跳线连接电缆。

（4）头端

HFC 网的头端又称为电缆调制解调器终端系统（Cable Modem Terminal Systems,CMTS）。头端的光纤节点设备对外连接高带宽主干光纤,对内连接有线广播设备与计算机网络的HFC网关（HFC Gateway, HGW）。有线广播设备实现交互式电视点播与电视节目播放。HGW 完成 HFC 系统与计算机网络系统的互联,为接入 HFC 的计算机提供访问 Internet服务。

（5）用户端

用户端的电视机与计算机分别接到线缆调制解调器（Cable Modem, CM）,CM 与入户的同轴电缆连接。CM的作用是将下行有线电视信道传输的电视节目传送到电视机,将下行数据信道传输的数据传送到计算机,将上行数据信道传输的数据传送到头端。

（6）光纤节点

小区光纤节点将光纤干线和同轴电缆相互连接,通过同轴电缆下引线可以为上千用户提供服务。

2. HFC接入技术的特点

① HFC接入技术用光纤取代同轴电缆作为有线电视网络中的干线,光纤接到居民小区的光纤节点之后,小区内部仍然使用同轴电缆接入用户家庭,因此形成了光纤与同轴电缆混合使用的传输网络。传输网络以头端为中心的星状结构。

② 在光纤传输线路上采用波分复用的方法,形成上行和下行信道,在保证正常电视节目播放与交互式视频点播 VOD 节目服务的同时,为家庭用户计算机接入 Internet 提供服务。

③ 通过对有线电视网络的双向传输改造,可以为很多的家庭宽带接入 Internet 提供一种经济、便捷的方法。

6.3.3　FTTx技术

FTTx是新一代的光纤用户接入网,用于连接电信运营商和终端用户。FTTx的网络可以是有源光纤网络,也可以是无源光纤网络。用于有源光纤网络的成本相对较高,实际上在用户接入网中应用很少,所以目前通常所指的FTTx网络应用的都是无源光纤网络。

根据光纤到用户的距离来分类,可分成光纤到交换箱（Fiber To The Node,FTTN）、光纤到路边(Fiber To The Curb, FTTC)、光纤到大楼(Fiber To The Building, FTTB)和光纤到户 (Fiber To The Home, FTTH)4种服务形态,如图6.14所示。美国运营商 Verizon 将 FTTB 及 FTTH 合称为光纤到驻地(Fiber To The Premise, FTTP),上述服务可统称 FTTx。

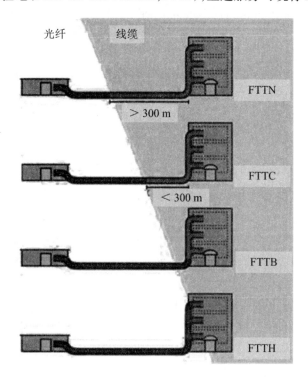

图6.14　4种FTTx服务形态示意图

1. FTTC

FTTC 为目前主要的服务形式,主要是为住宅区的用户服务,将光网络单元(Optical Network Unit, ONU)设备放置于路边机箱,利用 ONU 出来的同轴电缆传送 CATV 信号或双绞线传送电话及上网服务。FTTC 的传输速率为 155 Mbps。FTTC 与交换局之间的接口采用 ITU-T 制定的接口标准 V5。

2. FTTB

FTTB 依服务对象区分有两种,一种是公寓大厦的用户服务,另一种是商业大楼的公司行号服务,两种皆将 ONU 设置在大楼的地下室配线箱处,只是公寓大厦的 ONU 是 FTTC 的延伸,而商业大楼是为了中大型企业单位,必须提高传输的速率,以提供高速的数据、电子商务、视频会议等宽带服务。

3. FTTH

至于 FTTH, ITU 认为从光纤端头的光电转换器(或称为媒体转换器)到用户桌面不超过 100 m 的情况才是 FTTH。FTTH 将光纤的距离延伸到终端用户家里,使得家庭内能提供各种不同的宽带服务,如 VOD、在家购物、在家上课等,提供更多的商机。若搭配 WLAN 技术,将使得宽带与移动结合,则可以达到未来宽带数字家庭的远景。

6.3.4　无线接入技术

无线接入技术(Radio Interface Technologies, RIT)是指通过无线介质将用户终端与网络节点连接起来,以实现用户与网络间的信息传递,也称空中接口,是无线通信的关键问题。

1. 无线接入系统的组成

无线接入系统主要由控制器、操作维护中心、基站、固定终接设备和移动终端等部分组成。

(1)控制器

控制器通过其提供的与交换机、基站和操作维护中心的接口与这些功能实体相连接。控制器的主要功能是处理用户的呼叫(包括呼叫建立、拆线等)、对基站进行管理,通过基站进行无线信道控制、基站监测和对固定用户单元及移动终端进行监视和管理。

(2)操作维护中心

操作维护中心负责整个无线接入系统的操作和维护,其主要功能是对整个系统进行配置管理,对各个网络单元的软件及各种配置数据进行操作。

(3)基站

通过无线收发信机提供与固定终接设备和移动终端之间的无线信道,并通过无线信道完成语音呼叫和数据的传递。

(4)固定终接设备

为用户提供电话、传真、数据调制解调器等用户终端的标准接口(Z 接口)。它与基站通过无线接口相接,并向终端用户透明地传送交换机所能提供的业务和功能。

(5)移动终端

移动终端从功能上可以看作是将固定终接设备和用户终端合并构成的一个物理实体。由于它具备一定的移动性,因此支持移动终端的无线接入系统除了应具备固定无线接入系统所具有的功能外,还要具备一定的移动性管理等蜂窝移动通信系统所具有的功能。

2. 无线接入技术类型

无线接入技术类型有多种,主要有 GSM 接入技术、CDMA 接入技术、GPRS 接入技术、DBS 卫星接入技术、蓝牙技术、Home RF 技术、WCDMA 接入技术、3G/4G 通信技术、无线局域网、Wi-Fi 等。几种无线接入技术具体介绍如下。

(1)GSM 接入技术

全球移动通信系统(Global System for Mobile Communication,GSM)是一种起源于欧洲的移动通信技术标准,是第二代移动通信技术。该技术是目前个人通信的一种常见技术代表。它用的是窄带 TDMA,允许在一个射频即"蜂窝"同时进行 8 组通话。GSM 是 1991 年开始投入使用的。到 1997 年底,已经在 100 多个国家运营,成为欧洲和亚洲实际上的标准。GSM 数字网具有较强的保密性和抗干扰性,音质清晰、通话稳定,并具备容量大、频率资源利用率高、接口开放、功能强大等优点。我国于 20 世纪 90 年代初引进采用此项技术标准,此前一直是采用蜂窝模拟移动技术,即第一代 GSM 技术(2001 年 12 月 31 日我国关闭了模拟移动网络)。目前,中国移动、中国联通各拥有一个 GSM 网,GSM 手机用户总数在 1.4 亿以上,为世界最大的移动通信网络。

（2）蓝牙技术

蓝牙(Bluetooth)是一种无线技术标准,可实现固定设备、移动设备和楼宇个人域网之间的短距离数据交换,使用 2.4～2.485 GHz 的 ISM 波段的 UHF 无线电波。通过蓝牙能使包括蜂窝电话、掌上计算机、笔记本计算机、相关外设和家庭 Hub 等包括家庭 RF 的众多设备之间进行信息交换。蓝牙应用于手机与计算机的相连,可节省手机费用,实现数据共享、因特网接入、无线免提、同步资料、影像传递等。虽然蓝牙在多向性传输方面上具有较大的优势,但若是设备众多,识别方法和速度也会出现问题。蓝牙具有一对多点的数据交换能力,故它需要安全系统来防止未经授权的访问。蓝牙的基本通信速率为 750 kbps,不过现在带 4 Mbps IR 端口的产品已经非常普遍,而且最近 16 Mbps 的扩展也已经被批准。

（3）4G 通信技术

4G 指的是第四代移动通信技术,具有非对称的超过 2 Mbps 的数据传输能力,支持高速数据率(2～20 Mbps)连接的理想模式,上网速率从 2 Mbps 提高到 100 Mbps,具有不同速率间的自动切换能力。

4G 通信系统是多功能集成的宽带移动通信系统,在业务上、功能上、频带上都与第三代系统不同,会在不同的固定和无线平台及跨越不同频带的网络运行中提供无线服务,比第三代移动通信更接近于个人通信。第四代移动通信技术可把上网速度提高到超过第三代移动技术的 50 倍,可实现三维图像高质量传输。

4G 移动通信技术的信息传输级数要比 3G 移动通信技术的信息传输级数高一个等级。对无线频率的使用效率比第二代和第三代系统都高得多,且抗扰信号衰落性能更好,其最大的传输速度会是"i-mode"服务的 10000 倍。除了高速信息传输技术外,它还包括高速移动无线信息存取系统、移动平台的拉技术、安全密码技术以及终端间通信技术等,具有极高的安全性,4G 终端还可用于定位、告警等。

4G 手机系统下行链路速率为 100 Mbps,上行链路速率为 30 Mbps。其基站天线可以发送更窄的无线电波波束,在用户行动时也可进行跟踪,可处理数量更多的通话。

第四代移动电话不仅音质清晰,而且能进行高清晰度的图像传输,用途会十分广泛。在容量方面,可在 FDMA、TDMA、CDMA 的基础上引入空分多址(SDMA),容量达到 3G 的 5～10 倍。另外,可以在任何地址宽带接入互联网,包含卫星通信,能提供信息通信之外的定位定时、数据采集、远程控制等综合功能。它包括广带无线固定接入、广带无线局域网、移动广带系统和互操作的广播网络(基于地面和卫星系统)。

（4）无线局域网

无线局域网(Wireless LAN,WLAN)是计算机网络与无线通信技术相结合的产物。它具有不受电缆束缚、可移动、能解决因有线网布线困难等带来的问题,并且组网灵活、扩容方便、与多种网络标准兼容、应用广泛等优点。WLAN 既可满足各类便携机的入网要求,也可实现计算机局域网远端接入、图文传真、电子邮件等多种功能。

（5）Wi-Fi

无线保真（Wireless Fidelity,Wi-Fi）是一种可以将个人计算机、手持设备等终端以无线方式互相连接的技术,事实上它是一个高频无线电信号。无线保真是一个无线网络通信技术的品牌,由Wi-Fi联盟所持有,目的是改善基于IEEE 802.11标准的无线网路产品之间的互通性。有人把使用IEEE 802.11系列协议的局域网就称为无线保真（Wi-Fi是WLAN的重要组成部分）,甚至把无线保真等同于无线网际网路。

目前,主流的无线Wi-Fi网络设备一般都支持13个信道,它们的中心频率虽然不同,但是因为都占据一定的频率范围,所以会有一些相互重叠的情况。

表6.3是常用的2.4 GHz频带的信道划分,列出了信道的中心频率。每个信道的有效带宽是20 MHz,另外还有2 MHz的强制隔离频带。也就是,对于中心频率为2412 MHz的1信道而言,其频率范围为2401～2423 MHz。

表6.3　Wi-Fi频带信道划分

信道	中心频率	信道	中心频率
1	2412 MHz	8	2447 MHz
2	2417 MHz	9	2452 MHz
3	2422 MHz	10	2457 MHz
4	2427 MHz	11	2462 MHz
5	2432 MHz	12	2467 MHz
6	2437 MHz	13	2472 MHz
7	2442 MHz		

6.3.5　小结

① 物理层的功能是为数据端设备提供传送数据通路和传输数据,其特性为实现了物理层在传输数据时,对于信号、接口和传输介质的规定。

② 数据是信息的表现形式和载体,信号是数据的电磁编码或电子编码。

③ 数字数据信号编码常用有非归零码、曼彻斯特编码和差分曼彻斯特编码。

④ 比特率是用来描述数字信号的传输速率,波特率是用来描述码元传输的速率。

⑤ 香农公式指出了信息传输速率的上限,信道的带宽或信道中的信噪比越大,信息的极限传输速率就越高。

⑥ 网络中常用的传输介质通常分为导向型传输介质和非导向性传输介质,导向型传输介质有双绞线、同轴电缆和光纤,非导向型传输介质有无线电波、微波、红外线和激光。

⑦ 常用的宽带接入技术主要有铜线宽带接入技术、HFC接入技术、光纤接入技术和无线接入技术。

习 题 6

一、单项选择题

1. 在 OSI 中,物理层有 4 个特性。其中,通信媒介的参数和特性方面的内容属于(　　　　)。

　　A. 机械特性　　　　B. 电气特性　　　　C. 功能特性　　　　D. 规程特性

2. EIA RS-232C 标准属于(　　　　)。

　　A. 物理层　　　　B. 数据链路层　　　　C. 网络层　　　　D. 传输层

3. 下列说法正确的是(　　　　)。

　　A. 将模拟信号转换成数字数据称为调制

　　B. 将数字数据转换成模拟信号称为解调

　　C. 模拟数据不可以转换成数字信号

　　D. 以上说法均不正确

4. 脉冲编码调制(PCM)的过程是(　　　　)。

　　A. 采样 量化 编码　　　　　　　　B. 采样 编码 量化

　　C. 量化 采样 编码　　　　　　　　D. 编码 量化 采样

5. 如果某信道的带宽为 4 kHz,信噪比为 30 dB,则该信道的极限信息传输速率为(　　　　)。

　　A. 10 kbps　　　　B. 20 kbps　　　　C. 40 kbps　　　　D. 80 kbps

6. 某信道的信号传输速率为 2000 baud,若想令其数据传输速率达到 8 kbps,则一个信号码元所取的有效离散值个数应为(　　　　)。

　　A. 2　　　　　　B. 4　　　　　　C. 8　　　　　　D. 16

7. 下列编码中不含同步时钟信息的编码是(　　　　)。

① 非归零码　　　② 曼彻斯特编码　　　③ 差分曼彻斯特编码

　　A. ①　　　　　　B. ②　　　　　　C. ②③　　　　　D. ①②③

8. 下列编码方式中属于基带传输的是(　　　　)。

　　A. FSK　　　　　　　　　　　　B. 移相键控法

　　C. 曼彻斯特编码　　　　　　　　D. 正交幅度相位调制法

9. 下列关于单模光纤的描述正确的是(　　　　)。

　　A. 单模光纤的成本比多模光纤的低

　　B. 单模光纤的传输距离比多模光纤的短

　　C. 光在单模光纤中通过内部反射来传播

　　D. 单模光纤的直径一般比多模光纤小

10. FTTB 指的是(　　　　)。

　　A. 光纤到大楼　　B. 光纤到户　　　C. 光纤到路边　　D. 光纤到交换箱

二、名词术语解释

1. 数据　　2. 信号　　3. 数据传输　　4. 模拟传输　　5. PCM

6. 曼彻斯特编码　　7. 比特率　　8. 波特率　　9. 奈氏准则

10. 导向型传输介质　　11. 非导向型传输介质　　12. ADSL

13. HFC 技术　　14. FTTH　　15. 空中接口　　16. Wi-Fi

三、简答题与计算题

1. 物理层的主要功能有哪些？物理层的主要特性是什么？

2. 物理层的主要协议(或标准)有哪些？

3. 已知数据 $A = 10110110$，请画出数据 A 的曼彻斯特编码和差分曼彻斯特编码的波形。

4. 简述 PCM 的工作原理与主要过程。

5. 简述折叠二进制码(FBC)的编码规律与特点。

6. 已知数据传输速率 $S = 14400$ bps，多相调制的相数 $K = 8$，求调制速率 B。

7. 已知 $S/N = 20$ dB，带宽 $B = 3000$ Hz，根据香农定理，求：信道极限传输速率 C。

8. 简述光纤传输系统的基本构成及其原理。

9. 常用的传输媒体有哪几种？各有何特点？

10. ADSL 接入方式主要有哪两种？其接入特点是什么？

阅读材料

用光纤制导导弹有些人可能迷惑不解。光纤细如蛛丝，高速飞行的导弹会不会拉断光纤呢？这的确是光纤制导中的一个关键问题。一般市场上出售的光纤的抗拉强度，远不能满足光纤制导的要求。而光纤制导用的光纤，是经过特殊加工的。这种光纤的外径只有 300 μm 左右，可承受巨大的拉力，可满足光纤制导的要求。

光纤制导就如同放风筝一样，制导导弹可从车辆和直升机上发射。操纵人员通过屏幕显示器观察导弹寻的器传来的信号，有如随同导弹一起飞向目标，当然其命中精度要高得多。当导弹向前飞行时，从弹体内拉出一根细光纤。操纵手通过这根光纤向导弹发出控制指令。导弹就如同长"眼睛"一样盯住目标，直到击中为止。那么，光纤制导的导弹为什么能跟踪目标呢？原来这种导弹除了装有发动机、战斗部分和控制系统外，还在导弹头部安装"成像式寻的器"，如电视摄像机、红外线成像传感器等。它们起到眼睛的作用。实际上，导弹并不是瞄准目标发射，而是垂直发射的。当导弹飞到一定高度时，寻的器"看"到地面情况，先将地物反射的光变换成电信号，再把电信号转变成一定波长的光信号，通过光纤下行传回发射装置，并在显示器上显示出图像来。操纵手根据显示的图像选择目标，发出指令并通过光纤上传送给导弹，将导弹导引到目标上。

这根纤细的光纤在导弹和发射装置之间，起着双向传输光信号的作用。那么，上行和下行的光信号能否产生干扰呢？如果上行和下行的光信号采用同一波长的光，肯定会产生干扰的。但是光纤制导的下行光信号是镓铝砷激光器发出的波长为 850 nm 的红外激光，上行光信号是铟镓砷磷发光二极管发射的波长为 1.06 μm 的红外光，由于这两束光的波长不同，所以在光纤中传播不会产生互相干扰，并且可以通过光纤两端的双向耦合器把两者分开。

由于光信号在光纤中传播，所以光纤制导技术不受大气的影响，抗干扰的能力强，精度也高，由于光纤制导使用单根光纤，而红外有线制导使用两根导线，所以又具有体积小、重量轻的特点。这些优点使光纤制导具有广阔的发展前景。

实验5　网线的制作

▌实验目的

① 理解直通线和交叉线的应用。

② 掌握网线的制作方法。

▌实验原理

双绞线采用的是 RJ-45 连接器，俗称水晶头。RJ-45 水晶头由金属片和塑料构成，特别需要注意的是引脚序号，当金属片面对我们时，从左到右引脚序号是 1～8。EIA/TIA 的布线标准中规定了两种双绞线的线序——T568A 与 T568B。为了保持最佳的兼容性，普遍采用 T568B 标准来制作网线。

根据网线两端连接网络设备的不同，网线又分为直通线和交叉线两种。直通线是按照 T568A 标准或 T568B 标准制作的网线，而交叉线的线序在直通线的基础上做了一点改变，在线缆的一端把 1 和 3 对调，2 和 6 对调，即交叉线的一端保持原样（直通线序）不变，在另一端把 1 和 3 对调，2 和 6 对调。

▌实验设备

双绞线、水晶头(RJ-45)、压线钳、测试仪。

▌实验步骤

① 剪下一段长度的电缆。

② 用压线钳在电缆的一端剥去约 2 cm 护套。

③ 分离 4 对电缆，按照所做双绞线的线序标准(T568A 或 T568B)排列整齐，并将线弄平直。

④ 维持电缆的线序和平整性，用压线钳上的剪刀将线头剪齐，保证不绞合电缆的长度最大为 1.2 cm。

⑤ 将有序的线头顺着 RJ-45 头的插口轻轻插入，插到底，并确保护套也被插入。

⑥ 再将 RJ-45 头塞到压线钳里，用力按下手柄，这样一个接头就做好了。

⑦ 用同样的方法制作另一个接头。

注意:如果两个接头的线序都按照 T568A 或 T568B 标准制作,则做好的线为直通线;如果一个接头的线序按照 T568A 标准制作,而另一个接头的线序按照 T568B 标准制作,则做好的线为交叉线。

⑧ 用简单测试仪检查电缆的连通性。

若是直通线,则测线仪上的两排各 8 个灯从上往下一次亮过。若为交叉线,则灯亮的顺序为(1,3)(2,6)(3,1)(4,4)(5,5)(6,2)(7,7)(8,8)。

第7章　计算机网络安全和网络管理

随着信息技术的飞速发展,计算机网络的应用范围越来越广泛,网络安全和网络管理就越来越显得重要。本章将系统地讨论网络安全的基本概念、数据加密技术、防火墙、入侵检测及网络管理技术。

【学习目标】　通过本章学习,要求掌握计算机网络安全的基本概念,理解数据加密技术,了解防火墙、入侵检测及网络管理技术等。

7.1　网络安全概述

7.1.1　网络安全的定义

一提到网络安全,不少人心里首先想到的应该是"某网站的主页被黑了""我的QQ号码或电子邮件地址被别人盗用"之类的网络信息安全事件,其实这些仅仅是属于其中的一类远程攻击。还有很多网络安全事件从表面上看没有发生的迹象,可是机密数据却被入侵者偷偷地读取或修改,这才是最严重的,它可能造成不可弥补的损失。网络安全的含义应该超出我们认为的范畴。那么,什么是网络安全呢?

国际标准化组织(ISO)引用"ISO74982"文献中对安全的定义是这样的:安全就是最大限度地减少数据和资源被攻击的可能性。Internet的最大特点就是开放性,然而对于安全来说,这又是它致命的弱点。

目前,网络安全并没有公认和统一的定义,现在采用较多的定义是:网络安全是指利用网络管理控制和技术措施,保证在一个网络环境里,信息数据的机密性、完整性及可使用性受到保护。

具体说就是系统的硬件、软件及其系统中的数据受到保护,不因偶然的或者恶意的原因而遭到破坏、更改、泄露,系统连续、可靠、正常地运行,网络服务不中断。

7.1.2　网络面临的主要威胁

1. 网络面临的主要威胁

网络中存储大量的信息,无论是个人、企业还是政府机关,这就自然而然地成为攻击者攻击的目标,也必然受到方方面面带来的威胁。

网络面临的威胁大体可分为3类,第1类是针对网络实体设施的威胁;第2类是针对网络系统的威胁,对系统中的软件、数据和文档资料进行攻击;第3类是各种恶意程序的威胁。

(1)网络实体面临的威胁

这类威胁主要是针对计算机硬件、外部设备乃至网络设备和通信线路而言的,如各种自然灾害、人为破坏、操作失误、设备故障、电磁干扰、被盗和各种不同类型的不安全因素所致物质损失、数据资料损失等。

(2)网络系统面临的威胁

这类威胁更强调的是网络系统处理所涉及的国家、部门、各类组织团体和个人的机密、重要及敏感性信息以及构成网络系统的软件部分、文档资料等。

(3)恶意程序的威胁

在早期的网络所面临的威胁研究中,恶意程序的威胁更多的是指计算机病毒。但随着攻击手段的不断丰富,恶意程序的范围更加广泛,除一般的计算机病毒程序外,还包括网络蠕虫、间谍软件、木马程序、流氓软件等。这些恶意的程序给网络带来了巨大的安全隐患。

2. 威胁网络安全的原因

造成计算机网络不安全的因素究竟是什么?

归纳起来,主要包括3个方面,即自然因素、人为因素和系统本身因素。

(1)自然因素

自然因素一般来自于各种自然灾害、恶劣的场地环境、电磁干扰等。这些无目的的事件,有时会直接威胁网络安全,影响信息的存储媒体。如2009年年初南方遇到的罕见冰雪天气,导致通信中断,造成很大损失。

(2)人为因素

人为因素主要包括两类,即恶意威胁和非恶意威胁。恶意威胁是计算机网络系统面临的最大威胁;非恶意威胁主要来自于一些人为的误操作或一些无意的行为。比如,文件的误删除、输入错误的数据、操作员安全配置不当、用户口令选择不慎、用户将自己的账号随意转借他人或与别人共享等,这些无意的行为都可能给信息系统的安全带来威胁。

恶意威胁网络安全主要有3种人——故意破坏者、不遵守规则者和刺探秘密者。故意破坏者企图通过各种手段去破坏网络资源与信息,例如涂抹别人的主页、修改系统配置、造成系统瘫痪;不遵守规则者企图访问不允许访问的系统,他可能仅仅是到网中看看,找些资料,也可能想盗用别人的计算机资源;刺探秘密者的企图非常明确,即通过非法手段侵入他人系统,以窃取商业秘密与个人资料。

(3)系统本身因素

网络面临的威胁并不仅仅来自于自然或人为,事实上很多时候来自于系统本身,比如系统本身的电磁辐射或硬件故障、不知道的软件"后门"、软件自身的漏洞等。

7.1.3 网络安全的目标

根据网络安全面临的威胁,分析安全需求,概括网络安全目标为完整性、保密性、可用性、可控性和不可否认性。这5个方面也是网络安全的基本要素或基本属性。

（1）完整性

完整性是指网络中的信息安全、精确与有效，不因种种不安全因素而改变信息原有的内容、形式与流向，确保信息在存储或传输过程中不被修改、不被破坏和丢失。

（2）保密性

保密性是指网络上的保密信息只让经过允许的人员，以经过允许的方式使用，信息不泄露给未授权的用户、实体或过程，或供其利用。

（3）可用性

可用性是指网络资源在需要时即可使用，不因系统故障或误操作等使资源丢失或妨碍对资源的使用。

（4）可控性

可控性是指对信息的传播及内容具有控制能力的特性。信息接收方应能证实它所收到的信息内容和顺序都是真实、合法、有效的，应能检验收到的信息是否过时或为重播的信息。信息交换的双方应能对对方的身份进行鉴别，以保证收到的信息是由确认的对方发送过来的。

（5）不可否认性

不可否认性是面向通信双方信息真实统一的安全要求，包括收、发方均不可抵赖。也就是说，所有参与者不可否认或抵赖曾经完成的操作和承诺。利用信息源证据可以防止发方不真实地否认已发送的信息，利用递交接收证据可以防止收方事后否认已经接收的信息。

7.1.4　网络安全的关键技术

从技术角度出发，网络安全技术主要集中在以下3个方面：

1. 密码技术

密码技术是保证网络信息安全的重要手段，是信息安全技术的核心。信息保密传输、身份认证、数字签名、接入控制等安全内容都与密码技术紧密相关。

2. 信息对抗

信息对抗是当代全球开放网络中的普遍现象，是未来信息战的主要内容。它主要包括黑客防范体系、信息伪装理论与技术、信息分析与监控、入侵检测原理与技术、反击方法、应急响应系统、计算机病毒、人工免疫系统在反病毒和抗入侵系统中的应用等。

3. 安全体系结构

网络环境下的安全体系结构研究是保证网络安全的关键，包括安全体系模型的建立及其形式化描述与分析、计算机安全操作系统、各种安全协议、安全机制（数字签名、信息认证、数据加密）等。

从上述内容可见，网络安全是一门涉及计算机科学、网络技术、通信技术、密码技术、信息安全技术、应用数学、数论、信息论等多种学科的综合性学科。

由于网络安全涉及理论和技术非常广泛，限于篇幅限制，我们主要讨论有关网络安全和网络管理技术的基本概念。

213

7.2 数据加密技术

密码学是一门古老而深奥的学科,对一般人来说是非常陌生的。长期以来,只在很小的范围内使用,如军事、外交、情报等部门。计算机密码学是研究计算机信息加密、解密及其变换的科学,是数学和计算机的交叉学科,也是一门新兴的学科。随着计算机网络和计算机通信技术的发展,计算机密码学得到前所未有的重视并迅速普及和发展起来。在国外,它已成为计算机安全主要的研究方向。

密码学的历史比较悠久,在4000年前,古埃及人就开始使用密码来保密传递消息。2000多年前,罗马国王恺撒(Julius Caesar)就开始使用目前称为"恺撒密码"的密码系统。但是密码技术直到20世纪40年代以后才有重大突破和发展。特别是20世纪70年代后期,由于计算机、电子通信的广泛使用,现代密码学得到了空前的发展。

在现代生活中,随着计算机网络的发展,用户之间信息的交流大多都是通过网络进行的。用户在计算机网络上进行通信,一个主要的危险是传送的数据被非法窃听。例如,搭线窃听、电磁窃听等。因此,如何保证传输数据的机密性成为计算机网络安全需要研究的课题。通常的做法是先采用一定的算法对要发送的数据进行软加密,然后将加密后的报文发送出去,这样即使在传输过程中报文被截获,对方也一时难以破译以获得其中的信息,保证了传送信息的机密性。

数据加密技术是信息安全的基础,很多其他的信息安全技术(例如,防火墙技术、入侵检测技术等)都是基于数据加密技术的。同时,数据加密技术也是保证信息安全的重要手段之一,不仅具有对信息进行加密的功能,还具有数字签名、身份验证、系统安全等功能。所以,使用数据加密技术不仅可以保证信息的机密性,还可以保证信息的完整性、不可否认性等安全要素。

密码学(Cryptology)是一门研究密码技术的科学,包括两个方面的内容——密码编码学(Cryptography)和密码分析学(Cryptanalysis)。其中,密码编码学是研究如何将信息进行加密的科学,密码分析学则是研究如何破译密码的科学。两者研究的内容刚好是相对的,但两者却是互相联系、互相支持的。

7.2.1 基本概念

密码学的基本思想是伪装信息,使未授权的人无法理解其含义。所谓伪装,就是将计算机中的信息进行一组可逆的数字变换的过程,包括以下几个相关的概念:

① 明文(Plaintext,记为P)。信息的原始形式,即加密前的原始信息。

② 密文(Ciphertext,记为C)。明文经过加密后就变成了密文。

③ 加密(Encryption,记为E)。将计算机中的信息进行一组可逆的数学变换的过程。用

于加密的这一组数学变换称为加密算法。

④ 解密(Decryption,记为D)。授权的接收者接收到密文之后,进行与加密互逆的变换,去掉密文的伪装,恢复明文的过程,就称为解密。用于解密的一组数学变换称为解密算法。

加密和解密是两个相反的数学变换过程,都是用一定的算法实现的。为了有效地控制这种数学变换,需要一组参与变换的参数,这种在变换过程中通信双方掌握的专门的信息就称为密钥(Key)。加密过程是在加密密钥(记为K_e)的参与下进行的;同样,解密过程是在解密密钥(记为K_d)的参与下完成的。

数据加密和解密模型如图7.1所示。

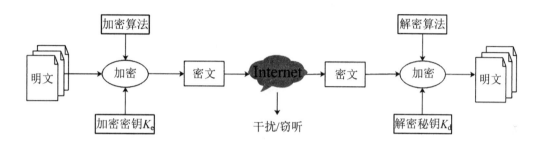

图7.1 数据加密和解密模型

从图7.1可以看到,将明文加密为密文的过程可以表示为

$$C=E(P,K_e)$$

将密文解密为明文的过程可以表示为

$$P=D(C,K_d)$$

7.2.2 对称密钥密码体系

1. 对称密钥密码技术

数据加密技术是所有通信的安全基石。目前数据加密技术是实现信息保密性的唯一手段,同时数字签名、身份认证以及消息完整性都需要利用数据加密技术来实现。据不完全统计,目前公开发表的各种加密算法多达数百种,主要分为两大类——对称密钥密码体系(私密密钥算法)和非对称密钥密码体系(公开密钥算法)。

对称密钥加密(也叫私钥加密)是指加密和解密使用相同密钥的加密算法。有时又叫传统密码算法,就是加密密钥能够从解密密钥中推算出来,同时解密密钥也可以从加密密钥中推算出来。而在大多数的对称算法中,加密密钥和解密密钥是相同的,所以也称这种加密算法为秘密密钥算法或单密钥算法。它要求发送方和接收方在安全通信之前,商定一个密钥。对称算法的安全性依赖于密钥,泄露密钥就意味着任何人都可以对他们发送或接收的消息解密,所以密钥的保密性对通信的安全性至关重要。

对称密钥加密模型如图7.2所示。

对称加密算法的特点是算法公开、计算量小、加密速度快、加密效率高。

其不足之处是,交易双方都使用同样的密钥,安全性得不到保证。此外,每对用户每次使用对称加密算法时,都需要使用其他人不知道的唯一密钥,这会使得发收信双方所拥有的密钥数量呈几何级数增长,密钥管理成为用户的负担。对称加密算法在分布式网络系统上使用较为困难,主要是因为密钥管理困难,使用成本较高。而与公开密钥加密算法相比,对称加密算法能够提供加密和认证却缺乏了签名功能,使得使用范围有所缩小。在计算机网络系统中广泛使用的对称加密算法有 DES 和 IDEA 等。美国国家标准局倡导的 AES 即将作为新标准取代 DES。本节只介绍 DES。

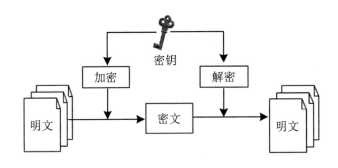

图7.2 对称密钥加密模型

2. 数据加密标准

数据加密标准(DES)最初是在20世纪60年代由 IBM 公司研制的,1977 年被美国国家标准局(NBS),即现在的国家标准和技术研究所(KIST)采纳,成为美国联邦信息加密标准。DES 是世界上第一个公认的实用密码算法标准。DES 是一种分组密码,采用64位密钥,其中,实际密钥长度为56位,8位用于奇偶校验。

DES 的保密性仅取决于对密钥的保密,算法是公开的。加密前把明文分成64位长的分组,然后对每一个64位二进制数据进行加密处理,产生一组64位密文数据,最后把各组密文串接起来,得到整个密文。DES 加密的过程如图7.3所示。

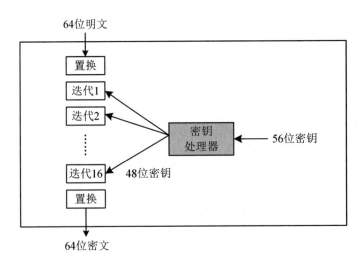

图7.3 DES加密过程

进行加密时,开始时先对64位明文进行置换,把左半边32位与右半边32位进行交换,中间部分再进行16次的迭代处理,每一次迭代都要和相应的密钥进行复杂的加密运算。过程中用到的16个密钥是经过密钥处理器,把原来的一个56位密钥变换出16个不同的48位密钥,最后再进行一次置换得出64位密文。

在DES处理过程中,对明文的处理经过了以下3个阶段:首先,64位明文经过初始转换被重新排列;再进行16轮的相同函数的置换和代换作用;最后一轮迭代输出64位密文,是输入明文和密钥的函数。将左半部分32位和右半部分32位互换产生预输出,最后预输出再与初始置换的逆初始置换作用产生64位密文。

DES中56位密钥的使用过程是,密钥在开始时经过一个置换,然后经过循环左移和另一个置换分别得到子密钥K_i,供每一轮迭代加密使用。虽然每轮使用同样的置换函数,但由于密钥位的重复迭代使得子密钥是不相同的。

DES的一个特点是雪崩效应(Avalanche Effect),明文或56 bit密钥中的微小变化就会引起密文产生很大的变化,使得破解密文非常困难。

DES算法具有极高安全性,到目前为止,除了用穷举搜索法对DES算法进行攻击外,还没有发现更有效的办法。而56位长的密钥的穷举空间为2^{56},即约有7.2×10^{16}种密钥。这意味着如果一台计算机的速度是每一秒钟检测100万个密钥,则它搜索完全部密钥就需要将近2285年的时间。可见,这是难以实现的。然而,这并不等于说DES是不可破解的。实际上,随着硬件技术和Internet的发展,其破解的可能性越来越大,而且所需要的时间越来越少。使用经过特殊设计的硬件并行处理只要几个小时。

为了克服DES密钥空间小的缺陷,人们又提出了三重DES的变形方式。

由于DES密钥只有56,易于遭受穷举攻击。作为一种替代加密方案,Tuchman提出使用两个密钥的三重DES加密方法,并在1985年成为美国的一个商用加密标准。该方法使用两个密钥,执行三次DES算法,如图7.4所示,方框中E代表执行加密算法、D代表执行解密算法,加密的过程是加密—解密—加密,解密的过程是解密—加密—解密。采用两个密钥进行三重加密的好处如下:

① 两个密钥合起来有效密钥长度有112 bit,可以满足商业应用的需要,若采用总长为168 bit的3个密钥,会产生不必要的开销。

② 加密时采用加密—解密—加密,而不是加密—加密—加密的形式,这样有效地实现了与现有DES系统的向后兼容问题。因为当$K_1=K_2$时,三重DES的效果就和原来的DES一样,有助于逐渐推广三重DES。

③ 三重DES具有足够的安全性,目前还没有关于攻破三重DES的报道。

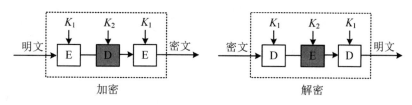

图7.4　三重DES加密与解密

虽然三重 DES 被认为是十分安全的，但是它的缺点是时间开销较大、速度较慢，三重 DES 的时间是 DES 算法的 3 倍。2000 年 10 月，在经过约 5 年的征集和选拔之后，国家标准与技术研究院（National Institute of Standards and Technology，NIST）选择了一种新的密码，即高级加密标准 AES，用于替代 DES。2001 年 2 月 28 日，联邦公报发表了 AES 标准，从此开始了其标准化进程，并于 2001 年 11 月 26 日成为 FIPS PUB 197 标准。

7.2.3　非对称密钥密码体系

非对称密钥加密也称为公开密钥加密（Public-Key Cryptography），该思想最早由 Ralph C. Merkle 在 1974 年提出。在 1976 年，Whitfield Diffie（迪菲）与 Martin Hellman（赫尔曼）两位学者在现代密码学的奠基论文"New Direction in Cryptography"中首次公开提出了公钥密码体制的概念。公钥密码体制中的密钥分为加密密钥与解密密钥，这两个密钥是数学相关的，用加密密钥加密后所得的信息，只能用该用户的解密密钥才能解密。如果知道了其中一个，不能计算出另外一个。因此如果公开了一对密钥中的一个，并不会危害到另外一个密钥的秘密性质。公开的密钥称为公钥（PK），不公开的密钥称为私钥（SK）。

目前，使用最多的公钥密码体制是 RSA（Rivst-Shamir-Adleman）。RSA 算法于 1977 年由 Rivest，Shamir 和 Adleman 发明，是第一个既能用于数据加密也能用于数字签名的算法。RSA 算法易于理解和操作，虽然其安全性一直未能得到理论上的证明，但是它经历了各种攻击，至今未被完全攻破，所以实际上是安全的。

RSA 采用数论中大数分解的机制。RSA 体制是一种分组密码，其明文和密文均是 $0 \sim n-1$ 之间的整数，通常 n 的大小为 1024 位二进制数或 309 位十进制数。

RSA 公钥密码体制的原理是，根据数论理论，寻求两个大素数比较简单，而把两个大素数的乘积分解则极其困难。实现的思路是，用户有两个密钥，加密密钥 $PK=[e,n]$ 和解密密钥 $SK=[d,n]$，加密密钥公开，系统中的任何用户都可以使用，对解密密钥中的解密指数 d 保密。n 为两个大素数 P 和 q 的乘积，n 称为 RSA 算法的模数，两个素数一般为 100 位以上的十进制数，e 和 d 满足一定的关系，当已知 e 和 n 时不能求出 d。

1. 加密算法

用整数 X 表示明文，用整数 Y 表示密文，X 和 Y 均小于 n，有

加密

$$Y=X^e \bmod n$$

解密

$$X=Y^d \bmod n$$

2. 密钥的产生

分析 RSA 公钥密码体制中的参数的选择和计算。

（1）计算 n

秘密地选择两个大素数 p 和 q，计算出 $n=p \times q$，明文必须能够用小于 n 的数来表示，一般 n 为几百位长的数。

（2）计算n的欧拉函数$\varphi(n)$

$\varphi(n)$定义为不超过n并与n互素的个数，即

$$\varphi(n)=(p-1)(q-1)$$

（3）选择e

用户从$[0,\varphi(n)-1]$中选择一个与$\varphi(n)$互素的数e作为公开的加密指数。

（4）选择d

计算解密指数d，即

$$ed=1 \bmod \varphi(n)$$

（5）找出公钥和密钥

公钥

$$PK=\{e,n\}$$

密钥

$$SK=\{d,n\}$$

在RSA中，加密和解密都要计算某整数的模n整数次幂，再对n取模，这样中间的运算结果会很大，可以利用模算术的下列性质进行模幂运算：

$$[(a \bmod n)\times(b \bmod n)] \bmod n=(a\times b) \bmod n$$

将中间结果对n取模，使得计算简便可行。

3. 例子分析

为了运算的简单，并能够说明算法，假设选择了两个素数$p=7$，$q=17$。计算出

$$n=p\times q=7\times17=119$$

计算出

$$\varphi(n)=(p-1)(q-1)=96$$

从$[0,95]$中选择一个与96互素的数e，选择$e=5$，然后根据上面公式计算出d，则

$$5d=1 \bmod 96$$

因为$ed=5\times77=385=4\times96+1=1 \bmod 96$，解出$d=77$。

得出公钥

$$PK=\{e,n\}=(5,119)$$

密钥

$$SK=\{d,n\}=(77,119)$$

① 加密过程如下：

把明文划分为分组，每个明文分组的二进制值不超过n，即不超过119。设明文$X=19$，计算$Y=X^e \bmod n$中的$X^e=19^5=2476099$，再除以119，得出商为20807，余数为66，即为对应于明文19的密文Y的值。

② 解密过程如下：

计算$X=Y^d \bmod n$中的$Y^d=66^{77}=1.27\cdots\times10^{140}$，再除以119，得出的商为$1.36\cdots\times10^{138}$，余数为19，即为解密后得出的明文$X$。

对于RSA算法，同样的明文映射为同样的密文。采用RSA提供的保密性在于，对大数

进行因数分解需要很长时间。根据目前的计算机水平,选择1024位长的密钥,相当于300位十进制数,就可以认为是无法攻破的。

7.2.4　数字签名

数字签名(Digital Signature),又称公钥数字签名、电子签章,是手写签名的电子模拟,是通过电子信息计算处理,产生的一串特殊字符串消息。该消息具有与手写签名一样的特点,是可信的、不可伪造的、不可重用的、不可抵赖的以及不可修改的。因此,通常将这种消息称为数字签名。

在日常的社会生活和经济往来中,签名盖章和识别签名是一个重要的环节,例如银行业务、挂号邮件、合同、契约和协议的签订等,都离不开签名。在当今的计算机网络通信时代,用密码学的方法实现数字签名显然有重要的实际意义。

数字签名可以保证如下内容:

① 接收方可以核实发送方对报文的签名。

② 发送方不能抵赖对报文的签名。

③ 接收方不能伪造对报文的签名。

一般情况下,采用公钥加密算法要比用常规密钥算法更容易实现数字签名。实现数字签名也同时实现了对报文来源的鉴别,可以做到对反拒认或伪造的鉴别。数字签名的实现方法如图7.5所示。

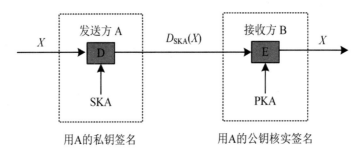

图7.5　数字签名实现方法

发送方A用其私钥,即解密密钥SKA对报文X进行运算,得出结果$D_{SKA}(X)$并传送给接收方B。注意,这里的解密仅仅是一种运算,发送方的这种运算是为了进行数字签名。接收方B收到报文$D_{SKA}(X)$,用已知的A的公钥,即加密密钥对报文进行$E_{PKA}(D_{SKA}(X))$运算,得出报文X。由于除A以外没有人能够具有A的解密密钥SKA,不可能产生密文$D_{SKA}(X)$,B就可以核实报文X的确是A签名发送的。如果A抵赖不承认发送报文给B,B可以把报文X和$D_{SKA}(X)$提交给具有判断权威的第三方,第三方可以用PKA很容易地判断真实性。若B把X伪造成X',但B不可能给第三方出示$D_{SKA}(X')$,即可判断B伪造了报文X'。

7.3 防火墙与入侵检测

7.3.1 防火墙

防火墙是安全策略的主要执行者,位于内部网络(通常是局域网)和外部网络之间,根据访问控制规则对出入网络的数据流进行过滤,是目前应用最广泛的Internet安全解决方案。

7.3.1.1 防火墙概述

防火墙是位于两个(或多个)网络之间执行访问控制的软件和硬件系统,它根据访问控制规则对进出网络的数据流进行过滤。

防火墙位于不同网络或网络安全域之间,从一个网络到另一个网络的所有数据流都要经过防火墙。如果我们根据企业的安全策略设置合适的访问控制规则,就可以允许、拒绝或丢弃数据流,从而可以在一定程度上保护内部网络的安全。防火墙的示意图如图7.6所示。

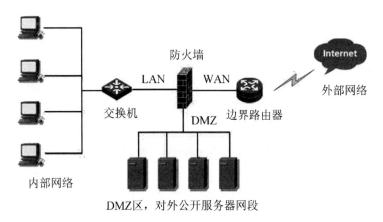

图7.6 防火墙示意图

企业网络包括内部网络和DMZ(非军事区)。内部网络一般是企业内部的局域网,其安全性是至关重要的,必须禁止外部网络的访问,同时只开放有限的对外部网络的访问权。DMZ一般是企业提供信息服务的网络,其中部署了WEB服务器、FTP服务器、通信服务器等。对内部网络和外部网络开放不同的访问权,以保证企业网络安全可靠地运行。

防火墙本质上就是一种能够限制网络访问的设备或软件。它可以是一个硬件的"盒子",也可以是计算机和网络设备中的一个"软件"模块。许多网络设备均含有简单的防火墙功能,如路由器、调制解调器、无线基站、IP交换机等。现代操作系统中也含有软件防火墙:Windows 系统和Linux系统均自带了软件防火墙,可以通过策略(或规则)定制相关的功能。

7.3.1.2　防火墙的功能

防火墙是执行访问控制策略的系统,它通过监测和控制网络之间的信息交换和访问行为来实现对网络安全的有效管理。防火墙遵循的是一种允许或禁止业务来往的网络通信安全机制,也就是提供可控的过滤网络通信,只允许授权的通信。因此,对数据和访问的控制、对网络活动的记录,是防火墙的基本功能。

防火墙具有以下几个方面的功能:

1. 过滤进、出网络的数据

防火墙配置在企业网络与Internet的连接处,是任何信息进出网络的必经之处,它保护的是整个企业网络,因此可以集中执行强制性的信息安全策略,可以根据安全策略的要求对网络数据进行不同深度的监测,允许或禁止数据的出入。这种集中的强制访问控制简化了管理,提高了效率。

2. 管理对网络服务的访问

防火墙可以防止非法用户进入内部网络,也能禁止内网用户访问外网的不安全服务(比如恶意网站),这样就能有效地防止邮件炸弹、蠕虫病毒、宏病毒等攻击。

如果发现某个服务存在安全漏洞,则可以用防火墙关闭相应的服务端口号,从而禁用了不安全的服务。如果在应用层进行过滤,还可以过滤不良信息传入内网,比如,过滤色情暴力信息的传播。

3. 记录通过防火墙的信息内容和活动

防火墙系统能够对所有的访问进行日志记录。日志是对一些可能的攻击进行分析和防范的十分重要的信息。另外,防火墙系统也能够对正常的网络使用情况做出统计。通过对统计结果的分析,可以使网络资源得到更好的使用。

4. 对网络攻击的检测和告警

当发生可疑动作时,防火墙能进行适当的报警,并提供网络是否受到监测和攻击的详细信息。

防火墙并不能解决所有的网络安全问题,它只是网络安全策略中的一个组成部分。它有自身的局限性,其主要缺点如下:

(1) 无法对数据安全提供保护

防火墙可以禁止系统用户通过网络连接发送特殊信息,但不能防范恶意的用户通过非网络途径(例如,磁盘复制)将数据传输出去。

(2) 不能防范不通过它的连接

防火墙能够有效地防止通过它传输信息,然而不能防止不通过它传输的信息。例如,如果允许对防火墙后面的内部网络进行拨号访问,则防火墙无法阻止入侵者进行拨号入侵。此外,如网络攻击者来自网络内部,防火墙将无能为力。

(3) 防火墙不能防范病毒

即使防火墙具有先进的能够检查数据包中的数据信息的过滤系统,由于各个网络终端的操作系统和应用程序的不同,加之病毒的多样性和隐蔽性,采用防火墙扫描所有的数据包来查找病毒是不现实的。

（4）被动防御技术

防火墙实质上是一种被动防御、静态安全的网络安全技术，它能够用来防备已知威胁、已知的恶意攻击。目前没有一个防火墙产品能够自动防御所有的新威胁。

（5）瓶颈问题

由于防火墙设置在网络间的唯一通道处，当防火墙进行安全检查，将消耗一定的网络资源，导致传输延迟、对用户不透明等问题。

7.3.1.3 防火墙的分类

1. 按防火墙的使用范围分类

可分为个人防火墙和网络防火墙。个人防火墙保护一台计算机，一般提供简单的包过滤功能，通常内置在操作系统或随杀毒软件提供。网络防火墙保护一个网络中的所有主机，布置在内网与外网的连接处。

2. 根据防火墙在网络协议栈中的过滤层次分类

这是主流的分类方法。根据防火墙在网络协议栈中的过滤层次不同，可以把防火墙分为3类——包过滤防火墙、电路级网关防火墙和应用级网关防火墙（代理防火墙），如图7.7所示。

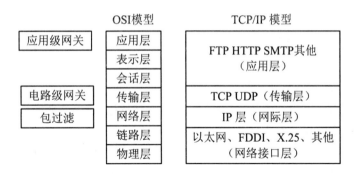

图7.7　3类防火墙示意图

包过滤防火墙主要根据网络层协议的信息进行控制，电路级网关防火墙主要根据传输层协议的信息进行过滤，应用级网关防火墙主要根据应用层协议的信息进行过滤。一般而言，防火墙的工作层次越高，则其能获得的信息就越丰富，提供的安全保护等级也就越高，但是由于其需要分析更多的内容，其速度也就越慢。

7.3.1.4 防火墙的典型部署

防火墙有3种典型的部署模式，即屏蔽主机模式、双宿/多宿主机模式和屏蔽子网模式。

1. 屏蔽主机模式防火墙

屏蔽主机模式防火墙(Screened Firewall)由包过滤路由器和堡垒主机组成，如图7.8所示。在这种模式下，所有的网络流量都必须通过堡垒主机，因此路由器的配置应当注意如下两点：

① 对于来自外部网络的网络流量,只有发往堡垒主机的IP数据包才被允许通过。

② 对于来自内部网络的网络流量,只有来自堡垒主机的IP数据包才被允许通过。

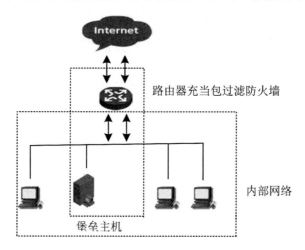

7.8 屏蔽主机模式防火墙

屏蔽主机模式防火墙的实质就是包过滤和代理服务功能的结合。堡垒主机担任了身份鉴别和代理服务的功能。这样的配置比单独使用包过滤防火墙或应用层防火墙更加安全。首先,这种配置能够实现数据包级过滤和应用级过滤,在定义安全策略时有相当的灵活性。其次,在入侵者威胁到内部网络的安全以前,必须能够"穿透"两个独立的系统(包过滤路由器和堡垒主机)。同时,这种配置在对Internet进行直接访问时,有更大的灵活性。例如,内部网络中有一个公共信息服务器,如WEB服务器(在高级别的安全中是不需要的),这时,可以配置路由器允许网络流量在信息服务器和Internet之间传输。然而,单宿主机模式存在一个缺陷:一旦过滤路由器遭到破坏,堡垒主机就可能被越过,使得内部网络完全暴露。

2. 双宿/多宿主机模式防火墙

双宿/多宿主机模式防火墙(Dual-Homed/Multi-Homed Firewall),又称为双宿/多宿网关防火墙。它是一种拥有两个或多个连接到不同网络上的网络接口的防火墙。通常用一台装有两块或多块网卡的堡垒主机作为防火墙,每块网卡各自与受保护网和外部网连接。其体系结构如图7.9所示。

在该模式下,堡垒主机关闭了IP转发功能,其网关功能是通过提供代理服务而不是通过IP转发来实现的。显然只有特定类型的协议请求才能被代理服务处理。于是,网关采用了"默认拒绝"策略以得到很高的安全性。

这种体系结构的防火墙简单明了、易于实现、成本低,能够为内外网提供检测、认证、日志等功能。但是这种结构也存在弱点,一旦黑客侵入堡垒主机并打开其IP转发功能,则任何网上用户均可随意访问内部网络。因此,双宿/多宿主机模式防火墙对不可信任的外部主机的访问必须进行严格的身份验证。

3. 屏蔽子网模式防火墙

与前几种配置模式相比,屏蔽子网模式防火墙(Screened Subnet Mode Firewall)是最为安全的一种配置模式。

它采用了两个包过滤路由器,一个位于堡垒主机和外部网络(Internet)之间;另一个位于堡垒主机和内部网络之间。该配置模式在内部网络与外部网络之间建立了一个被隔离的子网,其体系结构如图7.10所示。

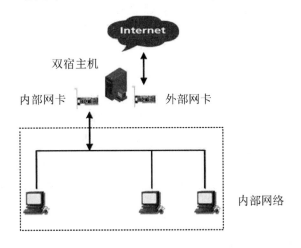

图7.9 双宿/多宿主机模式防火墙

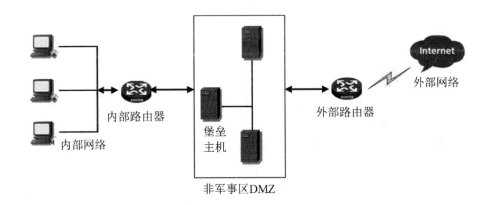

图7.10 屏蔽子网模式防火墙

周边防御网络是位于内部网络与外部网络之间的一个安全子网,分别和内外两个路由器相连。这个子网被定义为"非军事区"(Demilitarized Zone)网络,这一网络所受到的威胁不会影响到内部网络,网络管理员可以将堡垒主机、WEB服务器、E-mail服务器等公用服务器放在非军事区网络中,将重要的数据放在内部网服务器上。内部网络和外部网络均可访问屏蔽子网,但禁止它们穿过屏蔽子网通信。在这一配置中,内网增加了一台内部包过滤路由器,该路由器与外部路由器的过滤规则完全不同,它只允许源于堡垒主机的数据包进入。

这种防火墙安全性好,但成本高。即使外部路由器和堡垒主机被入侵者控制,内部网络仍受到内部包过滤路由器的保护。

7.3.2　入侵检测

入侵检测(Intrusion Detection)是一种动态的网络安全防御技术,它提供了对内部攻击和外部攻击的实时检测,使得网络系统在受到危害时能够拦截和响应入侵,为网络安全人员提供了主动防御手段。

7.3.2.1　入侵检测概述

入侵检测源于传统的系统审计,从1980年代初期提出的理论雏形到实现商品化的今天已经走过30多年的历史。作为一项主动的网络安全技术,它能够检测未授权对象(用户或进程)针对系统(主机或网络)的入侵行为,监控授权对象对系统资源的非法使用,记录并保存相关行为的法律证据,并可根据配置的要求在特定的情况下采取必要的响应措施(警报、驱除入侵、防卫反击等)。

7.3.2.2　入侵检测的概念及模型

入侵就是试图破坏网络及信息系统机密性、完整性和可用性的行为。入侵方式一般如下:

① 未授权的用户访问系统资源。

② 已经授权的用户企图获得更高权限,或者是已经授权的用户滥用所给定的权限等。

入侵检测是检测计算机网络和系统,以发现违反安全策略事件的过程,是对企图入侵、正在进行的入侵或已经发生的入侵行为进行识别的过程。

"入侵检测"还有以下3种常见的定义:

① 检测对计算机系统的非授权访问。

② 对系统的运行状态进行监视,发现各种攻击企图、攻击行为或攻击结果,以保证系统资源的保密性、完整性和可用性。

③ 识别针对计算机系统和网络系统或广义上的信息系统的非法攻击,包括检测外部非法入侵者的恶意攻击或探测以及内部合法用户越权使用系统资源的非法行为。

所有能够执行入侵检测任务和实现入侵检测功能的系统都可称为入侵检测系统(Intrusion Detection System,IDS),其中包括软件系统或软件/硬件结合的系统。入侵检测系统自动监视出现在计算机或网络系统中的事件,并分析这些事件,以判断是否有入侵事件的发生。

入侵检测系统一般位于内部网的入口处,安装在防火墙的后面,用于检测外部入侵者的入侵和内部用户的非法活动。一个通用的入侵检测系统如图7.11所示。

1. 数据收集器

数据收集器又称探测器,主要负责收集数据。收集器的输入数据包括任何可能包含入侵行为线索的数据,如各种网络协议数据包、系统日志文件和系统调用记录等。探测器将这些数据收集起来,然后再发送到检测器进行处理。

2. 检测器

检测器又称分析器或检测引擎,负责分析和检测入侵的任务,并向控制器发出警报信号。

3. 知识库

知识库为检测器和控制器提供必需的信息支持。这些信息包括用户历史活动档案或检测规则集合等。

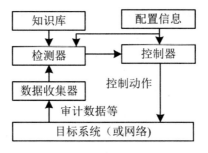

图7.11　入侵检测系统

4. 控制器

控制器也称为响应器,根据从检测器发来的警报信号,人工或自动地对入侵行为做出响应。

此外,大多数入侵检测系统都会包含一个用户接口组件,用于观察系统的运行状态和输出信号,并对系统的行为进行控制。

7.3.2.3　入侵检测系统的任务

为了实现对入侵的检测,IDS需要完成信息收集、信息分析和安全响应等任务。

1. 信息收集

IDS的第一项任务是信息收集。IDS所收集的信息包括用户(合法用户和非法用户)在网络、系统、数据库及应用程序活动的状态和行为。为了准确地收集用户的信息活动,需要在信息系统中的若干个关键点(包括不同网段、不同主机、不同数据库服务器、不同的应用服务器等处)设置信息探测点。

IDS可利用的信息来源如下:

(1) 系统和网络的日志文件

日志文件中包含发生在系统和网络上异常活动的证据,通过查看日志文件,能够发现黑客的入侵行为。

(2) 目录和文件中的异常改变

信息系统中的目录和文件中的异常改变(包括修改、创建和删除),特别是那些限制访问的重要文件和数据的改变,很可能就是一种入侵行为。黑客入侵目标系统后,经常替换目标系统上的文件,替换系统程序或修改系统日志文件,达到隐藏其活动痕迹的目的。

(3) 程序执行中的异常行为

每个进程在具有不同权限的环境中执行,这种环境控制着进程可访问的系统资源、程序和数据文件等。一个进程出现了异常的行为,可能表明黑客正在入侵系统。

(4) 网络活动信息

远程攻击主要通过网络发送异常数据包而实现,为此IDS需要收集TCP连接的状态信息以及网络上传输的实时数据。比如,如果收集到大量的TCP半开连接,则可能是拒绝服务攻击的开始。又比如,如果在短时间内有大量到不同TCP(或UDP)端口的连接,则很可能说明有人在对己方网络进行端口扫描。

2. 信息分析

对收集到的网络、系统、数据及用户活动的状态和行为信息等进行模式匹配、统计分析和完整性分析,得到实时检测所必需的信息。

(1) 模式匹配

将收集到的信息与已知的网络入侵模式的特征数据库进行比较,从而发现违背安全策略的行为。假定所有入侵行为和手段(及其变种)都能够表达为一种模式或特征,那么所有已知的入侵方法都可以用匹配的方法来发现。模式匹配的关键是如何表达入侵模式,把入侵行为与正常行为区分开来。模式匹配的优点是误报率小,其局限性是只能发现已知攻击,对未知攻击无能为力。

(2) 统计分析

统计分析是入侵检测常用的异常发现方法。假定所有入侵行为都与正常行为不同,如果能建立系统正常运行的行为轨迹,那么就可以把所有与正常轨迹不同的系统状态视为可疑的入侵企图。统计分析方法就是先创建系统对象(如用户、文件、目录和设备等)的统计属性(如访问次数、操作失败次数、访问地点、访问时间、访问延时等),再将信息系统的实际行为与统计属性进行比较。当观察值在正常值范围之外时,则认为有入侵行为发生。

(3) 完整性分析

完整性分析检测某个文件或对象是否被更改。完整性分析常利用消息杂凑函数(如MD5和SHA),能识别目标的微小变化。该方法的优点是某个文件或对象发生的任何一点改变都能够被发现,缺点是当完整性分析未开启时,不能主动发现入侵行为。

3.安全响应

IDS在发现入侵行为后必然及时做出响应,包括终止网络服务、记录事件日志、报警和阻断等。响应可分为主动响应和被动响应两种类型。主动响应由用户驱动或系统本身自动执行,可对入侵行为采取终止网络连接、改变系统环境(如修改防火墙的安全策略)等;被动响应包括发出告警信息和通知等。目前比较流行的响应方式有记录日志、实时显示、E-mail报警、声音报警、SNMP报警、实时TCP阻断、防火墙联动、手机短信报警等。

7.3.2.4 入侵检测系统提供的主要功能

为了完成入侵监测任务,IDS需要提供以下主要功能:

1. 网络流量的跟踪与分析功能

跟踪用户进出网络的所有活动,实时检测并分析用户在系统中的活动状态;实时统计网络流量,检测拒绝服务攻击等异常行为。

2. 已知攻击特征的识别功能

识别特定类型的攻击,并向控制台报警,为防御提供依据。根据定制的条件过滤重复警报事件,减轻传输与响应的压力。

3. 异常行为的分析、统计与响应功能

分析系统的异常行为模式，统计异常行为，并对异常行为做出响应。

4. 特征库的在线和离线升级功能

提供入侵检测规则在线和离线升级，实时更新入侵特征库，不断提高IDS的入侵检测能力。

5. 数据文件的完整性检查功能

检查关键数据文件的完整性，识别并报告数据文件的改动情况。

6. 自定义的响应功能

定制实时响应策略；根据用户定义，经过系统过滤，对警报事件及时响应。

7. 系统漏洞的预报警功能

对未发现的系统漏洞特征进行预报警。

8. IDS探测器集中管理功能

通过控制台收集探测器的状态和告警信息，控制各个探测器的行为。

一个高质量的IDS产品除了具备以上入侵检测功能外，还必须容易配置和管理，并且自身具有很高的安全性。

7.3.2.5　入侵检测系统的分类

根据数据来源的不同，IDS可以分为基于网络的入侵检测系统（Network Intrusion Detection System，NIDS）、基于主机的入侵检测系统（Host Intrusion Detection System，HIDS）和分布式入侵检测系统（Distributed Intrusion Detection System，DIDS）3种基本类型。

1. 基于网络的入侵检测系统

数据来自网络上的数据流。NIDS能够截获网络中的数据包，提取其特征并与知识库中已知的攻击签名相比较，从而达到检测目的。其优点是检测速度快、隐蔽性好、不容易受到攻击、不消耗被保护主机的资源；缺点是有些攻击是从被保护的主机发出的，不经过网络，因而无法识别。图7.12为基于网络的入侵检测系统。

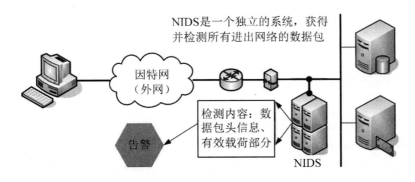

图7.12　基于网络的入侵检测系统

2. 基于主机的入侵检测系统

数据来源于主机系统，通常是系统日志和审计记录。HIDS通过对系统日志和审计记录

的不断监控和分析来发现入侵。其优点是针对不同操作系统捕获应用层入侵,误报少;缺点是依赖于主机及其子系统,实时性差。

HIDS通常安装在被保护的主机上,主要对该主机的网络实时连接及系统审计日志进行分析和检查,在发现可疑行为和安全违规事件时,向管理员报警,以便采取措施。图7.13为基于主机的入侵检测系统。

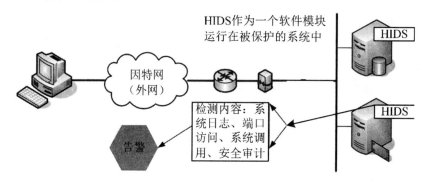

图7.13 基于主机的入侵检测系统

3. 分布式入侵检测系统

采用上述两种数据来源。这种系统能够同时分析来自主机系统审计日志和网络数据流,一般为分布式结构,由多个部件组成。DIDS可以从多个主机获取数据,也可以从网络传输取得数据,克服了单一的HIDS、NIDS的不足。

典型的DIDS采用控制台/探测器结构。NIDS和HIDS作为探测器放置在网络的关键节点,并向中央控制台汇报情况。攻击日志定时传送到控制台,并保存到中央数据库中,新的攻击特征能及时发送到各个探测器上。每个探测器能够根据所在网络的实际需要配置不同的规则集。

7.4 网络管理

7.4.1 网络管理概述

计算机网络已经广泛应用在金融、商业、交通、政府机关的信息处理以及工业生产过程中的控制。随着网络规模的扩大、应用内容的增多,网络结构越来越复杂,对网络性能管理的要求越来越高。研究网络管理的理论,研制和开发先进的网络管理技术,使用功能强大的网络管理工具成为迫切的任务。

网络管理是指对网络的运行状态进行监测和控制,并能提供有效、可靠、安全、经济的服务。网络管理完成两个任务,一是对网络的运行状态进行监测,二是对网络的运行进行控制。通过监测可以了解当前网络状态是否正常,是否出现危机和故障;通过控制可以对网络资源进行合理分配,优化网络性能,保证网络服务质量。监测是控制的前提,控制是监测的结果。因此,网络管理就是对网络的监测与控制。

ISO 在 ISO/IEC 7498-4 文档中定义了网络管理的五大功能,并被广泛接受。这五大功能如下:

1. 故障管理

故障管理(Fault Management)是网络管理中基本的功能之一。用户都希望有一个可靠的计算机网络。故障管理的目的在于确保网络系统可靠、稳定的运行。在网络发生故障时,及时地进行故障定位,排除故障恢复网络的正常运行。故障管理包括对被管理对象状态的监控、故障事件的追踪、定位与记录以及故障的排除等。

2. 配置管理

配置管理(Configuration Management)负责监测和修改网络的配置信息和运行状态。在网络的建立、扩充、改造以及运行过程中,对网络资源的配置、运行状态、网络的拓扑结构等配置信息进行定义、监测和修改,目的是实现某个特定功能或使网络性能达到最优。

3. 性能管理

性能管理(Performance Management)的目的是确保网络不会出现过度拥挤的情况,保障网络的可用性,为用户提供良好的网络服务质量(QoS)。

4. 安全管理

网络安全是指包括网络设备、网络通信协议和网络管理系统在内的所有支持网络系统运行的软件/硬件总体的安全。安全管理(Security Management)的目标是保证网络的保密性、可用性、完整性、可控制性,不因网络设备、网络通信协议、网络管理系统受到人为和自然因素的危害,而导致网络传输信息丢失、泄露或破坏。

5. 计费管理

计费管理(Accounting Management)记录网络资源的使用,目的是控制和监测网络操作的费用和代价。它对一些公共商业网络尤为重要,可以估算出用户使用网络资源可能需要的费用和代价以及已经使用的资源。网络管理员还可规定用户可使用的最大费用,从而控制用户过多占用和使用网络资源。这也从另一方面提高了网络的效率。

7.4.2 网络管理协议

1. ISO 的网络管理体系

1989 年,ISO 颁布定义网络管理基本概念和总体框架的 ISO DIS7498-4 文档。1991 年又发布 ISO 9595 公共管理服务定义(Common Management Information Service,CMIS)和 ISO 9596 公共管理信息协议规范(Common Management Information Protocol,CMIP)。1992 年,公布 ISO 10164 系统管理功能(System Management Functions,SMFs),ISO 10165 管理信息结构(Structure of Management Information,SMI)。这些文件组成 ISO 网络管理标准。

ISO 网络管理由两部分组成——公共管理信息服务(CMIS)和公共管理信息协议(CMIP)。CIMP 是 ISO 网络管理模式的主要组成部分,管理信息采用面向对象模型,管理功能包罗万象,还有一些附加的功能和一致性测试方面的说明,构成了一个复杂的网络管理体系,由于太复杂了,使得ISO的网络管理的实现和应用进展缓慢。

2. TCP/IP 网络管理协议

TCP/IP网络最初使用的网络管理协议是1987年11月给出的简单网关监控协议(Simple Gateway Management Protocol,SGMP),在此基础上经过改进,于1988年给出简单网络管理协议(Simple Network Management Protocol,SNMP),称为SNMPv1;1990年和1991年陆续给出RFC 1155管理信息结构(Structure of Management Information,SMI),RFC 1157(SNMP),RFC 1212管理信息库(Management Information Base,MIB),RFC 1213(MIB-2);1996年,给出RFC 1902~1908(SNMPv2);1999年4月,给出RFC 2570~2575(SNMPv3)。

另外,在1991年给出用于监控局域网的远程网络监控(Remote Monitoring,RMON),称为REMON-1;1995年,又给出REMON-2。RMON标准定义了监视网络通信的管理信息库,是对SNMP管理信息库的扩充,得到了广泛应用。

IEEE也定义了IEEE 802.1b局域网的管理标准,用于管理物理层和数据链路层的网络设备,也称为用在LLC上的公共管理信息协议规范(CMIP over LLC,CMOL)。ITU-T在1989年定义了电信网络管理标准(Telecommunication Management Network,TMN),也称为M.30建议蓝皮书。

7.4.3　SNMP网络管理模型

在网络管理中,一般采用管理者-管理代理的模型,SNMP管理环境的组成包括网络管理者(也称网络管理站、管理进程),被管网络设备,网络管理代理(Agent),管理信息库(Management Information Base,MIB),SNMP协议。SNMP管理模型如图7.14所示。

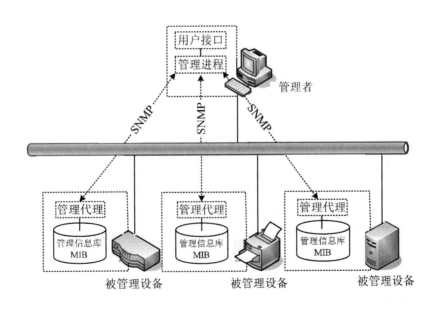

图7.14　SNMP管理模型

网络管理站安装在一台计算机上，一般位于网络系统的主干或接近主干的位置，通过运行专用的网络管理软件实现网络管理。它负责发出管理操作的指令，并接收来自管理代理的信息。网络管理者应该定期查询管理代理收集到的有关主机运行状态、配置及性能数据等信息，这些信息将被用来确定独立的网络设备、部分网络或整个网络运行的状态是否正常。

被管设备可以有多个，每个被管设备通过代理服务器向网络管理站汇报被管设备的运行状态和接收来自网络管理站的操作命令，并完成相应的操作。

管理信息库是一个信息存储库，是对于通过网络管理协议可以访问信息的精确定义，所有相关的被管对象的网络信息都放在 MIB 中。被管对象是网络资源的抽象表示，一个资源可以表示为一个或多个被管对象。MIB 的描述采用结构化的管理信息定义，称为管理信息结构（Structure of Management Information，SMI）。它规定了如何识别管理对象以及如何组织管理对象的信息结构。MIB 中的对象按层次进行分类和命名，整体表示为一种树形结构，所有被管对象都位于树的子节点，中间节点为该节点下的对象的组合。

包含管理对象数据的 MIB 对物理资源没有限制，实际上任何信息都可以包含到 MIB中。下面是一些可以存入 MIB 的信息实例。

① 网络资源：集线器、网桥、路由器、传输设备。

② 软件进程：程序、算法、协议功能、数据库。

③ 管理信息：相关人员记录、账号、密码等。

管理代理则位于被管理的设备内部，负责把来自管理者的命令或信息请求转换为本设备特有的指令，完成管理者的指示或返回它所在设备的信息。另外，管理代理也可以把在自身系统中发生的事件主动通知给管理者。

管理者将管理要求通过管理操作指令传送给位于被管理系统中的管理代理。对网络内的各种设备、设施和资源实施监视和控制，管理代理则直接管理被管设备。管理代理也可能因为某种原因拒绝管理者的指令。管理者和管理代理之间的信息交换分为两种：一种是从管理者到代理的管理操作；另一种是从代理到管理者的事件通知。

SNMP 协议用于网络管理者与被管设备的网管代理之间交互管理信息。网络管理站通过 SNMP 协议向被管设备的网管代理发出各种请求报文，例如，读取被管设备内部对象的状态，必要时修改一些对象的状态，网管代理接收这些请求并完成相应的操作，通过响应返回操作结果。网络管理操作基本上都是以请求/响应模式进行的。这里的对象是指 SNMP 管理模型中按照抽象语法表示（ASN.1）定义的有关被管设备。

需要注意的是，有些网络设备可能不支持网络管理标准，也有一些小的网络设备，例如，调制解调器等不能运行网络管理协议，这些设备对于网络管理来讲称为非标准设备。对非标准设备实施网络管理的方法是，用一个称为委托代理的设备，来管理一个或多个非标准设备，委托代理与管理站之间运行标准的网络管理协议，委托代理与非标准设备之间运行制造商专用的协议，使得网络管理站可以得到非标准网络设备的信息，如图 7.15 所示。

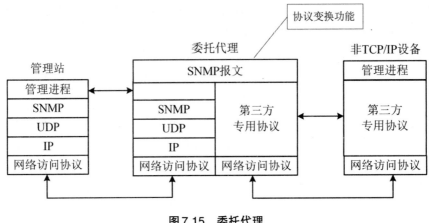

图 7.15 委托代理

7.4.4 SNMP 协议

1. SNMP 网络管理协议

SNMP 是一个应用层协议,负责在管理设备与被管设备之间交换网络管理信息。SNMP 是事实上的计算机网络管理标准。与 SNMP 联系的传输层协议是 UDP,用到的端口号是 161、162。

SNMP 的应用由一系列协议组成,包括以下 3 个部分:

① 管理信息库(MIB),在 RFC 1212 中说明。

② 管理信息结构(SMI),在 RFC 1155 中说明。

③ SNMP 协议,在 RFC 1157 中说明。

SNMP 的设计目标如下:

① 尽可能简单,使研制网管代理的软件成本低、周期短。

② 支持远程管理,充分利用 Internet 资源。

③ 协议有扩充的余地。

④ 保持 SNMP 的独立性,不依赖具体的硬件,不依赖具体的传输层协议。

SNMP 主要用于监视网络性能、检测和分析网络出现的差错、配置网络设备。SNMP 协议比较简单,使用比较方便,但功能有限。SNMP 存在的主要问题如下:

① 不能有效地传送大块数据。

② 不能将网络的管理功能分散化。

③ 安全性不够好。

1996 年给出的 SNMPv2 解决了前两个问题。IETF 成立了制定 SNMPv3 的工作组 W-SNMPv3,W-SNMPv3 的目标是解决安全问题,使网络管理增加 3 种功能,即鉴别、加密和存取控制。

2. SNMP 网络管理协议的操作

网络管理用于在初始部署时对网络设备进行配置,网络管理还需要执行许多任务以保证网络有效可靠地运行。通过 SNMP 网络管理员可以从被管设备收集统计信息、对网络设备的流量进行监测、对网络设备的故障进行检测、确定故障的位置、判断故障的原因。

一个实际应用的SNMP管理方案由一个SNMP管理者和多个被管对象(设备)组成。这些被管对象可以是主机、路由器的状态,被管对象维护管理信息库(MIB),MIB中记录本地管理相关的设备状态信息,通过在被管设备中运行的SNMP代理,在SNMP管理者与MIB之间提供一个接口,这个代理通常是一个运行在UDP的161端口上的守护进程。

管理者通过SNMP协议向代理发送SNMP报文,通过代理对MIB中的对象进行操作,操作结果由代理向管理者返回响应报文。当被管设备发生重要事件时,代理会通过UDP端口162向管理者发送一条Trap报文。SNMP网络管理协议的操作如图7.16所示。

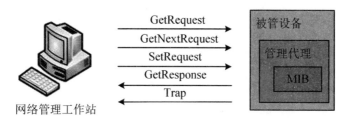

图7.16　SNMP网络管理协议操作

3. SNMP网络管理协议报文

SNMP规定的操作有7种,即请求搜索和获取指定的对象;请求获取指定对象的下一个对象;修改和设置指定的对象;发出异常指令;返回一个或多个对象值;报告被管设备中发生的某些重要事件;允许传送尽可能大的响应报文。针对规定的操作,SNMP定义了7种报文类型。

① Get,获得一个或多个对象的值。

② GetNext,获得指定对象之后下一个对象的值。

③ Set,设置一个或多个对象的值。

④ Response,返回一个或多个对象的值。

⑤ Trap,报告被管设备所发生的重要事件,不要求管理者对Trap报文进行确认。

⑥ Inform,报告被管设备所发生的重要事件,要求管理者对Inform报文进行确认。

⑦ GetBulk,仅SNMPv2、SNMPv3提供该报文,允许传送尽可能大的响应报文,在检索大量管理信息时尽量减少所交换的报文数。

SNMPv2报文的格式如图7.17所示。

版本号	团体名	PDU类型	请求ID	错误状态	错误索引	对象1	值1	……

(a) SNMPv2的Get、GetNext、Inform、Response、Set Trap报文格式

版本号	团体名	PDU类型	请求ID	非重复对象数	最大重复次数	对象1	值1	……

(b) SNMPv2的GetBulk报文

图7.17　SNMPv2报文格式

SNMPv2报文中字段的功用描述如下:

① 版本号,SNMP的版本,当前版本是SNMPv3,允许3个版本共存。

② 团体名,定义SNMP管理者和代理的访问范围,与团体名不同的SNMP报文将被丢弃,提供了一种简单的认证机制。

③ 协议数据单元(Protocol Data Unit,PDU)类型,指定SNMP报文的类型。

④ 请求ID,用来把SNMP请求报文和响应报文匹配。

⑤ 错误状态,由SNMP响应报文设置,用一个整数值说明错误的内容。

⑥ 错误索引,由SNMP响应报文设置,若出现错误,该字段用来指定哪个对象处于错误状态的整数偏移值。

⑦ 对象、值,对象及值的列表。

7.5 小 结

网络管理就是为保证网络系统能够持续、稳定、安全、可靠和高效地运行,简化混合网络环境下的管理,降低网络运行成本,对网络的运行状态进行监测和控制的一系列方法和措施。网络安全技术是保防网络信息安全的根本手段,通过多种不同方式的网络安全技术构建起网络安全的防御平台,才能确保网络的正常、有效地运行。

本章在网络安全方面主要介绍了网络安全的定义、网络安全的目标;详细介绍了数据加密技术及在数字签名方面的应用、网络防火墙及入侵检测技术;在网络管理方面主要介绍了网络管理的五大功能,网络管理的协议及SNMP网络管理模型。

习 题 7

一、选择题

1. 下列选项不属于网络安全的威胁的是(　　　　)。

    A. 非授权访问   B. 信息泄露

    C. 拒绝服务   D. 备份丢失

2. 以下属于非对称加密算法的是(　　　　)。

    A. DES   B. MD5   C. HASH   D. RSA

3. 以下关于数字签名说法正确的是(　　　　)。

    A. 数字签名是在所传输的数据后附加上一段和传输数据毫无关系的数字信息

    B. 数字签名能够解决数据的加密传输,即安全传输问题

    C. 数字签名一般采用对称加密机制

    D. 数字签名能够解决篡改、伪造等安全性问题

4. 加密有对称密钥加密、非对称密钥加密两种,数字签名采用的是(　　　　)。

    A. 对称密钥加密　　　　　　　　　B. 非对称密钥加密

    C. 都不是　　　　　　　　　　　　D. 都可以

5. 所谓加密,是指将一个信息经过(　　　　)及加密函数转换,变成无意义的密文,而接受方则将此密文经过解密函数、(　　　　)还原成明文。

    A. 加密钥匙、解密钥匙　　　　　　B. 解密钥匙、解密钥匙

    C. 加密钥匙、加密钥匙　　　　　　D. 解密钥匙、加密钥匙

6. 入侵检测系统的第一步是(　　　　)。

    A. 信号分析　　　B. 信息收集　　　C. 数据包过滤　　　D. 数据包检查

7. 以下不属于入侵检测系统功能的是(　　　　)。

    A. 监视网络上的通信数据流　　　　B. 捕捉可疑的网络活动

    C. 提供安全审计报告　　　　　　　D. 过滤非法的数据包

8. 下面关于防火墙功能的说法中,不正确的是(　　　　)。

    A. 防火墙能有效防范病毒的入侵

    B. 防火墙能控制对特殊站点的访问

    C. 防火墙能对进出的数据包进行过滤

    D. 防火墙能对部分网络攻击行为进行检测和报警

9. 在网络管理的5个功能中,其中(　　　　)功能可以采集、分析网络对象的性能数据,检测网络对象的性能。

    A. 配置管理　　　B. 安全管理　　　C. 故障管理　　　D. 性能管理

10. 在 Internet 网络管理的体系结构中,SNMP 协议定义在(　　　　)。

    A. 网络访问层　　　B. 网络层　　　C. 传输层　　　D. 应用层

二、填空题

1. 根据网络安全面临的威胁,分析安全需求,概括网络安全目标,应为(　　　　)、(　　　　)、(　　　　)、(　　　　)和(　　　　)五个方面。

2. 密码学(Cryptology)是一门研究密码技术的科学,包括两个方面的内容,即(　　　　)和(　　　　)。

3. 数据加密技术是所有通信的安全基石,目前数据加密算法多达数百种,主要分为两大类,即(　　　　)和(　　　　)。

4. (　　　　)是位于两个(或多个)网络之间执行访问控制的软件和硬件系统,它根据访问控制规则对进出网络的数据流进行过滤。

5. 防火墙有3种典型的部署模式,即(　　　　)、(　　　　)和(　　　　)。

三、简答题

1. 计算机网络安全的定义是什么?

2. 简述对称密钥加密技术。

3. 什么是防火墙？防火墙具有哪些功能？

4. 防火墙有几种？各有什么特点？

5. 什么是IDS？IDS有什么特点？

阅读材料

历史上著名的网络安全事件

1983年，凯文·米特尼克因被发现使用一台大学里的计算机擅自进入今日互联网的前身ARPA网，并通过该网进入了美国五角大楼的计算机，而被判在加州的青年管教所管教6个月。

1988年，凯文·米特尼克被执法当局逮捕，原因是DEC指控他从公司网络上盗取了价值100万美元的软件，并造成了400万美元损失。

1995年，来自俄罗斯的黑客"弗拉季米尔·列宁"在互联网上上演了精彩的偷天换日，他是历史上第一个通过入侵银行计算机系统来获利的黑客。1995年，他侵入美国花旗银行并盗走1000万美元，之后，他把账户里的钱转移至美国、芬兰、荷兰、德国、爱尔兰等地。

1999年，梅利莎病毒使世界上300多家公司的计算机系统崩溃。该病毒造成的损失接近4亿美元，它是首个具有全球破坏力的病毒。该病毒的编写者戴维·史密斯在编写此病毒时仅30岁。戴维·史密斯被判处5年徒刑。

2000年，年仅15岁，绰号"黑手党男孩"的黑客在2000年2月6日至14日期间成功侵入包括雅虎、eBay和Amazon在内的大型网站服务器，成功阻止服务器向用户提供服务。他于当年被捕。

2001年，中美撞机事件发生后，中美黑客之间发生的网络大战愈演愈烈。自4月4日以来，美国黑客组织PoizonBox不断袭击中国网站。对此，我国的网络安全人员积极防备美方黑客的攻击。中国一些黑客组织则在"五一"期间打响了"黑客反击战"。

2002年，英国著名黑客加里·麦金农被指控侵入美国军方90多个计算机系统，造成约140万美元损失，美方称此案为史上"最大规模入侵军方网络事件"。2009年英法院裁定准许美方引渡麦金农。

2007年，俄罗斯黑客成功劫持Windows Update下载服务器。

2008年，一个全球性的黑客组织利用ATM欺诈程序在一夜之间从世界49个城市的银行中盗走了900万美元。最关键的是，目前FBI还没破案，甚至据说连一个嫌疑人还没找到。

2009年7月7日，韩国总统府、国会、国家情报院和国防部等国家机关以及金融界、媒体和防火墙企业网站遭到黑客的攻击。7月9日韩国国家情报院和国民银行网站无法被访问。韩国国会、国防部、外交通商部等机构的网站一度无法打开。这是韩国遭遇的有史以来最强的一次黑客攻击。

实验 6 SNMP MIB信息的访问

实验目的

本实验的主要目的是学习SNMP服务在主机上的启动与配置以及用MIB浏览器访问SNMP MIB对象的值,并通过直观的MIB-2树图加深对MIB被管对象的了解。

实验内容

① SNMP服务在主机上的启动和配置。

② 分析MIB-2树的结构。

③ 通过Get、GetNext、Set、Trap几种操作访问MIB对象的值。

实验工具

AdventNet MIB浏览器。

实验步骤

(1) 在本地主机上启动SNMP服务并配置共同体。

"控制面板"→"管理工具"→"服务",找到SNMP Service和SNMP Trap Service(若列表中不存在此服务,则用系统盘安装)并将其启动(右键列表中或双击打开的对话框中);在SNMP Service属性对话框中配置共同体(默认为public)。

① 安装SNMP组件,如图7.18所示。

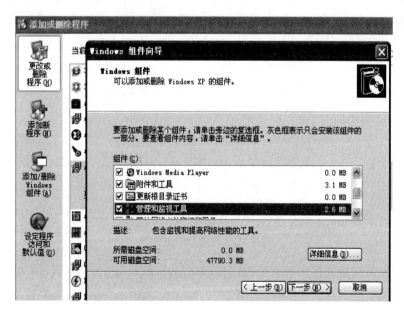

图7.18 安装SNMP组件

② 在SNMP Service属性对话框中配置共同体(默认为public),如图7.19所示。

图7.19 配置共同体

(2) 配置MIB浏览器。

单击"开始"→"所有程序"→"AdventNet SNMP Utilities"→"MibBrowser"启动MIB浏览器,如图7.20所示。可在"Host"文本框中输入被监测主机的IP地址,此处默认用户正在使用的主机为被监测主机,保持默认值不变即可。在"Community"文本框中配置被监测主机的SNMP服务共同体名称,默认为public。SNMP的端口号位161。

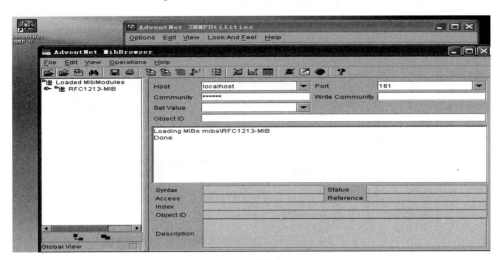

图7.20 配置MIB浏览器

(3) 观察左侧结构面板中MIB树图结构,如图7.21所示。

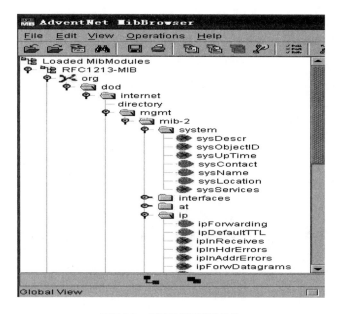

图 7.21　观察 MIB 树图结构

（4）访问 MIB 对象。

在左侧结构面板中选择要访问的 MIB 对象，单击使其凸显，然后用鼠标单击工具栏中的"get"按钮和"getNext"按钮（或菜单栏中"Operations"下的"Get"和"GetNext"）。

① 单击"sysDescr"使其凸显，然后用鼠标单击工具栏中的"get"按钮和"getNext"按钮，如图 7.22 所示。

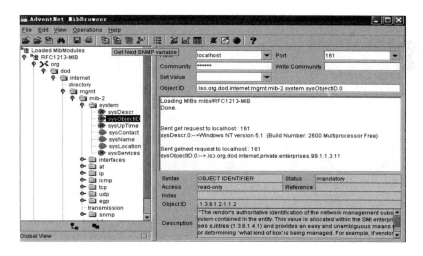

图 7.22　单击"sysDescr"

② 读取被管系统（本主机）的系统名称。访问 MIB 树的叶子节点{iso(1)org(3)dod (6) internet(1)mgmt(2)mib-2(1)system(1)sysName(5)}。点击该叶子节点，再单击工具栏中的"Get SNMP variable"按钮，最后单击"GetNext SNMP variable"按钮，如图 7.23 所示。

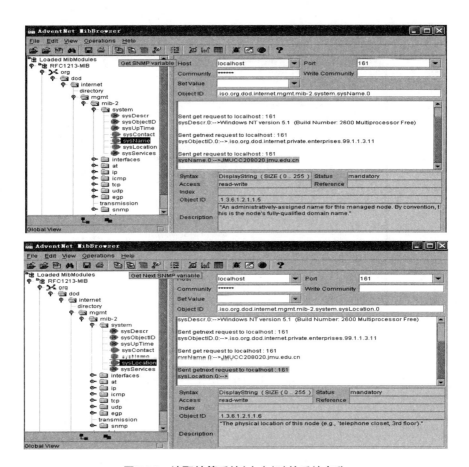

图7.23 读取被管系统(本主机)的系统名称

(5) 查看表结构被管对象。

访问 MIB 树 的 叶 子 节 点 {iso (1) org (3) dod (6) internet (1) mgmt (2) mib-2 (1) ip (4) ipRouteTable(21)},单击该叶子节点,然后单击工具栏中的"View SNMP data table"按钮,如图7.24所示;在"SNMP Table"窗口中,单击"Start"按钮可获取路由表的信息,如图7.25所示。

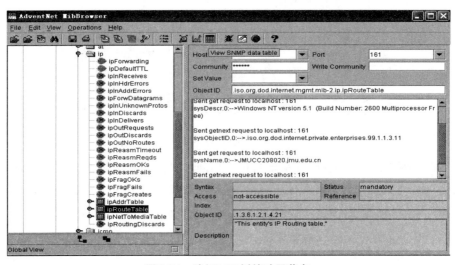

图7.24 访问MIB树的叶子节点

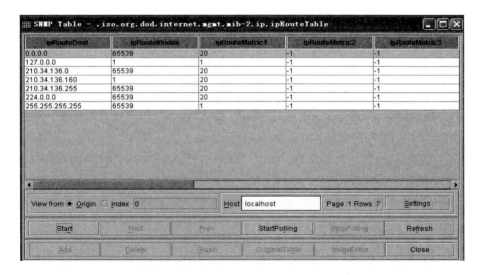

<table>
<tr><th>ipRouteDest</th><th>ipRouteIndex</th><th>ipRouteMetric1</th><th>ipRouteMetric2</th><th>ipRouteMetric3</th></tr>
<tr><td>0.0.0.0</td><td>65539</td><td>20</td><td>-1</td><td>-1</td></tr>
<tr><td>127.0.0.0</td><td>1</td><td>1</td><td>-1</td><td>-1</td></tr>
<tr><td>210.34.136.0</td><td>65539</td><td>20</td><td>-1</td><td>-1</td></tr>
<tr><td>210.34.136.160</td><td>1</td><td>20</td><td>-1</td><td>-1</td></tr>
<tr><td>210.34.136.255</td><td>65539</td><td>20</td><td>-1</td><td>-1</td></tr>
<tr><td>224.0.0.0</td><td>65539</td><td>20</td><td>-1</td><td>-1</td></tr>
<tr><td>255.255.255.255</td><td>65539</td><td>1</td><td>-1</td><td>-1</td></tr>
</table>

图 7.25 单击"Start"按钮

▌实验报告要求

① 根据软件左侧 MIB 导航图画出 MIB-2 树图(到组),并画出 UDP 子树(到基本被管对象)。

② 依次访问 system 组的各个对象,考察各个被管对象的物理意义,并写出被管对象 sysDescr 的值。

③ 访问对象 ipRouteTable,观察对象值,同时参照工具栏中的"SNMP data table"(用此工具打开"SNMP Table"窗口,点击"Start"按钮获得路由表信息)记录表中其中一行,分析 ipRouteDest、ipRouteNextHop 及 ipRouteType 的含义。

参 考 文 献

［1］ Forouzan B A,Mosharraf F.计算机网络教程:自顶向下方法[M].北京:机械工业出版社,2012.

［2］ Forouzan B A.Data Communications and Networking[M].4th ed.New York:McGraw-Hill Companies, 2007.

［3］ 谢希仁.计算机网络[M].6版.北京:电子工业出版社,2013.

［4］ Tanenbaum A S,Wetherall D J.计算机网络[M].严伟,潘爱民,译.5版.北京:清华大学出版社,2012.

［5］ Kurose J F,Ross K W.计算机网络:自顶向下方法[M].陈鸣,译.4版.北京:机械工业出版社,2009.

［6］ 周鸣争.计算机网络[M].合肥:中国科学技术大学出版社,2008.

［7］ 杨庚,胡素君,叶晓国,等.计算机网络[M].北京:高等教育出版社,2010.

［8］ 吴功宜.计算机网络[M].3版.北京:清华大学出版社,2011.

［9］ 王相林.计算机网络:原理、技术与应用[M].北京:机械工业出版社,2015.

［10］ 曾凡平.网络信息安全[M].北京:机械工业出版社,2016.

［11］ 云红艳.计算机网络管理[M].北京:人民邮电出版社,2014.

［12］ 江家宝,尹向东.计算机网络[M].上海:上海交通大学出版社,2014.

［13］ 邢小良.P2P技术及应用[M].北京:人民邮电出版社,2006.

［14］ 朱晓琳.计算机网络考研习题解析[M].北京:机械工业出版社,2009.

［15］ 叶阿勇,赖会霞,张桢萍,等.计算机网络实验与学习指导[M].北京:电子工业出版社,2014.